U0184511

CALIBRATION TECHNOLOGY OF HIGH-VOLTAGE AND HIGH-CURRENT METERING DEVICE

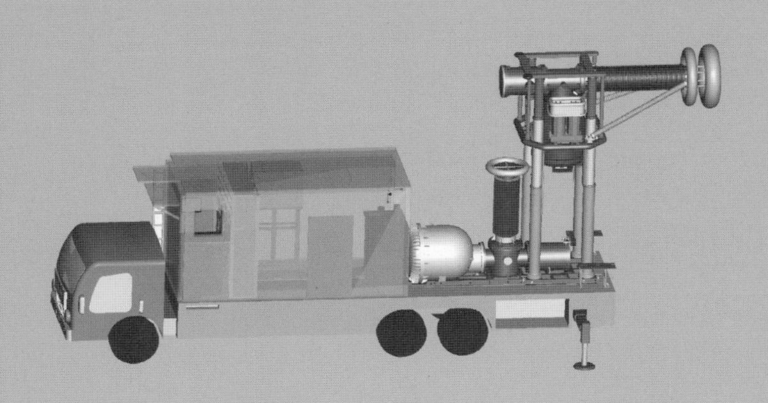

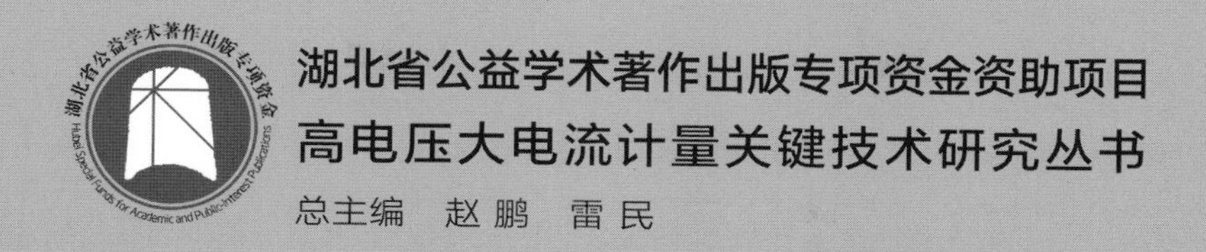

湖北省公益学术著作出版专项资金资助项目

高电压大电流计量关键技术研究丛书

总主编　赵鹏　雷民

高电压大电流计量误差校验技术

岳长喜　熊　魁　王　庆　陈争光　余佶成　刘少波　刁赢龙　著

华中科技大学出版社
http://press.hust.edu.cn
中国·武汉

内容简介

本书对高电压大电流计量装置误差校验的原理、方法和应用等作了系统而深入的论述，并针对电力系统高电压大电流计量装置的实际情况，阐述了交流/直流输电工程计量装置误差现场校验方法和技术方案。

本书共分6章，第1章为绪论，第2章和第3章分别介绍了模拟比较法和数字比较法误差校验技术的基本原理、硬件设计和软件设计方案，旨在通过分析说明如何选择不同参数满足工频、谐波电流下测量性能和准确度的要求。第4章和第5章针对交流、直流计量装置现场校验的问题，介绍了包含大容量交/直流电源、高准确度标准器的一体化试验平台设计方案。第6章针对在运高电压大电流计量装置难以进行周期性检定的问题，以互感器带电校准和在线监测技术为手段对计量装置运行误差监测和评估的技术原理和实现进行建设性分析。

本书可供输变电行业技术人员和电力计量测试人员使用，也可作为高校相关专业参考书。

图书在版编目(CIP)数据

高电压大电流计量误差校验技术/岳长喜等著. —武汉：华中科技大学出版社，2022.12
(高电压大电流计量关键技术研究丛书)
ISBN 978-7-5680-8895-4

Ⅰ.①高… Ⅱ.①岳… Ⅲ.①高电压-大电流-电流测量-错误校验 Ⅳ.①TM835.2

中国版本图书馆 CIP 数据核字(2022)第249111号

高电压大电流计量误差校验技术
Gaodianya Dadianliu Jiliang Wucha Jiaoyan Jishu

岳长喜 熊 魁 王 庆 陈争光 余佶成 刘少波 著 刁赢龙

策划编辑：徐晓琦 范 莹
责任编辑：朱建丽 李 露
装帧设计：原色设计
责任校对：李 琴
责任监印：周治超
出版发行：华中科技大学出版社(中国·武汉) 电话：(027)81321913
武汉市东湖新技术开发区华工科技园 邮编：430223
录 排：武汉市洪山区佳年华文印部
印 刷：湖北新华印务有限公司
开 本：710mm×1000mm 1/16
印 张：14.75
字 数：302千字
版 次：2022年12月第1版第1次印刷
定 价：89.00元

高电压大电流计量关键技术研究丛书

总 序

一个国家的计量水平在一定程度上反映了国家科学技术和经济发展水平，计量属于基础学科领域和国家公益事业范畴。在电力系统中，高电压大电流计量技术广泛用于电力继电保护、贸易结算、测量测控、节能降耗、试验检测等方面，是电网安全、稳定、经济运行的重要保障，其重要性不言而喻。

经历几代计量人的持续潜心研究，我国攻克了一批高电压大电流计量领域核心关键技术，电压/电流的测量范围和准确度均达到了国际领先水平，并建立了具有完全自主知识产权的新一代计量标准体系。这些技术和成果在青藏联网、张北柔直、巴西美丽山等国内外特高压输电工程中大量应用，为特高压电网建设和稳定运行提供了技术保障。近年来，德国、澳大利亚和土耳其等国家的最高计量技术机构引进了我国研发的高电压计量标准装置。

丛书作者总结多年研究经验与成果，并邀请中国科学院陈维江院士、中国工程院程时杰院士等专家作为顾问，历经三年完成丛书的编写。丛书分五册，对工频、直流、冲击电压和电流计量中经典的、先进的和最新的技术和方法进行了系统的介绍，所涉及的量值自校准溯源方法、标准装置设计技术、测量不确定度分析理论等内容均是我国高电压大电流计量标准装置不断升级换代中产生的创新性成果。丛书在介绍理论、方法的同时，给出了大量具有实际应用意义的设计方案与具体参数，能够对本领域的研究、设计和测试起到很好的指导作用，从而更好地促进行业的技术发展及人才培养，以形成具有我国特

色的技术创新路线。

随着国家实施绿色、低碳、环保的能源转型战略，高电压大电流计量技术将在电力、交通、军工、航天等行业得到更为广泛的应用。丛书的出版对促进我国高电压大电流计量技术的进一步研究和发展，充分发挥计量技术在经济社会发展中的基础支撑作用，具有重要的学术价值和实践价值，对促进我国实现碳达峰和碳中和目标、实施能源绿色低碳转型战略具有重要的社会意义和经济意义。

赵鹏

2022年12月

前 言

随着电力体制改革的进一步深入和电力现货交易市场的逐步建立，电网供电的可靠性与电能计量装置的准确性、稳定性，以及统计线损的科学有效性，越来越受到电网、电厂和大用户，以及政府部门(能源局、计量行政部门等)的关注。高电压大电流计量装置作为关键设备，广泛用于电力贸易结算、继电保护、测量测控等领域中，直接关系到电量交易结算的公平公正、电网运行的安全稳定。然而其在实际运行中，易受到环境温度、二次负载、电磁场、电源频率、外部污秽等的影响，导致测量准确度下降。因此我国计量法规定，需要定期对高电压大电流计量装置的误差进行校验。

互感器校验仪是一种多功能与双参数的测量仪器，主要用来测量各种类型与各种级别的电力互感器或仪用互感器的基本误差，并可以测试小电流、小电压、阻抗、导纳及相位等参数。由于互感器校验仪的种类和型号繁多，如果试验人员对其原理缺乏认识，使用不当，将影响其对互感器计量性能的测试。本书从互感器校验仪的原理和结构入手，按照差动平衡式、差动非平衡式和数字比较式的分类方式，分别分析各种校验仪的特性，为相关研究和测试人员提供参考。

近年来新能源接入电网的速度加快，各种非线性负荷设备在通信、交通、冶金、煤矿等部门大量使用，造成电网中的谐波含量不断增加，由此引起的谐波对电能计量的影响越来越受到相关部门的关注。谐波对互感器计量误差的影响成为研究的焦点之一。而传统的模拟比较式互感器校验仪不适合在宽频带范围使用，为此本书介绍了数字比较式校验技术。

我国超高压、特高压交直流输电工程发展迅速，近年来特高压试验示

范工程成功建设及投运，这要求互感器的现场检定应方便高效、准确可靠，以减少设备停电时间，节约人力、物力、财力，确保跨电网、跨区域电能计量的准确可靠。互感器现场一体化校验平台为现场计量检定试验提供了全新的试验方式和手段，本书对交流、直流互感器现场试验平台的相关内容进行介绍。

通过停电试验进行计量装置误差校验，无法掌握其实际运行工况下的计量性能。大量校验数据表明，高电压大电流计量装置长时间运行后可能产生误差超过允许值的问题。本书介绍的计量装置误差带电校准与在线监测技术，对高电压大电流计量装置误差状态评估、运行状态趋势分析与状态预警具有较高的参考价值。

本书可为全国高电压计量测试科研和技术人员提供较为专业的技术参考，供有一定技术基础的科研人员进阶学习使用，这对于推动我国高电压大电流计量测试技术的进步、培养一批高水平计量测试人才具有重要意义！

著者

2022年11月

目　　录

第1章　绪　　论

高电压大电流计量装置是用于计量高电压和大电流这两个重要的物理量的关键设备。电力工业大量使用互感器进行高电压与大电流的测量和变换。一方面，互感器可以用来隔离一次侧的高电压、保护二次侧的仪表设备及操作人员的安全；另一方面，互感器通过电流电压比例变换，可以把一次侧的高电压大电流变换成普通仪表可直接接入的常规电压和电流。

我国电力行业和其他行业一样，过去长期实行计划经济模式，高压侧电量只供给电力调度使用，不作为计费依据。20 世纪 90 年代以后，电力行业进行了市场经济改革，电力企业分为独立的发电公司、电网公司、供电公司。各公司之间的电量结算成为实现各自经济指标的重要环节。高压侧电能量不仅供调度使用，也作为电力企业之间经济结算的依据。因此，对于电力行业使用的互感器，要求定期进行误差校验，电力企业的科研试验院所、电能计量中心是各级电网公司的电力互感器技术管理机构。市、县级供电公司开展配电网互感器的运行维护与误差校验，省、自治区、直辖市的电力科学研究院或计量中心开展省级电网内部计量关口电力互感器的误差校验，国家电网公司、南方电网公司的直属电力科学研究院开展各大区电网和省电网之间的关口电力互感器的误差校验。本书涉及的高电压大电流互感器计量装置误差校验技术，主要是指是用来测量各种类型和各种等级的电力互感器及其附属设备参数的知识体系和试验方法。

1.1　交流高电压大电流计量装置

交流高电压大电流计量装置通常按照用途、结构及电压等级分类，其主要分为电磁式电流互感器、电磁式电压互感器和电容式电压互感器三大类。电流互感器的型号命名规则见表 1-1，电压互感器的型号命名规则见表 1-2。

电磁式电流互感器和电磁式电压互感器通过电磁感应原理进行比例变换和高压隔离，一般采用一个铁芯，一、二次绕组同时绕制在该铁芯上，一、二次间使用绝缘屏蔽即可，图 1-1 给出了电磁式互感器结构原理图。电容式电压互感器由电容分压器与电磁单元组合而成，电磁单元包括补偿电抗器、中间变压器和阻尼装置，图 1-2 给出了电容式电压互感器结构原理图。

表 1-1　电流互感器的型号命名规则

排列次序	1	2	3	4
命名规则	L—电流互感器	A—穿墙式　B—支持式 C—瓷箱式　D—单匝式 F—多匝式　J—接地保护 M—母线式　Z—支柱式 Q—线圈式　R—装入式 Y—低电压　V—倒立式	C—瓷绝缘　G—改进型 K—塑料壳　L—电缆型 M—母线型　P—中频型 S—速饱和　Z—浇注型 W—户外型　J—扩容型 Q—气体绝缘或加强型	B—保护级 D—差动保护

表 1-2　电压互感器的型号命名规则

排列次序	1	2	3	4
命名规则	J—电压互感器	D—单相 S—三相 L、C—串级式	J—油浸自冷 C—瓷箱式 Z—浇注式 G—干式 R—电容分压式 Q—气体绝缘式	B—保护级 W—三相五柱 D—接地保护

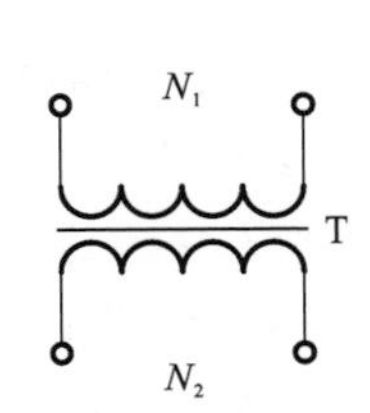

图 1-1　电磁式互感器结构原理图

T——铁芯；N_1——一次绕组；N_2——二次绕组，实际的互感器可能有多个二次绕组

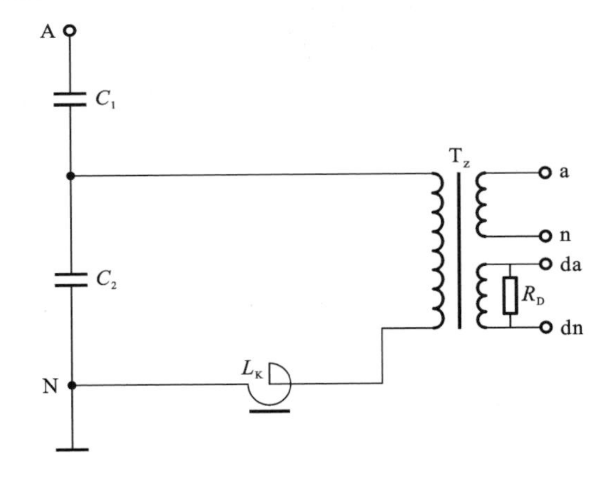

图 1-2　电容式电压互感器结构原理图

C_1——高压电容；C_2——中压电容；T_z——中间变压器；L_K——补偿电抗器；R_D——阻尼装置；a、n——二次绕组端子；da、dn——剩余电压绕组端子

1.1.1　电磁式电流互感器

低压电流互感器的使用领域是 380 V 供电系统，绝缘水平为 2 kV。低压互感器

的绝缘结构简单，绝缘构造只占产品成本的1/10左右，它的制造技术主要表现在误差设计方面，即用最少的铜铁材料制造出合格的互感器。图1-3所示的是常见的低压电流互感器，如果一次电流不小于100 A，则多采用单匝穿心方式，如果一次电流小于100 A，往往要用一次导线在铁芯圆周穿绕多匝。例如一台100 A/5 A的电流互感器，用于额定电流20 A的线路时需要穿心5匝才能把电流比改变为20 A/5 A。为了提高单匝电流互感器准确度，往往把一次母线预装在圆环铁芯的窗口内，这样可以使用内径更小的铁芯，通过减小磁路长度使励磁电流降低。电流互感器的理论误差是励磁电流与一次电流之比，励磁电流减小的结果是互感器的理论误差也得到减小。一次电流为300 A以上的低压电流互感器多安装在低压配电柜内，由于额定一次电流大而且通常采用铜集流排作为一次导体，因此使用矩形铁芯制造这种用途的电流互感器有利于减小磁路长度，节约材料，这符合经济实用的设计原则。

图1-3　低压电流互感器

中压电流互感器指的是额定一次电压为6～35 kV的电流互感器。这种电流互感器的一次绕组对二次绕组需要承受电网运行电压，国家标准GB/T 311.1—2012《绝缘配合 第1部分：定义、原则和规则》要求35 kV电网的电力设备绝缘水平最高为工频耐压95 kV，雷电冲击耐压200 kV。就目前电工绝缘材料性能来说，可以使用适当厚度的绝缘材料满足这种等级的绝缘要求。常用的绝缘材料有电缆纸或电容器纸、电工皱纹纸、聚酯膜、聚丙烯膜、纸塑复合箔、电工纸板、环氧玻璃布板、电工瓷、树脂、塑胶、变压器油等。这个电压等级的主要产品有油浸绝缘产品和树脂(浇注)绝缘产品两种。油浸绝缘产品的优点是制造工艺简单，成品率高，价格低，便于修理，但容易发生油渗漏现象，长期使用时绝缘油会变质，使互感器绝缘水平下降。树脂绝缘产品的优点是维护工作量小，但绝缘引起的事故比油浸产品的多，不能修理，使用年限短，成本比油浸产品的高。为了节约成本，在设计电力用电流互感器时往往在一个绝缘构造中装入多台电流互感器。这些电流互感器共用一次导体，不但可以节约绝缘材料，还可以节省安装空间和安装费用。因此实际的中压电流互感器产品有不止一对二次电流输出端子，每对电流输出端子都对应有独立的铁芯。换句话说，电力用电流互感器多半是共用一次电流导体的多台电流互感器的组合。

以环氧树脂为代表的固体绝缘互感器是目前配电网使用最多的互感器，它分为半浇注的与全浇注的两种。半浇注产品只对线圈进行树脂封装，铁芯暴露在空气中。这种产品造价低，但在绝缘结构上存在局部放电的隐患，难以满足国标要求局放量的指标。单匝结构的中压电流互感器多使用圆环铁芯，并且使用全浇注结构。图 1-4 所示的是单匝结构的 10 kV 电流互感器。图 1-4(a)所示的是支柱式结构的，用于柜内安装，图 1-4(b)所示的是贯穿式结构的，兼有套管作用，用于穿墙安装。

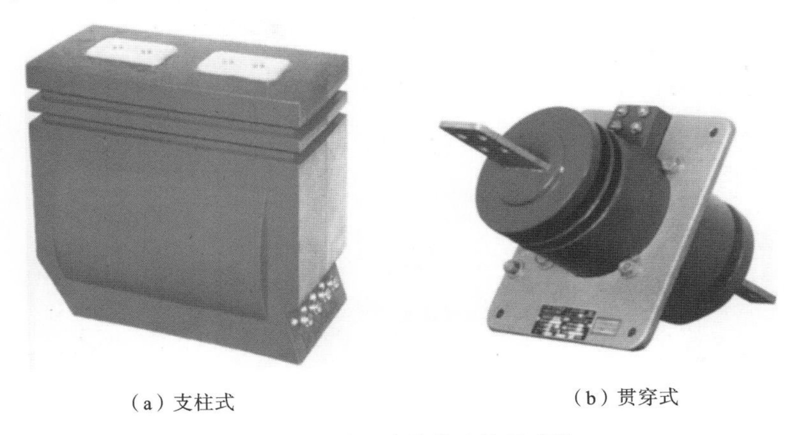

(a) 支柱式　　(b) 贯穿式

图 1-4　10 kV **全浇注电流互感器**

我国过去大量应用的 110～500 kV 油浸电流互感器是电容屏型的，这种电流互感器的一次电流母线呈 U 形，主绝缘缠包在一次母线上，为了避免固体绝缘部分随着绝缘层加厚发生的绝缘性能饱和现象发生，每隔一定数量的绝缘层安装一个用铝箔或半导电纸制成的电容屏，在绝缘层的端部安装多个端屏，最后装接地的末屏，这样就制成了实际上的电容型套管。只要把预制好的套管电流互感器套在由绝缘层和电容屏组成的一次绝缘体上，再将它们整体置入油箱，然后在油箱上部安装高压套管和金属膨胀器，进行严格的密封，如图 1-5(a)所示，就能制成高压电流互感器。也有很多 110 kV 及以上的电流互感器采用倒立式结构，其中，油浸倒立式结构的铁芯和二次绕组安装在互感器顶部，二次绕组外面缠包绝缘层，一次导体从包有绝缘层的环形二次绕组中心穿过，如图 1-5(b)所示。

为了免去复杂的绝缘缠包和干燥工艺，发展了 SF_6 气体绝缘的电流互感器，这种电流互感器采用 0.4 MPa 的 SF_6 气体绝缘，与变压器油的绝缘水平相当，如图 1-6(a)所示。安装在 SF_6 气体绝缘变电站的罐式电流互感器结构更为简单，它实际上是安装在 SF_6 封闭母线上的套管电流互感器。为了降低造价，110 kV 的罐式电流互感

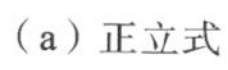

（a）正立式

（b）倒立式

图 1-5 油浸电容屏型电流互感器

（a）单相式

（b）三相式

图 1-6 SF_6 型电流互感器

器可以设计为三相共箱，如图 1-6(b)所示。从绝缘设计考虑，220 kV 及以上电压等级的罐式电流互感器为单相结构，有的电流互感器也如同 110 kV 的那样装在罐内，也有的安装在罐外不接触 SF_6 气体，但其体积要大一些。目前罐式电流互感器运行的最高电压已达到 1000 kV。

1.1.2 电磁式电压互感器

我国的 10 kV 和 35 kV 电力系统是中性点绝缘系统或中性点共振接地系统，中性点绝缘电网的优点是当发生单相接地事故时系统仍可以继续运行，从而减少了停电事故，提高了供电可靠性。但是这种电网对电力设备绝缘的要求高于中性点接地电网的，这增加了电网的建设费用，这也是在提高电网可靠性的同时需要付出的代价。图 1-7 所示的是 10 kV 不接地电压互感器。

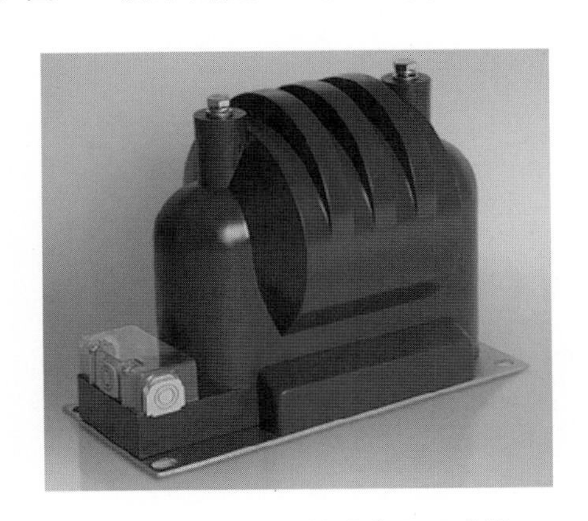

图 1-7 10 kV 不接地电压互感器

图 1-8 35 kV 接地电压互感器

中性点不接地电力系统虽然有可以在单相接地故障下运行的优点，但这种电网的电压因数比中性点接地系统的要高，这意味着需要提高电网中所有电力设备的绝缘水平，从而增加了电力设备的造价。绝缘水平提高后，中压电网成本的增加还不是很显著，但对于高压电网的影响就很大了，因此 35 kV 及以上电压等级的电网不采用中性点绝缘系统，而是采用中性点接地系统。图 1-8 所示的是 35 kV 接地电压互感器，为树脂浇注式。它的高压绕组的层绝缘从同轴圆柱绕组两侧向外翻出，把高压绕组包覆起来，构成了主绝缘。高压引线可以安装在小直径套管内，提高了使用的安全性。缺点是对绕组的层绝缘有较高要求，工艺要求高。

1.1.3 电容式电压互感器

电力系统的电压等级超过 330 kV 时，电磁式电压互感器受绝缘结构制约，其制造成本大大提高。因此在 330 kV、500 kV、750 kV 及 1000 kV 的系统电压下，几乎全部采用电容式电压互感器，如图1-9所示。电容式电压互感器有体积小、重量轻、绝缘结构合理的优点，还可以兼作电力线路高压载波耦合电容器使用。在35 kV、66 kV、110 kV电压等级，电容式电压互感器虽然价格优势不大，但具有不与线路谐振的优点，因此也在一定范围内得到使用。电容式电压互感器在准确度和稳定性方面比不上电磁式电压互感器，在进行电容式电压互感器的设计和使用时要注意这点。

图1-9　500 kV **电容式电压互感器**

1.1.4　弱输出互感器

电磁式电流、电压互感器和电容式电压互感器在20世纪初就已经应用，作为同一个时代的产品，传统互感器的二次输出都按照传统电磁继电器、指示仪表、电度表、记录仪、变送器、自动装置的负荷容量设计。具体地说，二次电压标准值为150 V、100 V或$100/\sqrt{3}$ V，二次电流典型值为5 A。一台电工式测量仪表或自动装置需要的驱动容量一般为5～15 V·A，因此传统互感器设计的二次负荷一般取15～150 V·A。目前电网使用的电子仪表和数字仪表只需要很小的驱动功率，通常电子线路处理的电压信号的数量级为1 V，处理的电流信号的数量级为1 mA。如果信号源兼作仪表电源，功率消耗一般也只有0.5～5 V·A。互感器运行在实际二次负荷远低于额定负荷的状态，就好比是大马拉小车，既浪费了资源和能源，又使互感器的实际负荷超出额定负荷下限，运行时产生显著的附加误差，甚至会超差，因此有必要重新设定互感器的额定二次输出值。作为过渡，用于互感器二次侧的电子设备都使用了微型互感器，这种把互感器的输出变换为电子线路输入的变换器实际上就是一种弱输出互感器，在电子式电能表和继电保护装置中的使用历史已有三十多年。而直接与配电网连接的弱输出电流、电压互感器在 2004 年也已制造出来，特点是电流比为 100 A/0.1 A，电压比为 $(10/\sqrt{3}\ \text{kV})/(15/\sqrt{3}\ \text{V})$，安装在用电监测系统使用的高压电能计量装置中，2004 年在湖南常德等地的配电网投入运行。2005 年出现了用于三相三线高压电能计量的三相弱输出组合互感器，电流比为 100 A/0.1 A，电压比为 10 kV/9 V，用于 10 kV 高压电能表，在湖北等地的配电网试运行。弱输出互感器耗用的铜铁材料只有传统互感器的 1/3 左右，具有节约资源、耗能少的优点。10 kV 电压互感器的铁磁谐振一直是困扰配电网安全的问题，弱输出电压互感器一次绕组的电阻超过 30 kΩ，可以有效防止电压互感器与线路电容发生谐振，不需要为电压互感器安装高压熔断器。

中压电网对应电压等级为 6 kV、10 kV、20 kV、35 kV 和 66 kV，互感器的绝缘成本与铜铁材料成本相比并不高，因此在中压电网使用弱输出互感器可以明显达到节约铜铁材料的效果，表现出显著的经济效益。另外还可以有效地减少不接地电压互感器谐振过电压造成的损坏事故。图 1-10(a)所示的是用于环网柜的 10 kV 开口式弱输出电流互感器，图 1-10(b)所示的是用于 10 kV 配网的三相组合式弱输出互感器。

(a) 10 kV 开口式弱输出电流互感器

(b) 三相组合式弱输出互感器

图 1-10　配网用弱输出互感器

1.2　直流高电压大电流计量装置

1.2.1　直流电压分压器

直流电压分压器用于换流站内控制保护系统的直流电压测量，安装在直流极母线及阀厅内中性母线处。直流电压分压器设计应当满足各种电气参数及机械强度的要求，如绝缘子长度应与带电部分长度相匹配，以降低放射电压应力；正常工作时绝缘子表面没有泄漏电流通过测量回路。图 1-11 所示的为某厂商生产的直流电压分压器工作原理图。

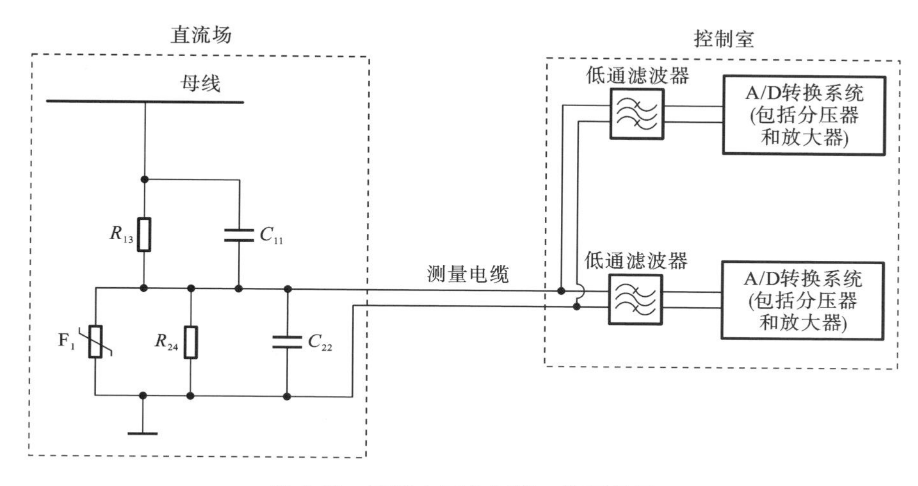

图 1-11 直流电压分压器工作原理图

从图 1-11 中可以看出，直流电压分压器由直流场中的阻容分压器、控制室内的二次转换器、阻容分压器和二次转换器之间的测量电缆三部分组成。

阻容分压器由高压臂电阻 R_{13}、低压臂电阻 R_{24}、高压臂电容 C_{11}、低压臂电容 C_{22} 与低压臂电压保护装置 F_1 构成。电阻部分的主要作用是将极线母线上的直流高电压按照一定的比例转换成直流低电压，因此，高压臂电阻 R_{13} 和低压臂电阻 R_{24} 的比值应该满足一定的准确度要求。在直流输电系统中，直流电压测量的准确度一般要求满足 0.2%。为此高压臂电阻 R_{13} 的稳定性应不大于 0.1%，低压臂电阻 R_{24} 的稳定性应不大于 0.05%。电容部分的主要作用是均匀雷电冲击电压的分布，以防止阻容分压器在雷电冲击电压到来时因电压分布不均而损坏。当雷电冲击电压到来时，对纯电阻高压直流分压器来说，由于存在寄生电容的影响，纯电阻分压器上的冲击电压分布极不均匀，靠近高压侧的电阻将承受很高的冲击电压，这极有可能使靠近高压侧的单个电阻因短时过电压而损坏，从而导致整个分压器的损坏。在纯电阻直流电压测量装置上并联电容，能够有效减小寄生电容对冲击电压分布的影响，从而使冲击电压的分布均匀，有效提高装置耐受雷电冲击电压的能力。为了保证二次侧的安全，在低压臂上并联一个电压保护装置 F_1，以限制抽头与地之间的电压，其耐受电压有效值应不大于 0.5 kV。

测量电缆将直流场中的阻容分压器和控制室内的二次转换器连接起来，使阻容分压器输出的低压测量信号传送到二次转换器。需要说明的是，有些换流站将阻容分压器输出的低压直流模拟信号就地数字化，然后进行电光转换，得到光数字信号，信号通过光纤传送到控制室内的二次转换器。在这种情况下，直流场中的阻容分压器和控制室内的二次转换器之间就不能用测量电缆连接，而应用光纤连接。

控制室内的二次转换器根据接入的控制保护系统的要求，将测量电缆输出的测量信号进行多路滤波、分压、放大等处理后，转换为控制保护系统所需要的信号。当阻容分压器的输出信号通过光纤传输时，二次转换器还要对信号进行相应的电光转换、D/A 转换等。

直流电压分压器的等效电路如图 1-12 所示。其中，C_c 为传输电缆的等效电容，R_{in} 和 C_{in} 分别为二次转换器的输入电阻和输入电容。

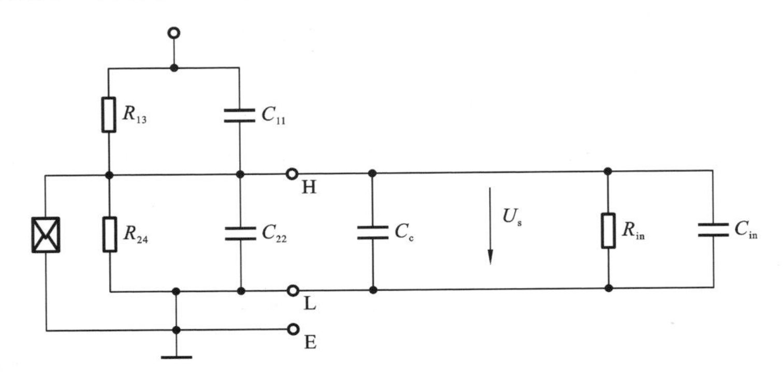

图 1-12　等效电路

直流电压分压器照片如图 1-13 和图 1-14 所示。

图 1-13　直流电压分压器本体

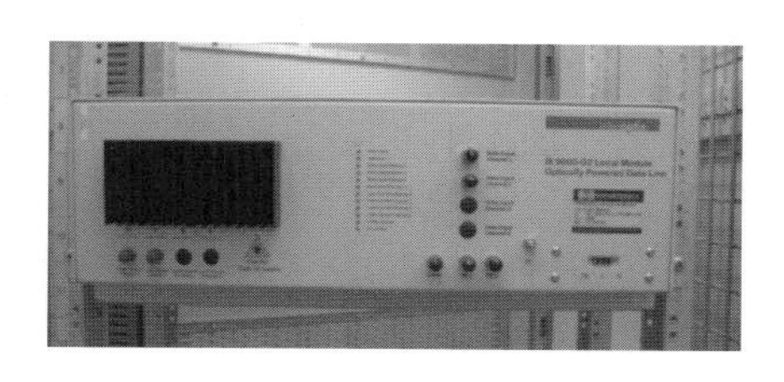

图 1-14 直流电压分压器二次部分

1.2.2 直流电流互感器

直流电流互感器用来测量直流系统的直流电流，可用于直流控制保护系统，具有控制保护、测量、录波等功能。直流电流互感器可分为零磁通直流电流互感器和光电式直流电流互感器。零磁通直流电流互感器安装于换流站中性母线处，用于测量中性母线各处直流电流。阀厅里中性母线上的零磁通直流电流互感器安装在中性母线的穿墙套管中；直流场中性母线上的零磁通直流电流互感器作为独立装置安装在中性母线上。光电式直流电流互感器安装于换流站直流场和阀厅，分别用于测量直流线路电流和极母线电流。

零磁通直流电流互感器由安装于复合绝缘子上的一次载流导体、铁芯、绕组和二次控制箱（室内部分）等部件组成，主要优点是准确度较高，可以很容易达到 0.2 级，缺点是绝缘水平较低，难以实现高压极线上的直流电流测量。零磁通直流电流互感器的基本原理如图 1-15 所示，其电路部分主要由以下部件组成。

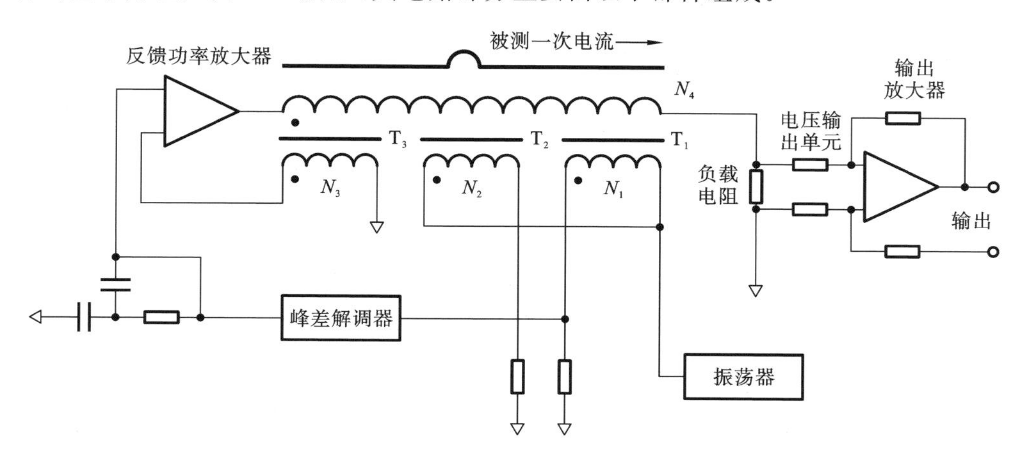

图 1-15 零磁通直流电流互感器原理图

（1）振荡器，将高频激励电流输入调制检测绕组 N_1 和 N_2。

（2）峰差解调器，将调制检测绕组检测出的电流信号转换成一个直流电压。

(3) 反馈功率放大器,将峰差解调器输出的直流电压信号和绕组 N_3 的感应电压信号进行放大,供给二次绕组 N_4,形成反馈电流,实现一二次安匝平衡。

(4) 电压输出单元,输出放大器将负载电阻上的电压信号进行放大并输出。

峰差解调器是零磁通直流电流互感器的核心,振荡器把高频激励电流施加于两个反向串接的调制检测绕组 N_1 和 N_2 上,使调制铁芯每周期进入适当饱和状态。被测直流电流和反馈功率放大器输出电流在每一个检测铁芯内建立一个合成直流磁势,称之为净直流磁势。净直流磁势代表了零磁通直流电流互感器的误差分量。这样在任一瞬间,如一个检测铁芯上的合成磁势是净直流磁势和激励电流建立的磁势(激励磁势)相加,则在另一个铁芯上则一定是相减。当净直流磁势为零时,由于两个调制检测铁芯具有对称性,每个调制解调绕组采样电阻上的电压相等,功率放大器的输入差分电压为零。当净直流磁势不为零时,相对于两个调制解调绕组中的激励磁势,净直流磁势的方向是相反的。调制解调绕组采样电阻上的一个电压变大,反馈功率放大器输入差分电压变大,输出电流使得净直流磁势变小,进而使输入差分电压变小,直到达到一个平衡状态。

零磁通直流电流互感器如图 1-16 和图 1-17 所示。

图 1-16 零磁通直流电流互感器本体

光电式直流电流互感器(以下简称 OCT)可以应用在换流站的许多位置,例如直流场极线、阀厅极线、滤波电容器组等。其额定电流可能为几千安培,也可能只有几十安培,被测电流可能为直流电流,也可能为谐波电流。因此 OCT 的应用非常灵活,不同位置的 OCT 的主要区别在于一次传感器,一般测量直流时采用分流器作为传感器,测量谐波电流时采用 Rogowski 线圈作为传感器,选择何种传感器主要取决于该位置被测电流的性质。

OCT 的基本原理图如图 1-18 所示,分流器或其他传感器输出的电压信号进入高压侧电子模块,经过滤波电路、放大电路、A/D 转换模块、电光转换模块,再通过光纤传输至控制室模块。控制室模块接收光纤的信号并将其转换为电信号,信号经处

图 1-17 零磁通直流电流互感器二次部分

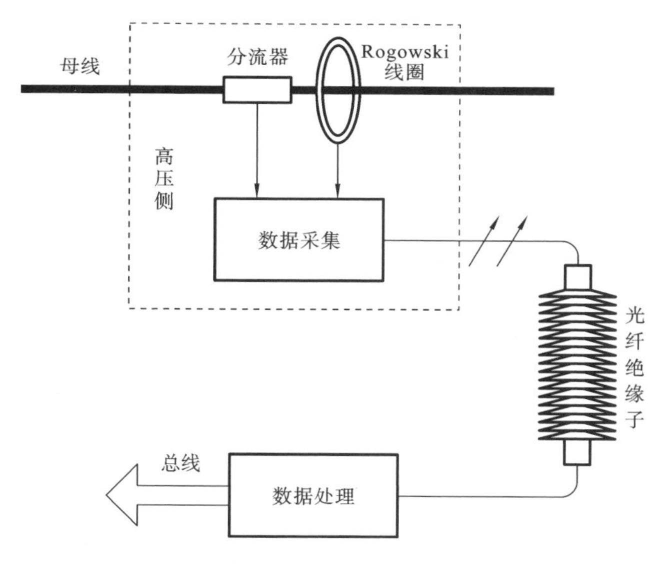

图 1-18 光电式直流电流互感器原理示意图

理后送至控制保护系统的现场总线上。高压侧模块的电子电路采用激光供电技术，控制室模块将激光通过光纤传输至高压侧，激光经过光电转换作为高压侧电路的供电电源。

OCT 的主要优点表现在其绝缘结构很简单，采用光纤绝缘子作为主绝缘。其缺点是电子元器件很多，部分位于户外，工作环境较为恶劣，任何一个元器件的损坏都可能造成系统的失效。从实际使用情况来看，OCT 的主要问题是故障率相对较高。

主要故障点集中在电子电路、激光器、光纤等部分。因此 OCT 一般有冗余配置，一套 OCT 配备有独立运行的 2～4 套电子电路模块，各模块均处于热备用状态。OCT 的另一个主要缺点是采用了分流器，由于分流器本身功耗较高，在炎热的天气下，一次传感器壳体内温度非常高，这会影响系统的测量准确度和可靠性。

光电式直流电流互感器如图 1-19 和图 1-20 所示。

图 1-19　光电式直流电流互感器本体

图 1-20　光电式直流电流互感器二次部分

1.3　高电压大电流计量装置误差及校验技术

1.3.1　高电压大电流计量装置误差

交流电流互感器的比例误差（比值差）f_{CT} 按下式定义：

$$f_{CT}=\frac{K_I I_2-I_1}{I_1}\times 100\% \tag{1-1}$$

式中，K_I 为电流互感器的额定电流比，I_1 为一次电流有效值，I_2 为二次电流有效值。

电流互感器的相位误差（相位差）δ_{CT} 定义为二次电流反向后的相量超前于一次电流相量的值，相量方向以理想电流互感器的相位差为零为标准来确定，表示为

$$\delta_{CT}=\varphi_2-\varphi_1 \tag{1-2}$$

电压互感器的比例误差（比值差）f_{PT} 按下式定义：

$$f_{PT}=\frac{K_U U_2-U_1}{U_1}\times 100\% \tag{1-3}$$

式中，K_U 为电压互感器的额定电压比，U_1 为一次电压有效值，U_2 为二次电压有效值。

电压互感器的相位误差（相位差）δ_{PT} 定义为二次电压反向后的相量超前于一次

电压相量的值，相量方向以理想电压互感器的相位差为零为标准来确定，表示为

$$\delta_{PT}=\varphi_2-\varphi_1 \tag{1-4}$$

电流互感器的误差可以用图 1-21 所示的相量图来说明，相量图中先作出二次电流 $\dot{I}_2$，$\dot{I}_2$ 在二次负荷上的压降为$\dot{U}_2$，再加上二次电流在二次内阻上的压降得到$\dot{E}_2$。铁芯磁通 $\dot{B}_m$ 超前$\dot{E}_2$ 90°，励磁电流 $\dot{I}'_0$ 又超前 $\dot{B}_m$ 磁滞角 ψ，$\dot{I}'_0$ 和 $-\dot{I}_2$ 相加就是 $\dot{I}'_1$，$-\dot{I}_2$ 与 $\dot{I}_1{}'$幅值的误差就是比值差，而 $-\dot{I}_2$ 与 $\dot{I}'_1$ 相位之差 δ 就是相位差。$-\dot{I}_2$ 超前 $\dot{I}'_1$ 时相位为正，滞后为负。

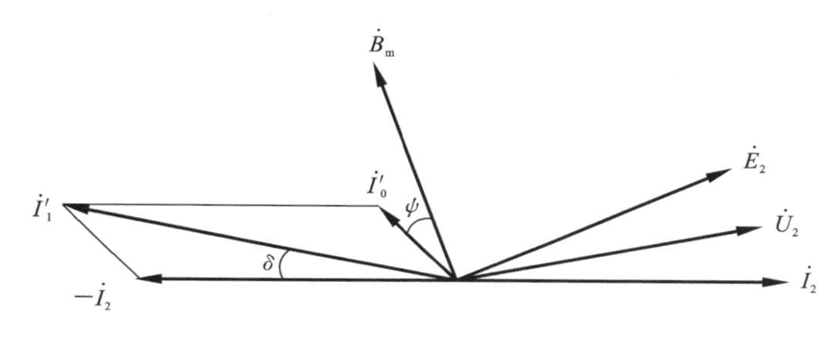

图 1-21 电流互感器相量图

电磁式电压互感器的误差可以用图 1-22 所示的相量图说明。相量图中先作出 $\dot{U}_2$，$\dot{U}_2$ 在二次负荷上产生电流 $\dot{I}_2$，$\dot{I}_2$ 在二次绕组阻抗（包括线圈电阻与漏电抗）上产生压降，与$\dot{U}_2$ 合成后就是二次感应电势$\dot{E}_2$。磁通 $\dot{B}_m$ 超前$\dot{E}_2$ 90°，一次励磁电流 $\dot{I}'_0$ 又超前 $\dot{B}_m$ 磁滞角 ψ，$\dot{I}'_0$ 和 $-\dot{I}_2$ 合成一次电流 $\dot{I}'_1$，在一次绕组内阻上产生的压降与 $-\dot{E}_2$ 相加得到一次电压$\dot{U}'_1$。$-\dot{U}_2$ 与$\dot{U}'_1$ 的幅值的误差就是比值差，$-\dot{U}_2$ 与$\dot{U}'_1$ 的矢量夹角 δ 就是相位差。

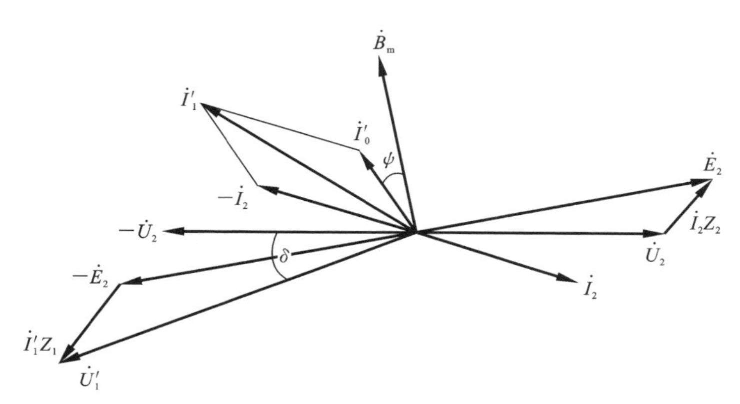

图 1-22 电磁式电压互感器相量图

图 1-23 所示的是电容式电压互感器相量图，图中$\dot{U}_2=K\dot{U}$是电容分压器的二次电压，电容分压器的内阻抗为 X_C。r 和 X_L 是中压变压器一次回路的电阻和漏电抗，

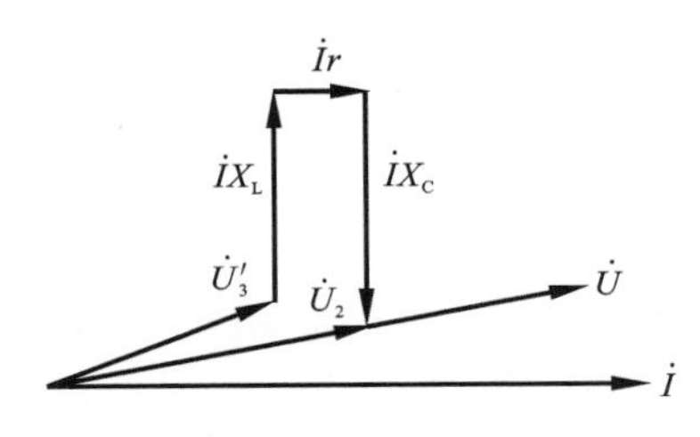

图 1-23　电容式电压互感器相量图

Z'是中压变压器二次回路内阻和二次负荷折算到一次侧的值。在相量图上先作出中压回路电流$\dot{I}$，$\dot{I}$在Z'上的压降为$\dot{U}'_3$，再依次加上$\dot{I}$在X_L、r、X_C上的压降，得到电磁单元的输入电压$\dot{U}_2$或$K\dot{U}$。可以取$\dot{U}'_3$和$\dot{U}_2$幅值的误差为比值差，两相量的夹角为相位差。

直流高电压大电流计量装置的比值差与交流的定义一致，只是直流电压与电流不需要相位误差表征。

1.3.2　高电压大电流计量装置校验技术

高电压大电流计量装置校验技术是用于校准/检定电压互感器与电流互感器的专门技术，主要误差测试设备称为互感器校验仪（或误差测量装置）。互感器校验仪的历史可以追溯到一百多年以前，1882 年，相关人员为互感器申报了英国专利，其正式作为计量器具使用。早期测量电流互感器的比例误差时使用电阻分流器作为标准器，而测量电压互感器的比例误差时使用电阻分压器作为标准器，测量方法是用有源交流电桥比较电阻的二次电压和互感器二次绕组在负荷电阻上的电压降，得到电桥的示值后经过换算可以得到互感器的比例误差。1913 年坡莫合金发明之后，标准电流互感器取代了电阻分流器，但测量互感器误差的有源交流电桥还在继续使用，原因是电阻分流器或电阻分压器接到一次回路与接到二次回路并不会影响电桥桥臂的组成和电桥的平衡调节。

在欧洲，互感器校验仪以瑞士 Tettex 公司的 271/2722 和 271/2723 为代表，它们的特点是微差电源用极坐标方式调节。在我国以沈阳电表厂的 HES 和浙江岱山电工仪器厂的 HE11 为代表，微差电源用直角坐标方式调节。这两种校验仪都采用电势平衡调节方式，属于交流电位差计。另外一类早期的互感器校验仪采用的是直接比较式技术，即将标准互感器与被检互感器的次级模拟电压或电流分别送入互感器校验仪，通过电阻分压器、阻容分压器与磁势比较仪等测量电路，测得两者的差电压或差电流，借助刻度显示被检电压互感器或电流互感器相对于标准互感器的比值差和相位差。国内产品有广东中山和泰机电厂生产的 HE20 等，这种互感器校验仪的优点是，标准互感器与被检互感器的变比可以不必相等，只要标准互感器的额定初级电压或者额定初级电流大于或等于被检互感器的额定值，就可以直接进行检定，使用比较方便。这种校验仪的缺点是不能检定次级负载小于 1 V · A 的互感器；其次，这种互感器校验仪的自身误差直接叠加到标准互感器的误差之中，因而互感器校验仪的元器件误差影响了可以检定的互感器准确度级别。早期校验仪配用的指零仪是电工结构的振动式光点检流计，灵敏度适用于检定 0.01 级及以下的互感器，20 世纪

30 年代以后电子管放大的交流检流计被生产出来，20 世纪 70 年代以后逐渐使用晶体管式和集成电路式检流计，电子放大检流计的电压灵敏度达到 0.1 μV，可用于检验 0.0001 级的互感器。

20 世纪 80 年代初，随着电子技术和微处理机的发展，我国出现了数显式互感器校验仪，这种产品的主要特征是不需要手动平衡，可直接读数，因此内部也不需要微差信号源。早期产品有江苏靖江市计量仪器厂的 HES1，浙江岱山电工仪器厂的 HEW2。到了 20 世纪 90 年代，这类仪器的生产企业在我国迅速增多，产品型号也层出不穷。直到现在，这类产品还是使用最普遍的仪器。从 20 世纪 90 年代开始，随着我国电力工业的发展，0.2 级以下的弱信号输出互感器及数字量输出的电子互感器的应用日趋普遍，出现了使用基于交流采样数字处理的数字比较式互感器校验仪，其基本原理是对被测互感器的二次信号与标准互感器的二次信号分别进行取样及 A/D 转换（对于数字量输出的电子互感器，只需对标准互感器的二次信号进行取样及 A/D 转换），再进行比较和计算。由于这类仪器采用数字量比较方法，因此必须把标准互感器的输出也转换成数字量，由于取样电路和 A/D 转换的存在，这些环节必然会产生误差。因此，基于这种测试原理的仪器一般适用于测试 0.2 级及以下等级的互感器。

按照我国计量法的相关规定，用于电力系统的电力互感器已经归至计量器具的强检目录，并在 GB 50150—2006《电气装置安装工程电气设备交接试验标准》、SD 109《电能计量装置检验规程》中进行了相应的规定。由国家质量监督检验检疫总局颁布的计量检定规程 JJG 1021—2007《电力互感器检定规程》已经于 2007 年开始施多年，这也为电力互感器现场检定提供了技术要求。现有的将所有电力互感器校验仪器和设备托运到试验现场并使用大型吊车反复地进行组装、拆卸及移位的高压计量试验方法不仅费时费力、效率较低下，而且极易造成有人员受伤、有设备损坏的事故。其工作效率已无法满足智能电网的发展建设要求及相关国家规程规定的对于电力互感器的定期、周期检定的要求。

在晋东南经南阳至荆门特高压交流试验示范工程的 CVT 验收试验中，标准装置采用带液压升降的电磁式标准电压互感器，装置长 8.8 米，重达 8.8 吨。电源部分采用串联谐振升压，三节电抗器串联，重达 12 吨。整个现场校验过程包括卸载——组装——校验——装车等一系列烦琐环节，需要占用足够大的现场试验走廊，且对大型吊装设备依赖程度高，在吊装过程中既容易造成试验设备损坏，又会浪费大量人力物力。试验电源、标准器具及测量仪器间的相对位置的不确定性，增大了由分布参数引入的系统测量不确定度，有时会严重影响到测量结果，甚至影响到对试品性能的判定。此外，整个校验过程处于开环不受控状态，对于标准器具在运输及吊装过程中误差是否发生变化，变化量有多大，均无法进行准确判断，这样势必会影响到校验结果的可靠性和权威性。

为了能够对电力系统中的各种电压等级的不同种类的互感器进行现场误差试验,需要将相应的测量试验仪器、升压装置、升流装置、标准装置及各种线缆和附件工具等运输到现场,由此出现了专用于装载各种试验仪器、设备及相应附件和工具的装载车,装载车实现的仅仅是运输的功能,到了工作现场之后,各种试验仪器要通过搬卸、安装调试后才能进行试验操作。受现场的母线及基塔等建筑物的限制,吊车无法施展其吊装能力甚至无法进入现场,更多的是依靠人力搬运。由于各种测试仪器体积大、重量沉,简单的人力装载运输过程容易使仪器挤压、碰撞,从而影响仪器精度甚至损坏仪器。由变电站现场的结构所致,一次架设连接互感器各种检测设备只能进行一组互感器的试验,对下一组互感器进行检测需要进行重复的拆装、搬运、架设和连接等一系列操作,费时费力,工作大部分时间都耗费于此。尤其是进行大中型变电站的电力互感器误差的计量检测时,由于其母线和分支众多,拆装、检测花费的时间过长,往往会使检测时间过长,无法在规定的停电时间内完成检测任务,给变电所带来巨大的经济损失,给社会生产带来不利的影响。

互感器现场一体化校验平台是一种新型的试验装置,在我国超高压、特高压互感器现场试验中得到应用。它是一种以车或移动平台为载体,以数字处理器为中央控制管理单元,结合了现场校验用测试设备的流动的计量检定试验室。互感器现场一体化校验平台为现场电能计量检定试验提供了全新的试验方式和手段。所有需要使用的试验设备或检定仪器都集中放置在专用的作业平台上,可以直接运输到校验现场,校验后又可以整体运回仓库,这为设备管理、数据管理、数据传输、报表输出、现场校验操作和控制等提供了新的思路和方法,对提高现场校验效率、降低现场工作强度、减少停电检测次数或检修时间等提供了有力技术支持。

随着电压等级的提高,设计 500 kV 及以上高电压等级的互感器一体化校验平台具有极大的难度,主要包括:① 在运输、保存及校验过程中不改变标准装置的受力状态和尽可能保证标准装置的性能稳定;② 需采用合理结构实现整套校验装置的一体化集成,大大减小试验设备的体积、重量,尽可能与平台对接,提高空间利用率;③ 需通过自动操控平台的设计应用,实现现场校验全过程免吊装。在无须进行设备装卸、无人力搬运、无需外部吊车的条件下对现场 500～1000 kV 互感器的误差进行检定/校准,以减少对外部条件的依赖,提高现场校验适应能力;④ 需通过智能化测量系统,实现自动化测量,实现自动生成报告功能,保证测试数据的可靠、准确。

为了做好高电压大电流计量装置误差实验室和现场校验工作,需要了解互感器校验仪的相关知识,掌握电力互感器检定方法,本书从互感器校验仪的原理、结构,以及其在实际检定中的应用出发,介绍了模拟比较法误差校验技术和数字比较法误差校验技术的理论和实践,阐述了当前交流、直流输电系统互感器误差现场校验一体化试验平台典型方案,最后针对互感器运行误差产生原因及特点,介绍了互感器误差带电校准和在线监测技术内容和发展前景。

第2章　模拟比较法误差校验技术

被检电流互感器与标准电流互感器的额定变比相同时，将被检电流互感器与标准电流互感器二次电流的差值输入模拟比较式互感器校验仪（简称“模拟比较式校验仪”），可得到被检电流互感器误差。模拟比较式校验仪准确度影响的是误差电流的误差，因此其只要有1%～3%的测量准确度就可以满足互感器校验需求，因此，该校验仪的制造较为容易。模拟比较式互感器校验仪按电路特点可分为差动平衡式的和差动非平衡式的，差动平衡式的又可以分为电位比较型的和电流比较型的，差动非平衡式的按测差电路的特性又可以划分为若干类型。

2.1　模拟比较法的基本技术原理

模拟比较式互感器校验仪主要有测电流互感器和电压互感器误差的功能，并兼容测阻抗和导纳的功能，整个校验仪由4组独立的测试线路组成，校验仪内部测试线路的元部件多，而外部测试线路的接线端钮多。

实际上，测阻抗线路输入校验仪的不是被测阻抗，而是被测阻抗的压降，即小电压；校验仪实际上是测输入小电压 $\Delta\dot{U}$ 相对于校验仪的工作电流 $\dot{I}$ 的比值，以阻抗的读数表示，即

$$Z=\Delta\dot{U}/\dot{I}=R+\mathrm{j}X \tag{2-1}$$

因为校验仪的工作电流通过被测阻抗 Z 产生阻抗压降 $\dot{I}Z$，输入校验仪进行测试，所以校验仪的读数才是被测阻抗 Z。

由此可见，互感器校验仪的4种功能如下。

(1) 测电流互感器误差就是测小电流 $\Delta\dot{I}$ 对工作电流 $\dot{I}$ 的比值，以电流互感器误差表示，即

$$\varepsilon_{\mathrm{i}}=\Delta\dot{I}/\dot{I}=f+\mathrm{j}\delta \tag{2-2}$$

(2) 测电压互感器误差就是测小电压 $\Delta\dot{U}$ 对工作电压 $\dot{U}$ 的比值，以电压互感器误差表示，即

$$\varepsilon_{\mathrm{u}}=\Delta\dot{U}/\dot{U}=f+\mathrm{j}\delta \tag{2-3}$$

(3) 测阻抗就是测小电压 $\Delta\dot{U}$ 对工作电流 $\dot{I}$ 的比值，以阻抗表示，即

$$Z=\Delta\dot{U}/\dot{I}=R+\mathrm{j}X \tag{2-4}$$

(4) 测导纳就是测小电流 $\Delta\dot{I}$ 对工作电压 $\dot{U}$ 的比值，以导纳表示，即

$$Y=\Delta\dot{I}/\dot{U}=G+\mathrm{j}B \tag{2-5}$$

模拟比较式校验仪实际上就是测小电流和小电压对工作电流或工作电压的比值的仪器，校验仪的工作电流和工作电压可以通过元部件转换，被测小电流和小电压也可以通过相应的元部件转换。据此，可以推导出组成互感器校验仪的 4 种基本原理线路如下。

(1) 测小电压对工作电流的比值，即 $\Delta \dot{U}/\dot{I}$。这就是电位比较型校验仪，如 HE1 型、HE5 型和 HE11 型互感器校验仪。其中，HE1 型和 HE5 型是基于国外 AHT 型互感器校验仪改进而成的，而 HE11 型是根据基本线路加上电流电压转换元部件而设计的，其功能与 HE5 型的相当，但体积和质量都减半。

(2) 测小电流对工作电压的比值，即 $\Delta \dot{I}/\dot{U}$。这就是电流比较型校验仪，如 HEG1 型和 HEG2 型互感器校验仪。当检流计指零时，有

$$\Delta \dot{I}/\dot{U}=G+\mathrm{j}B \tag{2-6}$$

(3) 测小电压对工作电压的比值，即 $\Delta \dot{U}/\dot{U}$。这是差动非平衡式校验仪的基本线路，当检流计指零时有

$$\varepsilon=\Delta \dot{U}/\dot{U}=f+\mathrm{j}\delta \tag{2-7}$$

(4) 测小电流对工作电流的比值，即 $\Delta \dot{I}/\dot{I}$，目前这种校验仪应用得较少。

2.2 差动平衡式校验仪主要部件

差动平衡式校验仪包含电阻、电容、电感等组成各种变换电路和交流指零仪等的部件，其按电路特点分为电工式和电子式，按测量原理分为电位比较型、电流比较型等，各类差动平衡式校验仪最重要的组成部件为微差源和指零仪，可用于对差流/差压信号进行指零。

2.2.1 微差电压源和微差电流源

差动平衡式互感器校验仪主要由量程变换电路、微差补偿电源和比较器三部分组成，它们按照平衡电桥线路连接和工作，微差补偿电源是这类互感器校验仪的平衡调节装置，在结构上可分为微差电压源和微差电流源两种。微差电压源通常采用 R-M 线路，如图 2-1 所示。在图 2-1(a)中，参考交流信号是标准电流互感器的二次电流。图 2-1(b)中，参考交流信号是标准电压互感器的二次电压。由于 R-M 线路必须用电流激励，因此图 2-1(b)中参考电压通过标准电阻器 R 变换成电流。为了减小回路功耗，R 用得较大，以致 R-M 回路正常工作电流是回路电流的好几倍，因此线路中使用了电流互感器 T_P 来匹配两个回路的电流。并联电容器 C 的作用是校正电压/电流变换的相位误差。电流互感器 T 的次回路经过同相滑线电阻短路，二次电流与一次电流相位接近一致。互感线圈 M 的二次回路经过正交滑线电阻短路，二次电流与一次电流相位接近正交。二次电流在两个滑线电阻上产生电压降。当参考电流为 5 A

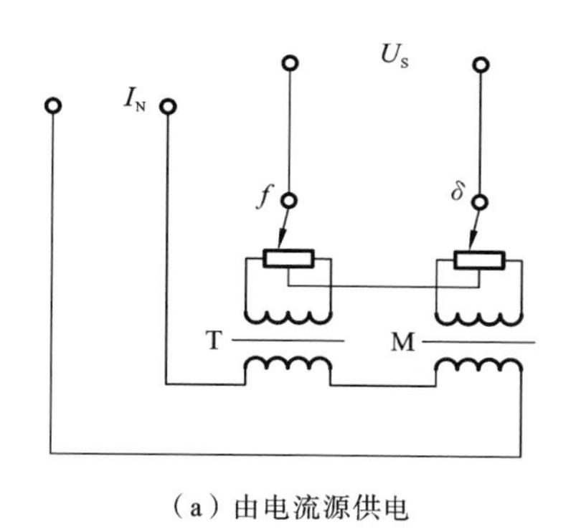

(a) 由电流源供电

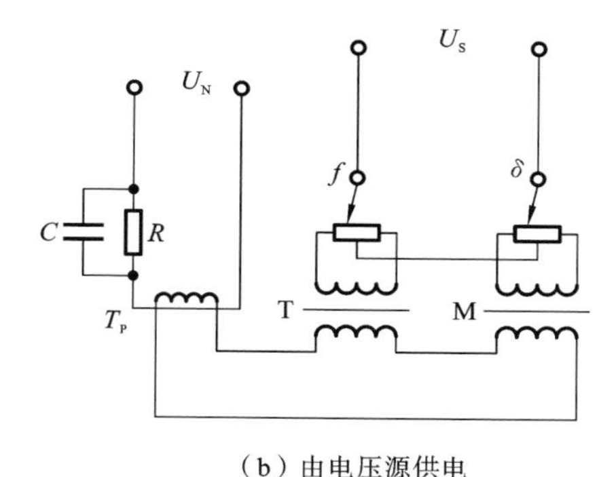

(b) 由电压源供电

图 2-1 微差电压源

时，校验仪同相微差电压为－50～50 mV，正交微差电压为－50～100 mV。当参考电压为 100 V 时，同相微差电压为—20～20 mV，正交微差电压为－20～40 mV。同相微差电压与正交微差电压叠加起来组成了直角坐标型微差电压源信号。该微差电压源信号与参考电流或参考电压保持已知的幅值和相位关系：

$$\begin{aligned}\dot{U}_S&=(\pm K_T R_x \pm j\omega M R_y)\cdot \dot{I}_N\\ \dot{U}_S&=(\pm K_T R_x \pm j\omega M R_y)\cdot \dot{U}_N K_P/R\end{aligned}\tag{2-8}$$

当微差电压与被测电压相等时，可以从微差电源的置数读出被测电压与参考电压(或参考电流)的比值与相位关系。

微差电流源通常采用 G-C 线路，如图 2-2 所示。在图 2-2(a)中，参考交流信号是标准电流互感器的二次电流。由于 G-C 线路必须用电压激励，因此参考电流先通过标准电阻器产生与二次电流同相位的电压降，再经过电压互感器 T 变换到二次侧。R 的阻值通常取 0.1 Ω。在图 2-2(b)中，参考交流信号是标准电压互感器的二次电压，可以先用电压互感器 T_P降压，再经 T 变换到二次侧。二次电压在电导 G 和电容 C 上分别产生同相和正交的微差电流，它们叠加后组成了直角坐标型微差电流源。当参考电流为 5 A，或者参考电压为 100 V 时，校验仪同相微差电流为－1.11～1.11 mA，正交微差电流也是－1.11～1.11 mA。微差电流源与参考电压及参考电流保持已知的幅值和相位关系：

$$\begin{aligned}\dot{I}_S&=(\pm K_x G \pm j\omega C)\cdot R\ \dot{I}_N\\ \dot{U}_S&=(\pm K_T G \pm j\omega C)\cdot K_P\ \dot{U}_N\end{aligned}\tag{2-9}$$

当微差电流与被测电流相等时，可以从微差电源的置数读出被测电压与参考电压(或参考电流)的比值及相位关系。

被测电流和被测电压通过量程变换电路转换成与微差电流和电压相同数量级的信号。能与微差电压或微差电流直接比较的被测电流或电压量程称为基本量程，经过量程变换才能测量的量程称为非基本量程。变换量程的元件通常是电流与电压信

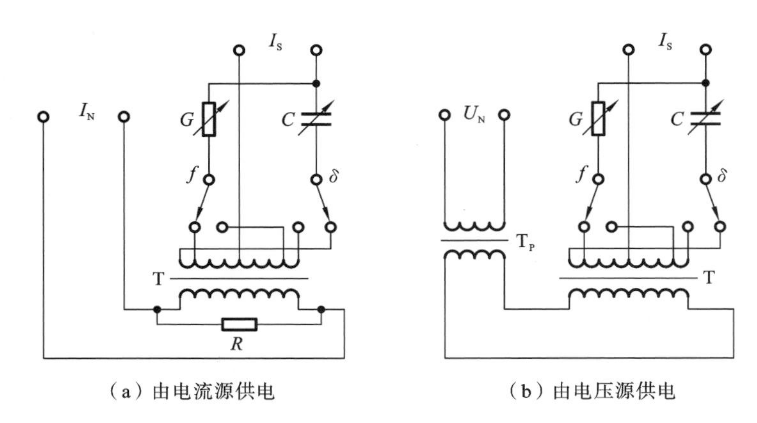

（a）由电流源供电　　（b）由电压源供电

图 2-2　微差电流源

号互感器，以及标准电阻器。

调节微差电源测量被测电压或电流时，平衡状态通过工频检流计指示，因此工频检流计也称为工频指零仪。必须注意到，校验仪的平衡状态只是对 50 Hz 才成立。为了排除高次谐波对平衡状态的影响，指零仪应具有对高次谐波信号足够的抑制能力。在检定非线性失真大的互感器时，换用不同型号的校验仪，往往会得到不同的测量结果。一个重要原因是它们的谐波抑制能力各有不同。

2.2.2　指零仪

指零仪也称为检流计，用于指示桥路的平衡程度。它实际上是一台工频选频放大器，放大器的输出用电压表指示。指零仪的技术指标有输入灵敏度、谐波抑制能力、互调系数、阻尼时间和量程一致性。

1）输入灵敏度

输入灵敏度包括电压灵敏度和电流灵敏度，这是指零仪最重要的指标。灵敏度用指零仪的指示值能明显识别时所输入的电压或电流表示。习惯上指零仪的输出用指示仪表显示，因此灵敏度通常用表盘上零位后的第一小格对应的输入电压或电流表示。例如瑞士 5511 指零仪，电压灵敏度为 0.5 μV。指零仪的灵敏度也不是越高越好。因为使用灵敏度高的指零仪测量大的差值信号时，指零仪的灵敏度开关不能开大，有效使用的挡位减少，每挡的动态范围也相应减小，使用时会感到调节细度不够。互感器校验仪上使用的指零仪，电压灵敏度达到 1 μV 就可以满足一般使用要求。指零仪输入阻抗一般为 500 Ω～10 kΩ。高输入阻抗容易产生较大噪声，所以输入阻抗不宜过大，例如 5511 指零仪的输入阻抗为 500 Ω。用已知输入阻抗可以计算输入电流灵敏度，例如 5511 指零仪的电流灵敏度为 0.5×10^{-6} V÷500 Ω=1×10^{-9} A。

根据灵敏度指标可以考核指零仪是否满足检验要求。例如 HEG2 校验仪的最小分度值为 1×10^{-6}，检验电压互感器时，若参考电压置 $100/\sqrt{3}$ V 挡，最低工作电压为参考电压的 20%，差压变换为差流时倍率电阻最小为 100 Ω，对应的差流为 $100/\sqrt{3}\times10^{-6}\ \text{V}\times0.2\div100\ \Omega=1.15\times10^{-7}$ A。检验电流互感器时，若参考电流置 1 A 挡，最低工作电流为参考电流的 1%，对应的差流为 $1\times10^{-6}\ \text{A}\times10^{-2}=1\times10^{-8}$ A，这都超过了 5511 指零仪的灵敏度限值。

2）谐波抑制能力

互感器由于结构不同，频率特性也不同。当试验电源含有谐波分量时，在校验仪测量桥路就存在不能抵消的谐波分量，使输入指零仪的信号含有大量谐波成分。特别是回路接近平衡时，基波大部分被抵消，残余分量以谐波为主。如果谐波被放大并使指零仪有输出显示，而微差源又不能输出谐波补偿电流或电压，电桥回路就不能进一步平衡。这时调节微差源，指零仪的指示值不能继续减小。JJG 169—2010《互感器校验仪检定规程》规定：准确度为 1 级的校验仪，谐波抑制能力不小于 32 分贝；准确度为 2 级的校验仪，谐波抑制能力不小于 26 分贝；准确度为 3 级的校验仪，谐波抑制能力不小于 20 分贝。相应的谐波衰减倍数分别为 40 倍、20 倍、10 倍。这是根据电源中存在 5%的谐波分量计算得到的必要谐波衰减量。通常指零仪的频率特性为低通型，对三次谐波的衰减最小。因此可以用三次谐波考核以上指标。

3）互调系数

指零仪的元件也存在非线性，例如输入变压器的励磁阻抗就是非线性的。非线性的输入响应特性可以用幂级数表示。如果以 x 作为输入量，以 y 作为输出量，有

$$y=a_1x+a_2x^2+a_3x^3+\cdots \tag{2-10}$$

设 $a_2\neq0$，并且输入信号有三次和五次谐波，即

$$x(t)=b_3\sin\omega_3t+b_5\sin\omega_5t \tag{2-11}$$

先计算 $x(t)\cdot x(t)$，展开后出现 $\sin\omega_3t\cdot\sin\omega_5t$ 的乘积项，用三角函数积化和差公式得到含 $\cos(\omega_3-\omega_5)t\sin\omega_3t$ 的项，再用积化和差公式得到 $\sin(2\omega_3-\omega_5)$ 的项。由 $2\omega_3-\omega_5=\omega_1$ 知，三次谐波和五次谐波通过输入变压器的非线性调制后产生基波分量。由于输入放大器的是基波，滤波器对它不起作用，调节桥路平衡时，只能偏调微差源产生一个实际上不需要的差值分量去抵消非线性调制产生的基波。结果造成桥路的虚假平衡。实际上，电阻器、电容器、晶体管都存在非线性，但不同的元件非线性值大小不同。因此，一个好的指零仪离不开精心挑选的优质元件。

4）阻尼时间

指零仪是用来指示桥路调节过程中的平衡程度的，当改变微差源的一个示值时，桥路输出应当马上跟踪信号的变化。但指零仪有滤波电路，选频越尖锐，回路的 Q 值就越高，时间常数也越大。指零仪的阻尼时间指当指零仪响应一个变化时，显示值稳定在一小格所需要的时间。通常这个时间应小于 0.5 秒。当阻尼时间小于 0.2 秒

时，可以认为达到即时跟踪效果。

5）量程一致性

当指零仪偏转小于满刻度的1/20时，应当换下一个量程使用。这时，指零仪的显示应当为满量程的1/5～3/5。如果更换量程后指零仪不在上述范围，则会造成测量死角，给调节平衡增加困难。在量程挡位有限的情况下，要满足量程一致性要求，可以采用对数刻度显示的方法。利用晶体二极管输入的对数特性就可以达到这一要求。

2.3 差动平衡式校验技术

2.3.1 电工式电位比较型校验技术

电位比较型互感器校验仪的基本测量电路如图2-3所示，它是以工作电流 I 为参考对向量电压 $\Delta\dot{U}$ 进行测量的一种电路，其微差电压源由电流源供电。图2-3中，T为同相电流互感器，M为正交电流互感器，F为同相滑线电位器，E为正交滑线电位器，F与E的中间点 O 和 O' 用导线短接起来，O 和 O' 的左侧可输出正极性电位，右侧可输出负极性电位。F电位器上有一滑动触点 A，A 的滑动可以改变输出电位的大小与极性，E电位器上有一滑动触点 B，它的滑动可以改变正交电位器上输出电位的大小和极性。T和M的供电电流皆为 I，可用电流表A检测其大小。D为交流指零仪，$\Delta\dot{U}$ 表示待测量的向量电压。

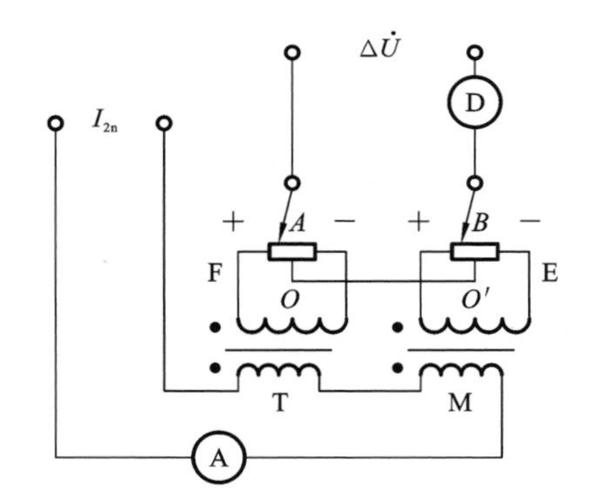

图2-3 电位比较型互感器校验仪基本测量电路

当工作电流 I_{2n} 由标准电流互感器供电时，为了测量 $\Delta\dot{U}$，可调节F与E两个电位器上的触点 A 和 B，直至交流指零仪D指向零位。

在 A、B 两点上就可以得到校验仪的平衡电压，可得平衡方程

$$\dot{U}_{AB}=K_{\mathrm{T}}I_{2\mathrm{n}}r_{AO}+\mathrm{j}K_{\mathrm{M}}I_{2\mathrm{n}}r_{BO'} \tag{2-12}$$

其中，K_T和K_M分别为互感器T和M的变换系数；r_{AO}和$r_{BO'}$分别为F和E电位器上的取样电阻。

将被测电位差$\Delta\dot{U}$输入校验仪，与校验仪的平衡电压$\dot{U}_{AB}$进行比较。转动同相盘和正交盘，改变滑动触点，A和B的位置，即相应改变$\dot{U}_{AB}$的大小和相位。当指零仪D指零时，则被测电位差$\Delta\dot{U}$与平衡电压的大小相等和相位相同。据此可以求得被测电位差$\Delta\dot{U}$相对于工作电流的同相分量和正交分量的关系为

$$\Delta\dot{U}=\dot{U}_{AO}+\dot{U}_{O'B}=\dot{U}_{AB} \tag{2-13}$$

由式(2-12)和式(2-13)可得

$$\begin{cases}\dot{U}_{AO}=K_T I_{2n} r_{AO}\\ \dot{U}_{O'B}=jK_M I_{2n} r_{BO'}\end{cases} \tag{2-14}$$

电阻r_{AO}和$r_{BO'}$的大小和正负可分别由同相盘刻度K_x和正交刻度盘K_y来读数。K_T和K_M可以包括在校验仪的开关系数K_0内，则有

$$\begin{cases}\Delta\dot{U}_x=K_0 K_x I_{2n}\\ \Delta\dot{U}_y=K_0 K_y I_{2n}\end{cases} \tag{2-15}$$

根据式(2-15)就可以得到被检互感器的误差，电位比较型互感器校验仪在国内应用最广的产品是HE5型的，它的额定工作电流为5 A与1 A，额定工作电压为100 V与$100/\sqrt{3}$ V，可用于检定0.05～1级的电流互感器和电压互感器。

2.3.2　电工式电流比较型校验技术

电流比较型互感器校验仪的基本测量回路是以工作电压U为参考，对一个电流相量$\Delta\dot{I}$进行分部测量的电路，其微差电流源由电压源供电，其原理电路如图2-4所示。图中，T_B是一只多绕组电压互感器，一个绕组通过开关K_1施加到同相测量回路，另一个绕组通过K_2施加到正交测量回路，T为无源磁势比较器，通过交流指零仪指示零磁通，其用于比较三个绕组磁势。一个回路中，同相电压经过可调电导箱G输出同相电流$\dot{I}_G$，另一回路中，上述正交电压经可调电容箱C输出正交电流$\dot{I}_C$，第三个回路中，被测量的电流向量$\Delta\dot{I}$从K端引入，D为比较绕组的低电位端，在测量试验时接地。

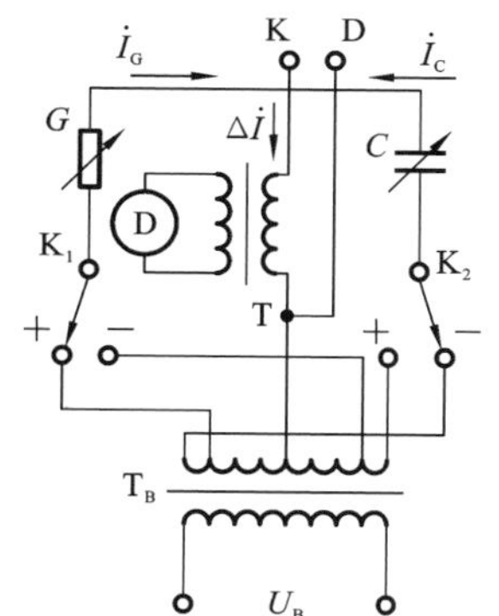

图2-4　电流比较型互感器校验仪基本原理电路

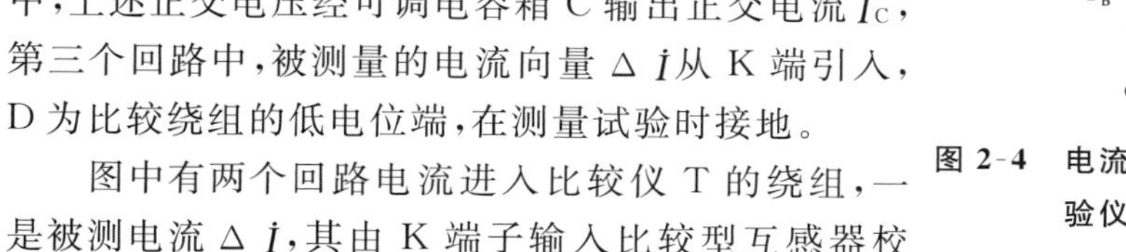

图中有两个回路电流进入比较仪T的绕组，一是被测电流$\Delta\dot{I}$，其由K端子输入比较型互感器校验仪的一个绕组，一是校验仪内部工作电压$\dot{U}_B$，其通过电压互感器T_B加在电导箱G和电容箱C上，分别产生$\dot{I}_G$、$\dot{I}_C$，注入比较型互感器校验仪的同一绕组，这个电流被

称为注入电流。当电压$\dot{U}_B$与待测电流$\Delta \dot{I}$施加至测量回路时，上述三个电流$\dot{I}_G$、$\dot{I}_C$和$\Delta \dot{I}$都进入无源磁势比较器比较绕组，通过交替地调节电导箱与电容箱的示值，并伴随调节K_1和K_2的极性，直至交流指零仪D指示于零位为止。这时可以求得被测电流$\Delta \dot{I}$相对于工作电压$\dot{U}_B$的同相分量$\Delta \dot{I}_x$和正交分量$\Delta \dot{I}_y$与$\dot{U}_B$的关系，即

$$\Delta \dot{I} = -(\dot{I}_G + \dot{I}_C) = \Delta I_x + j\Delta I_y \tag{2-16}$$

式中又有关系

$$\begin{cases} \dot{I}_G = \dot{U}_B K_F G \\ \dot{I}_C = \dot{U}_B K_D j\omega C \end{cases} \tag{2-17}$$

式中，K_F为T_B同相输出电压的变换系数；K_D为T_B正交输出电压的变换系数。

联立式(2-16)和式(2-17)可得

$$\begin{cases} \Delta \dot{I}_x = \dot{U}_B K_F G \\ \Delta \dot{I}_y = \dot{U}_B K_D \omega C \end{cases} \tag{2-18}$$

根据式(2-18)就可以得到被检互感器的误差，电流比较型互感器校验仪以HEG2型的为代表，HEG2型互感器校验仪的额定工作电流为5 A和1 A，额定工作电压为100 V、150 V和$100/\sqrt{3}$ V，可用于检定0.01～1级的电流互感器与电压互感器。

2.3.3 电子式自平衡校验技术

电子式互感器校验仪是把先进的电子测量技术与电工测量技术相结合的一种测量仪器，它在某些方面可以较容易地解决一些单纯电工式互感器校验仪所难以处理的技术难题，诸如负载效应、正交移相、频率误差、数字自动显示等问题，而且可简化电路与产品结构，实现产品的小型化与低成本。其中，平衡式校验仪在差值补偿法的基础上，采用电子线路作为平衡指零测量系统。电子式自平衡互感器误差检定装置采用了前文叙述过的交流指零方法，其区别只是该装置采用了电子线路。

典型的电子式自平衡互感器校验仪的原理框图如图2-5所示，它在电流比较型互感器校验仪的原理基础上，以单片机为核心，利用智能化技术代替手动平衡操作，取消了监测平衡状态的交流指零仪，其以不平衡信号去驱动编码网络，用数字量控制参与平衡的模拟量，以达到电流比较仪电路的平衡。校验仪内部根据电流比较仪的不平衡程度，产生一组与电流互感器次级电流成比例的同相分量与正交分量，它们与原来的取差电流共同进入电流比较仪进行平衡。

图2-6表示出了检定电流互感器的原理主电路，图中，CT_x为被检定的电流互感器，CC为补偿式电流比较仪，C_1为电流比较仪的辅助铁芯兼磁屏蔽，C_2为主铁芯，w_3为补偿绕组，w_0为平衡检测绕组，Z为被检电流互感器的负载阻抗。当电路中升起初级电流I_1时，电流互感器CT_x与电流比较仪CC的次级电流分别为I_{2x}与I_{2n}。一般情况下I_{2x}与I_{2n}是不相等的，而电流比较仪CC也是不平衡的。这时I_{2x}与I_{2n}之

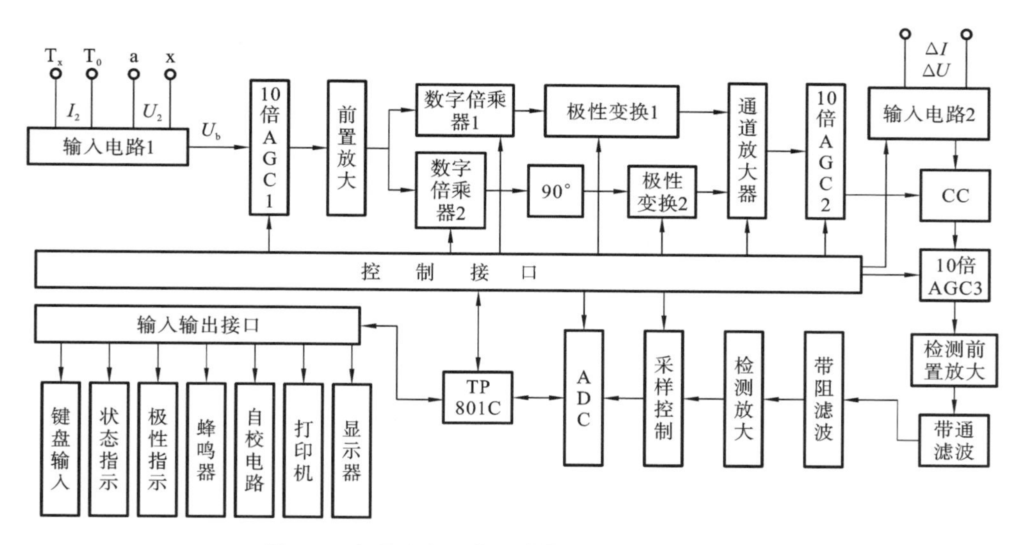

图 2-5　电子式自平衡互感器校验仪的原理框图

差 ΔI 将进入补偿绕组 w_3，在电工型的电流比较型互感器校验仪中，是靠手动操作产生一组同相分量与正交分量的合电流 I_0 的，I_0 注入绕组使电流比较仪实现平衡。在这里，在检测绕组 w_0 两端得到不平衡电压信号，该信号经过图 2-5 中相关电路的处理后产生一个补偿电流 I_0，并注入补偿绕组 w_3，由于负反馈系统的反馈深度足以使最后 w_0 绕组的端电压降低到允许忽略的程度，则反馈系统中的同相分量就是要求的比值差，其正交分量就是相位差。由于电流比较仪 CC 本身的准确度很高，其自身的比值差与相位差均可以忽略，故反馈系统测得的同相分量就是 CT_x 的比值差，所测得的正交分量就是 CT_x 的相位差。

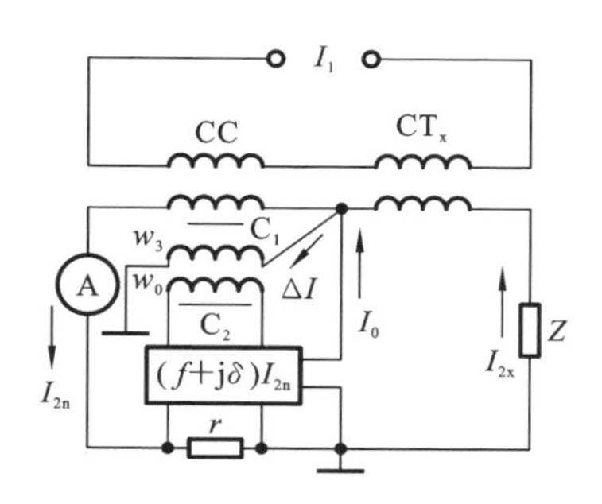

图 2-6　检定电流互感器原理图

由图 2-5 可见，工作电流 I_2 加至输入电路 1 产生一个电压信号 U_b，实际就是一个有源的电流/电压转换电路，然后加至自动增益控制电路 AGC1，它有 10 倍增益的变化，然后加至前置放大器，因为工作信号 U_b 较小，在这里除了放大之外还设置了 8 组 $8\sqrt{10}$ 倍的量程切换，以控制参考电压在一定的范围内，保证在进行模/数转换时的测量准确度，图中前置放大器单独输出的参考电压，经过整流之后送至模/数转换电路 ADC。这里要求 AGC1 与前置放大器中的运算放大器选用低漂移与低噪声的高开环增益放大器。

数字倍乘器 1 与数字倍乘器 2 是两个数/模转换电路，它们受控于控制接口送来的数字量，数字倍乘器 1 的控制数字量取决于电流比较仪 CC 中不平衡电流的同相分量，数字倍乘器 2 的控制数字量取决于 CC 中不平衡电流的正交分量。数字倍乘器的输出信号分为两个分支，一个分支为同相通道，另一分支经过 90°移相后成为正交通道，两者在通道放大器放大后又经过 10 倍自动增益控制电路 AGC2 送至电流比较仪进行补偿。

如果电流比较仪不平衡，则其输出信号经 10 倍自动增益控制电路 AGC3 后进行放大，再依次通过经 50 Hz 带通滤波电路与 150 Hz 带阻滤波电路，然后进行检测放大，放大输出的波形则是比较纯净的工频信号，经过采样控制与采样保持电路得到不平衡电流的同相分量与正交分量，将它们送至模/数转换电路 ADC 分别产生同相分量的数字控制信号与正交分量的数字控制信号，再分别反馈至数字倍乘器 1 与数字倍乘器 2，形成闭环负反馈，当此闭环的反馈深度足够时，这两个数字量便分别是被检电流互感器的比值差与相位差。

图 2-5 所示的电路中有个自校电路，即在仪器内部有一个正弦波信号发生器，它提供一个模拟基准信号和一个模拟差值信号，可以将它们分别输入图 2-6 所示的相应电路，以检查仪器测量电路的各个环节是否正常工作，这对检查仪器内部是否出现故障及测量结果是否有效是很有益处的。

图 2-6 所示的电路也适用于检定电压互感器，只是要将工作电压信号 U_2 通过隔离电压互感器变换成电压信号 U_b，再将两个电压互感器次级的差压信号通过一组电阻变换为电流信号输入电流比较仪即可。

总体来说，这种类型的互感器校验仪具有如下三个特点。

(1) 由于采用补偿式电流比较仪作标准，并结合了运算放大器及数/模转换电路等集成电路，该校验仪不仅结构紧凑，而且测量准确度与稳定度都很高，使用起来非常方便。

(2) 校验仪的测差系统(即误差补偿系统)是有源系统，它不需要从被试的电流互感器或电流比较仪中吸取能量，故而可以减小测量系统产生的负载效应。

(3) 虽然采用了平衡法，而且采用了补偿式电流比较仪原理，但是在检定互感器时只需要调节一次平衡即可实现测量，故操作方便，对电源稳定度要求低。

2.4 差动非平衡式校验技术

差动非平衡式互感器校验仪又称为非零值法式互感器校验仪，因为其内部没有指零过程。非平衡式校验技术的运算电路，是基于下述的分析而设计的：如果能将被比较的两个电流互感器的差流取出，而且又能设法将其同相分量和正交分量(以标准互感器的次级电流为参考量)分离出，则将其正交分量与标准电流作除法运算即可求角，而不需要采用交流指零仪。采用较简单的模数转换，即可实现数字化的直接显示。差动非平衡式互感器校验仪的原理电路可以设计成各种各样的类型，但考虑到这种仪器的核心部分是它的正交分解技术，故这里对其仅作一概括性的介绍。

采用正交分解电路的互感器校验仪，其检定电流互感器的线路如图 2-7 所示，图中，T_x 与 T_0 分别代表被检电流互感器与标准电流互感器，二者的电流变比相同，在电路中按极性对接串联，即 T_0 的 L_1 端与 T_x的 L_1 端短接，T_0 的 K_1 端与 T_x 的 K_1 端短接。Z 为被检电流互感器的负载阻抗，R_Δ 为差流取样电阻，R_0 为标准电流互感器次级电流取样电阻。

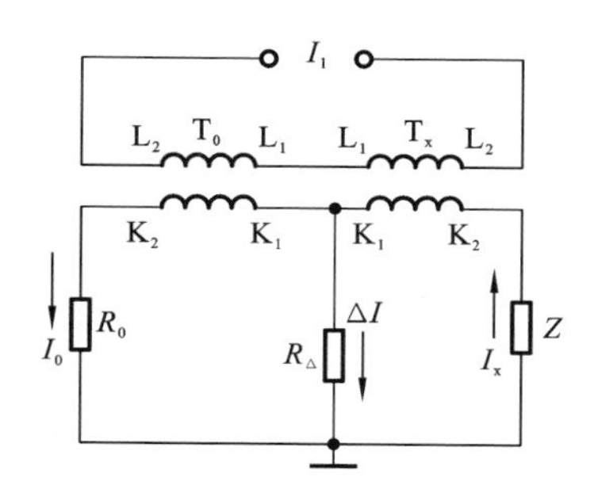

图 2-7 检定电流互感器的线路

当 T_x与 T_0 的误差不相等时，其差电流 ΔI 便从差流取样电阻 R_Δ 中流过，它应该等于两电流互感器的次级电流向量差。由于互感器校验仪的示值为两只互感器误差的差值，实际上相位差 δ 很小，故得被检电流互感器的误差为

$$\begin{cases} f_x = f_0 \pm \dfrac{I_f}{I_0} \times 100(\%) \\ \delta_x = \delta_0 \pm \dfrac{I_\delta}{I_0} \times 3438(') \end{cases} \tag{2-19}$$

设标准互感器的次级电流为 $i_0 = I_{0m}\sin\omega t$，被检电流互感器次级电流为 $i_0 = I_{xm}\sin(\omega t + \delta_x)$，则有

$$\Delta i = i_x - i_0 = (I_{xm}\cos\delta_x - I_{0m})\sin\omega t + I_{xm}\sin\delta_x\cos\omega t \tag{2-20}$$

令 $A = I_{xm}\cos\delta_x - I_{0m}$，$B = I_{xm}\sin\delta_x$，则有

$$\Delta i = A\sin\omega t + B\cos\omega t \tag{2-21}$$

由此可见，Δi 可以分解为一个正弦分量和一个余弦分量，而当 $\omega t = 0$ 时，$\Delta i = B$ 为正交分量的幅值，而当 $\omega t = 90°$时，$\Delta i = A$ 为同相分量的幅值。根据这种分析，可由 I_0 的经过 90°的时间脉冲触发采样保持电路，这时得到的 Δi 即为其同相分量的幅值；而由 I_0 的经过 0°的时间脉冲触发另一采样保持电路，便可得到 Δi 的正交分量的幅值。为此，设计的测量电路原理框图如图 2-8 所示。

图 2-8 中，取样电路 1 来源于图 2-7 中 R_Δ 上产生的差电压 $\Delta U = \Delta I R_\Delta$，设置前置放大 1 是为了提高信噪比以减小噪声等因素的干扰。AGC1 是自动增益控制电路，可在工作电流降低到 20%以下时将工作信号再提升上来，也是为了提高信噪比。滤波 1 用于抑制采样信号中的高次谐波，否则谐波的存在将使后边的采样电路产生误差。取样电路 2 中的 U_0 来源于图 2-7 中 R_0 上的电压信号 $U_0 = I_0 R_0$，U_0 与 ΔU 类似，也经过了前置放大 2、AGC2、滤波 2 的处理。滤波 2 后的一部分信号经过整流 1 电路形成波形标准的 0°触发信号，触发采样保持电路 1 便可得到差电流 ΔI 中的正交分量 I_δ。滤波 2 后的另一部分输出信号经整流 2 电路形成标准脉冲，经过 90°移相电路后去启动采样保持电路 2，便可得到差电流 ΔI 中的同相分量 I_f。

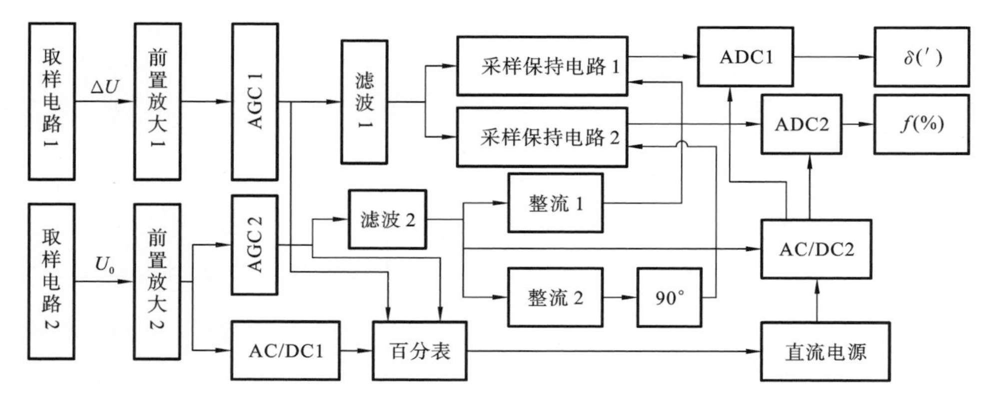

图 2-8　正交分解测差电路原理框图

前置放大 2 的另一路输出加至交流/直流转换电路 1(AC/DC1),一般可以采用全波整流电路来实现,如果信号波形实在太差,可采用真有效值转换器件来实现。整流后的直流信号用百分表加以指示。为了提高百分表的测量范围而保持其线性度,百分表也要受 AGC 电路的控制,但其显示值应保持或恢复本来的大小。

滤波 2 电路的第三个输出信号加至交流/直流转换电路 2(AC/DC2),它是正比于工作电流 I_0 的一个电压信号,它与 I_f 的电压信号在 ADC1 及 ADC2 电路中作模拟除法运算,便得到了相应的测量结果 $f(\%)$ 与 $\delta(')$。

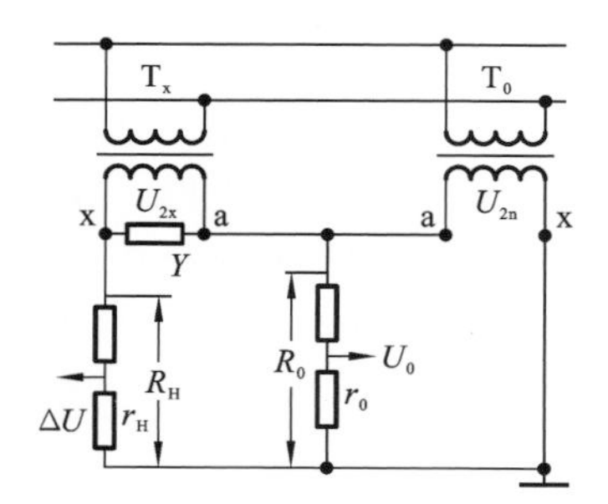

图 2-9　检定电压互感器的电路

采用正交过零采样电路检定电压互感器的原理电路如图 2-9 所示,图中 T_x 与 T_0 分别代表被检电压互感器与标准电压互感器,它们的初级电路并联在同一个工频电源上,其次级回路在 a 端短接在一起,在两个 x 端取差电压加在电阻分压器 R_H 上,电阻分压器的输出电阻为 r_H,其分压系数为 $K_U=r_H/R_H$;其输出电压为

$$\Delta U=K_H(U_{2x}-U_{2n}) \tag{2-22}$$

R_0 为工作电压采样的电阻分压器,其输出电阻为 r_0,其输出电压为 $U_0=U_{2n}r_0/R_0$,Y 为被检电压互感器的负载导纳。将图 2-9 所产生的 U_0 与 ΔU 分别接入图 2-8 所示的电路中,便可实现对电压互感器的误差的测量,其测得值可表示为

$$\begin{cases} f_x=f_0\pm\dfrac{U_f}{U_{2n}}\times 100(\%) \\ \delta_x=\delta_0\pm\dfrac{U_\delta}{U_{2n}}\times 3438(') \end{cases} \tag{2-23}$$

式中,U_{2n} 为标准电压互感器的次级电压,U_f 为差电压的同相分量,U_δ 为差电压的正

交分量。

HES-1型数字式互感器校验仪即采用上述工作原理及典型电路设计而成，HES-1型互感器校验仪可用于检定0.1级及以下级别的电流、电压互感器，其优点是测量结果可以直接自动数字显示，不必调节电路平衡，也不必采用交流指零仪，这既提高了工作效率，又给操作者带来很大的方便；另外，这种数字式互感器校验仪的工作电流线性范围扩大了，其可以工作在5%测量点的条件下并保证测量准确度，这使得在检定工作过程中，在检定5%测量点时，不必改变电流量程，给操作带来方便。这种电路的不足就是移相电路存在频率误差，在工作频率偏离较大的条件下要作频率修正。

2.5 模拟比较法在互感器检定中的应用

模拟比较法的原理是，标准互感器与被检互感器的量程是相同的，或者两者的额定变比是相同的，也可以理解为经过级联电路组合后两者的额定变比是相同的。只有在这种条件下，互感器校验仪自身的误差才是被比较两台互感器微小差值的误差。正因为有这样的特点，在互感器检定规程JJG 1021—2007中规定：由互感器校验仪所引起的测量误差，不得大于被检互感器误差限值的1/10，而采用模拟比较法原理的互感器校验仪很容易做到这一点。

另外，模拟比较式校验仪的工作频率默认为50 Hz。一方面是因为国内绝大部分地区的电网频率为50 Hz，只有极少量的对外合作地区的电网有60 Hz的频率；另一方面，目前在国内现场应用的互感器校验仪都是按频率为50 Hz制造的，而且它们的频率特性很差，只要工作频率偏离额定频率的0.5%～1%，它们就几乎全部超差。因此，目前模拟比较式互感器校验仪的适用范围一般为50 Hz。

2.5.1 检定电压互感器的模拟比较法线路

检定电压互感器的线路要根据可以使用的标准装置和互感器校验仪选取。目前用于现场检定6 kV、10 kV、35 kV、66 kV的电压互感器主要使用试验变压器升压，采用标准电压互感器作标准器。110 kV、220 kV、330 kV、500 kV的电压互感器主要使用串联谐振升压电源和标准电压互感器。这些标准电压互感器主要采用SF_6气体绝缘。我国经过自主研究，已经拥有制造750 kV和1000 kV标准电压互感器的技术，达到世界领先水平。

配电网使用的6 kV、10 kV、20 kV、35 kV电压互感器有接地型的和不接地型的两种，通常运用接地型的进行误差测量。测量时可以把不接地电压互感器的任意一个高压端子作为接地端子接地，按接地电压互感器检定。

使用标准电压互感器检定接地型电磁式电压互感器的线路见图2-10，在图2-10

(a)中,互感器校验仪使用高电位端电压测差接法。如果使用的互感器校验仪只能低电位端测差,可按图 2-10(b)所示的线路接线和测量。

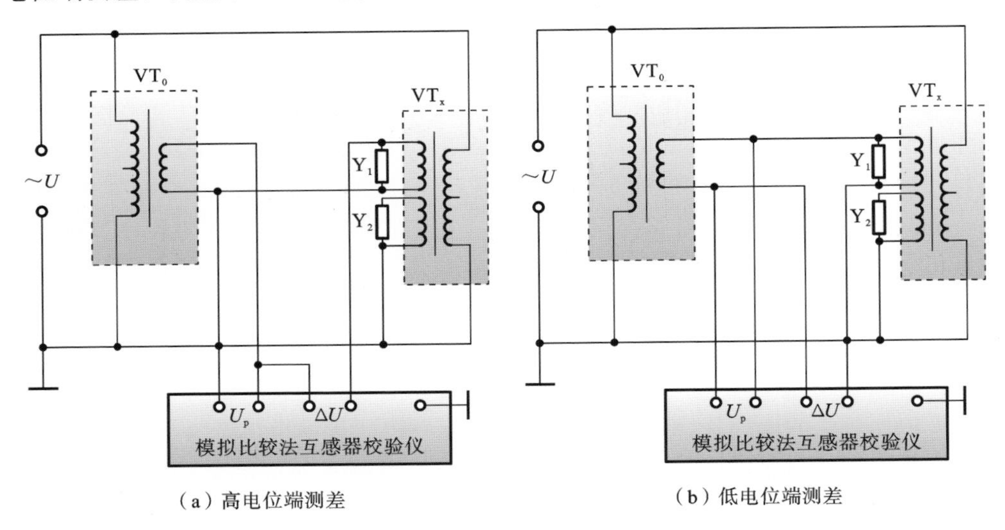

图 2-10 用标准电压互感器检定电磁式电压互感器的模拟比较法线路

VT_0——标准电压互感器;VT_x——被检电压互感器;Y_1,Y_2——电压互感器负荷箱

电力互感器负荷容量大,准确度不高,高电位端测差与低电位端测差所得结果并无显著区别。从电路原理分析,低电位端测差时标准电压互感器的低电位端不接地,从一次侧流入二次绕组的电容与电导电流会反方向流过二次绕组,从高电位端入地;而标准电压互感器的正常工作状态应该是杂散电流从低电位端入地,这样会对标准互感器的误差有一定影响,测量结果表明这一影响量在 10^{-5} 数量级,可以忽略。推荐高电位端测差的主要原因是考虑到测量的安全性,高电压试验有对设备接地的要求,因此也希望各台设备都按技术要求接地,也包括标准电压互感器。高电位端测差正好满足了高压设备的接地要求,有利于确保测量的安全,所以规程建议优先采用。

图 2-11 所示的是用标准电压互感器检定电容式电压互感器误差的模拟比较法线路,检定电磁式电压互感器一般用试验变压器施加试验电压,检定电容式电压互感器需要用串联谐振升压装置或并联谐振升压装置施加试验电压。

用串联谐振回路产生高电压有如下优点。一是激励电源容量小,例如 PTXJ-500 串联谐振装置只需使用 15 kV·A 的操作电源即可满足 160 kV·A 电容负载的要求。二是短路电流小,当试品出现闪络或击穿时,回路失谐,回路电流接近等于激励电势除以电抗值。PTXJ-500 的短路电流只有 0.047 A,不会烧损试品。三是波形畸变小,在谐振回路里,回路的 Q 值很大,除基波外的所有其他谐波都被大幅度衰减。例如当电网三次谐波达到 30%时,经谐振输出的电压中三次谐波分量

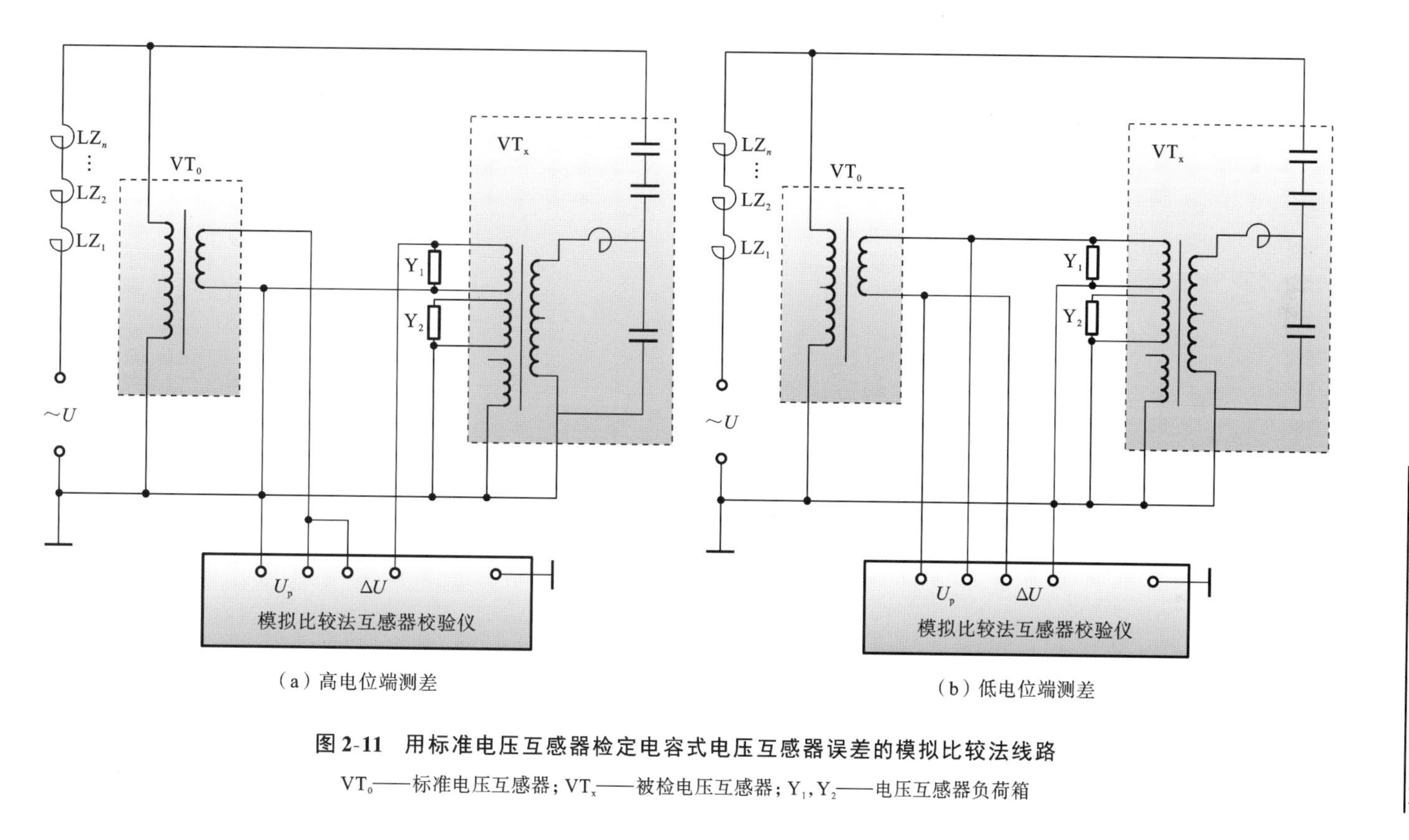

图 2-11　用标准电压互感器检定电容式电压互感器误差的模拟比较法线路

VT_0——标准电压互感器；VT_x——被检电压互感器；Y_1，Y_2——电压互感器负荷箱

不超过 0.5%。

2.5.2 检定电流互感器的模拟比较法线路

电力用电流互感器与仪用电流互感器不同的地方之一是其具有多个铁芯绕组，一个铁芯绕组就是一台电流互感器，它们共用一次导体。检定时需要在一次导体上施加一次电流，在所有铁芯中同时产生磁通，使一次回路有比较大的阻抗。为了尽量减小一次回路阻抗，试验时应当把不需要检定的互感器的二次绕组短路连接并接地。这样做也是为了防止在电流互感器二次绕组中感应出高电压，影响试验设备和人身的安全。

图 2-12 所示的线路用于测量高压电流互感器的误差，只要高压电流互感器的高压泄漏电流影响量在允许范围，就可以把低压法测量结果作为检定结果。检定电流互感器的一个重要步骤是在一次电流回路产生大电流，产生大电流除了需要大电流变压器外，大电流导线的正确连接也不可忽略。根据电接触理论，在两块金属板接触表面，在机械压力作用下，会产生许多有一定面积的接触点。电流通过这些接触点时，由于电流路径弯曲，将产生收缩电阻。许多微接触点的面积总和相当于材料形变产生的抗压接触面面积，在材料力学中用压力与表示材料硬度的 HB 值计算。在一定范围内，压力越大，微接触面积越大，接触电阻值越小。在连接导电板时，必须施加足够的压力，使接触压降与电流的乘积(接触点承受的电功率)保持在安全范围。理论计算表明，紫铜接头接触压降不应超过 0.1 V，黄铜接头接触压降不应超过 0.25 V，否则接触点就会过热，发生氧化甚至熔焊。

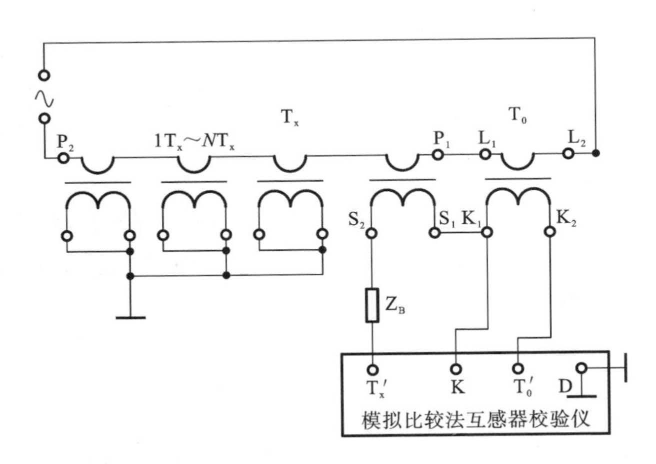

图 2-12 电流互感器模拟比较法误差检定接线

T_0——标准电流互感器；T_x——被检电流互感器；Z_B——电流互感器负荷箱；

T_0'，K，T_x'——模拟比较法误差测量装置的电流输入端子；

$1T_x \sim NT_x$——与被检电流互感器共用一次绕组的电流互感器

单台大容量升流变压器很笨重，现在只在实验室使用，现场的升流变压器宜采用多台并串联使用，单台在 6 kV·A 左右为宜。这样的升流变压器通常每穿心一匝可得到 2 V 电压输出。在选用升流变压器的连接方式时，先用升流器的功率容量除以一次最大电流，得到输出电压。用输出电压除以每伏匝数得到应穿绕的匝数，二次电压串联的各台升流器的输出电压相加应大于回路需要的电压。如果输出电压有裕度，可以适当减小每台的电压输出，使各台升流器负荷平均。根据上面例子的参数，可选用三台 6 kV·A 升流器，每台穿绕两匝提供试验需要的电流。电流母线应互相靠近，必要时可部分绞合，以减小回路电感压降，同时被试电流互感器非测量的二次绕组应短接接地，尽量减小被试电流互感器一次回路的阻抗电压。

GIS 封闭母线设计的电流密度远小于 2.5 A/mm^2，因此导体的电阻压降更加可以忽略，不过由于金属外壳及地网存在涡流损耗，等效电阻也相当可观。实测结果表明，长度 150 m 的 GIS 母线消耗的有功功率容量大致为电源提供的无功功率的三分之一。由于线路要求的无功功率很大，最合理的方法是使用谐振电源。从设备的通用性考虑，采用串联谐振线路比并联谐振线路合适，因为并联谐振需要使用升压变压器，它的一次绕组和二次绕组都有电阻损耗，而且它的容量是固定的，要输出不同的电压就要准备多个抽头，这也给制造增加了麻烦。串联谐振线路使用母线型升流变压器，不需要二次绕组，也不需要抽头，容易通过多台并联和串联提供足够的电压和电流。

2.6　模拟比较式互感器校验仪的溯源

互感器校验仪的溯源主要是指其基本误差的测量问题。由于互感器校验仪是一种多功能的交流仪器，因而解决对它的溯源问题是比较复杂的。在早期，国内外对这类仪器都是采用按部件分别测试然后作误差综合的方法进行溯源，这种方法有着一系列不能令人满意的弊病如下。

（1）按部件分别测试的指标反映不了仪器在实际使用时的实际情况，特别是在工频条件下内部线路的各部分之间存在着不可避免的电磁耦合，因而根据分别测试的结果很难对仪器得出符合实际情况的结论。

（2）为了保证仪器在实际应用时能够可靠，往往采取提高各个部件测试指标的措施，这样一来就给实现测试的仪器设备及被检仪器本身都提出了不切实际的要求，这在技术上与经济上都是不够合理的。

（3）采用分别测试部件的方法只能适用于某一种类型的仪器，而不具备普遍性，这既给解决校验仪器设备问题增加了困难，而且也不便于制定统一而普遍适用的检定规程。

模拟比较式互感器校验仪采用整体检定的方式完成基本误差溯源，克服了上述一系列问题。

2.6.1 整体检定装置的原理与结构

互感器校验仪检定装置，又称整体检定装置，简称整检装置，是用来检定或校准互感器校验仪的专业设备，其基本原理是将参考电压和参考电流加到被检校验仪的参考回路，将差值电压和差值电流加到被检校验仪的差值回路，由整检装置输出标准工作电压(流)值和标准比例误差值，被检校验仪显示读数与整检设定值的差就是被检校验仪的示值误差值。

检定校验仪的电流互感器误差测试功能时，整检装置应输出参考电流到校验仪的工作(参考)电流通道，其最大值为互感器二次额定值的 120%，有特殊要求的可以达到 150%或 200%，最小值为二次额定值的 1%，可在最大值与最小值之间灵活调节，最小调节细度至少为二次额定值的 0.01%。通常可以设定粗调细调功能，以同时兼顾快速调整和调节细度的要求。整检装置同时输出一小电流到校验仪的差值电流通道，范围一般为 0～1.2 A，小电流通过相对于参考电流的同相分量和正交分量的独立设置进行输出。标准量的最高分辨率不低于量程值的 0.01%，建议的整检装置的量程如表 2-1 所示。

表 2-1 整检装置的量程

功能	$\Delta I/I$		$\Delta U/U$		U/I		I/U	
	同相分量	正交分量	同相分量	正交分量	同相分量	正交分量	同相分量	正交分量
量程	10%	500′	10%	500′	10 Ω	10 Ω	10 mS	10 mS
	1%	50′	1%	50′	1 Ω	1 Ω	1 mS	1 mS
	0.1%	5′	0.1%	5′	0.1 Ω	0.1 Ω	0.1 mS	0.1 mS

检定校验仪的电压互感器误差测试功能时，应在校验仪的工作(参考)电压通道输入一大电压，其最大值为互感器二次额定值的 120%或 200%，可在 20%～120%(200%)之间灵活调节，最小调节细度至少为二次额定值的 0.01%；在其差值电压通道输入一小电压，其有效值范围通常为 0～12 V，小电压包含同相分量(相位与参考电压一致)和正交分量，它们的大小可以各自独立设定，同相分量与正交分量可设定的最高分辨率均与测电流互感器误差时的差值电流相同。

有了上述参考电流、参考电压、差值电流、差值电压这四组独立的信号，就可以形成检定校验仪测阻抗、测导纳回路所需的信号：在校验仪的参考电流通道输入大电流，在差值电压通道输入小电压，就可以检定测阻抗(U/I)功能；在参考电压通道输入大电压，在差值电流通道输入小电流就能检定测导纳(I/U)功能。

由于互感器校验仪的准确等级为 1 级、2 级或 3 级，因此整机检定装置的准确等级应不低于 0.2 级，通常为 0.1 级或 0.2 级。

典型的整检装置总体构成原理框图如图 2-13 所示。

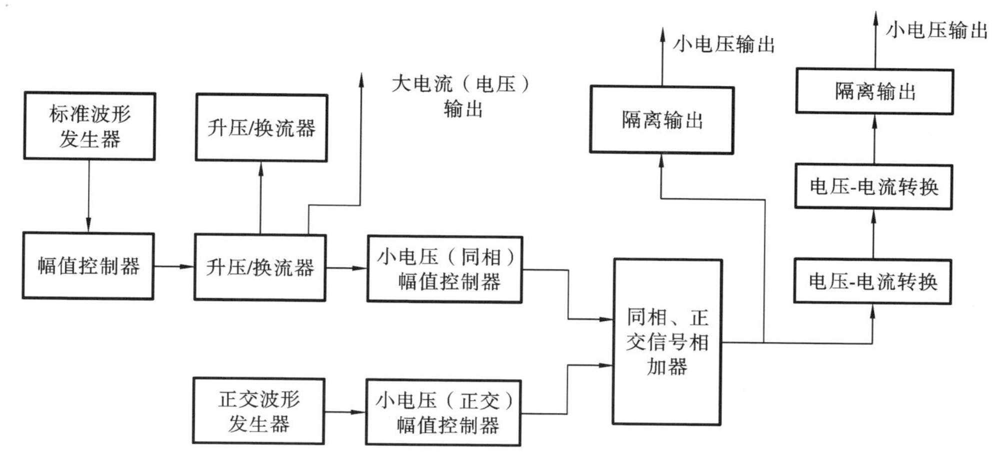

图 2-13　整体检定装置总体构成原理框图

1）标准波形发生器

标准波形——正弦波，是整检装置所有输出电压、电流波形的基础，要求其幅值稳定，波形失真小。一般函数发生芯片产生的波形往往不能满足要求，可以采用锁相倍频器、正弦函数数据库、D/A 转换器组成标准波形发生器(DDS)。

图 2-14 所示的为正弦波发生器的线路图，图中检零器的输入信号取自电网，因此正弦波发生器的输出信号的频率是跟随电网频率的，这点对小信号条件下的测量非常有效，检零器的线路如图 2-15 所示。

把锁相环芯片接成锁相倍频形式，锁相环的 V_{CO} 输出作为 10 级分频的计数脉冲。10 级分频器的输出 A_0～A_8 作正弦函数库(数据库)的 9 位地址，把 0°～180°等分成 512 个区间，按 $\sin(n/512)\cdot\pi$ 计算函数值($n=0,1,2,\cdots,511$)，把算得的函数值依次存入只读存储器，数据库的 8 位输出接入 8 位 D/A 转换器的 8 位数据输入端。分频器的输出 A_9 作为数据选择器的控制信号，控制 D/A 转换器的基准电压的“正”或“负”。函数库的数据不带符号，C_3、C_4、R_4 组成滤波器，使输出波形圆润，有效降低失真度。

这里数据库数据采用单字节长度，实际应用中，若要使输出波形更精细些，则数据长度要为 12 位甚至更高的 16 位，需采用二字节长度，地址长度也需增加到 10 位或 11 位，D/A 转换器应改成 12 位或 16 位。

2）幅值控制器

标准波形发生器输出幅值恒定的正弦波作为幅值控制的输入基准，为了使幅值控制器有高的调节细度，接连使用两个 D/A 转换器，K 越大，细调的分辨率越高，如

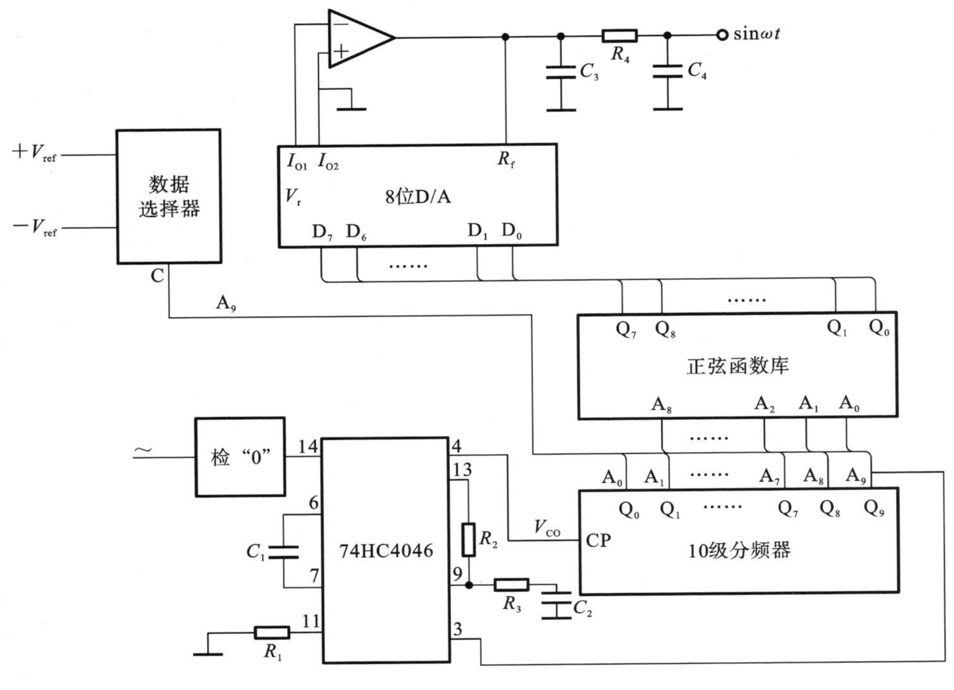

图 2-14 正弦波发生器线路图

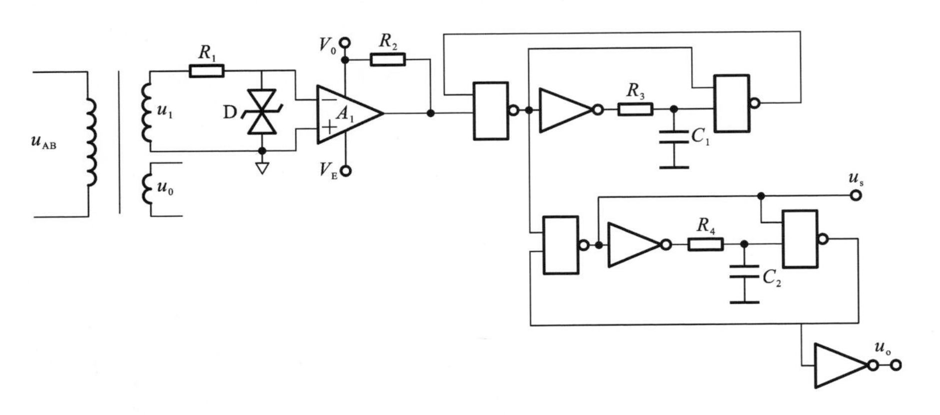

图 2-15 检零器线路

图 2-16 所示。

图 2-16 中以两片 12 位 D/A 组合为例，按图中所示，线路的分辨率为输入信号幅值的 $1/(2^{12}K)(1\leqslant K\leqslant 4096)$，若 $K=200$，则分辨率为输入幅值的 1/819200，该线路的最高分辨率为输入幅值的 $1/2^{24}(K=4096)$，如果 $K\leqslant 256$，则第二片 D/A 可换成 8 位 D/A 转换器。

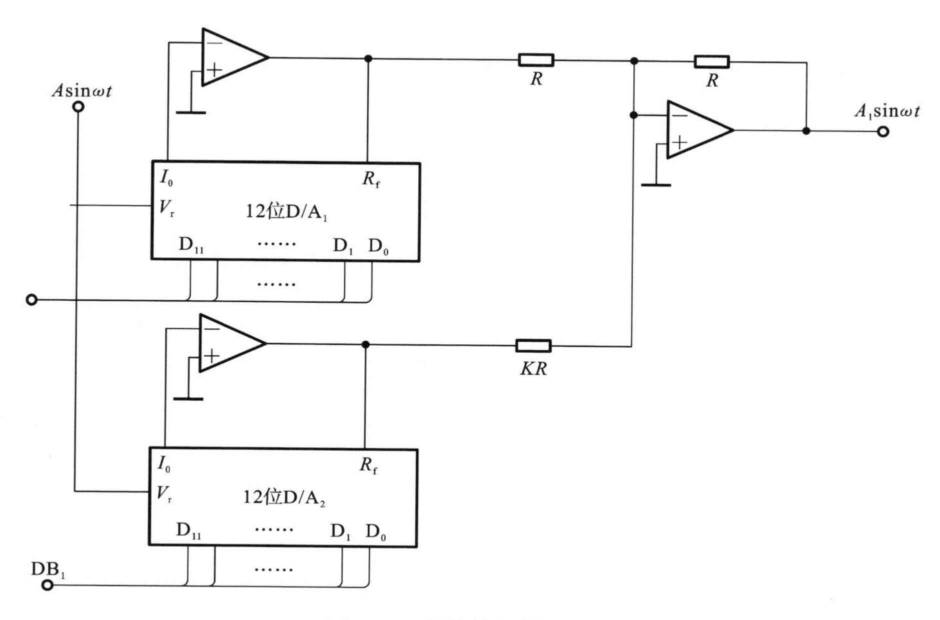

图 2-16 幅值控制器线路图

3）升压/换流器

幅值控制器输出的信号要转换成参考电压/电流、差值电压/电流，必须先进行功率放大（大于 20 V · A），再进行升压/换流。升压/换流器的线路图如图 2-17 所示。

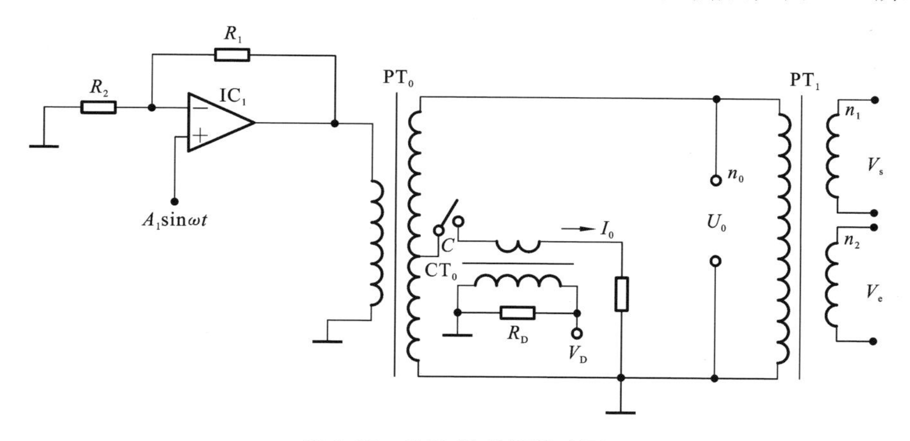

图 2-17 升压/换流器线路图

图中，IC_1 为功率运放，其输出功率大于 20 V · A，PT_0 为升压/升流变压器。当 $A_1\sin\omega t$ 为最大值时，PT_0 的输出电压 U_0 要大于装置设计的最高值。U_0 即为输出的参考电压（校验仪的工作电压），C 点为大电流输出点，CT_0 为参考电流 I_0 的测量互感器，R_D 为电流/电压转换电阻。测量 V_D，即可根据 CT_0 的变比和 R_D 的阻值计算出参考电流 I_0 的值，I_0 即为校验仪的工作电流。将 V_s、V_D 分别进行 A/D 转换，即可得出 U_0 及 I_0 的有效值。得到了 U_0，即可根据 PT_1 的变比得到 V_e的有效值，V_e用来产生差值电压。

4）电压/电流测量

如图 2-18 所示，电压信号 V_s、V_D 经过信号调理和程控放大，进入采样/保持器，可在此对它们进行多点采样。采样驱动脉冲可采用锁相倍频器中的分频输出端 A_3（128 点/周期）或 A_2（256 点/周期）的方波，方波经整形可具有合适的脉宽。分频器的 A_2或 A_3端的方波经整形后驱动采样，可以保证实现整周期多点采样，而不发生频率泄漏。

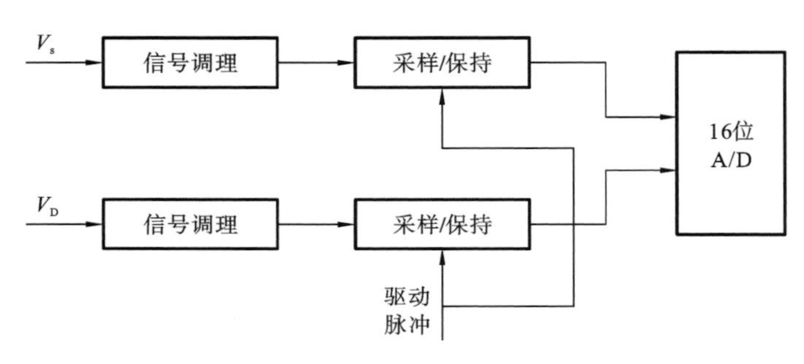

图 2-18　电压/电流测量

根据多点测量的有效值计算公式可以得到 V_s、V_D的有效值 V_{sr}、V_{Dr}，再按下列算式计算 U_0、I_0：

$$U_0=\frac{n_0}{n_1}\cdot V_{sr} \tag{2-24}$$

$$I_0=\frac{V_{Dr}}{R_D}\cdot N \tag{2-25}$$

式中，n_0、n_1 分别为 PT_1 的初级绕组及第一次绕组的匝数，N 为 CT_0 的变比。

5）正交波形发生器

与 $\sin\omega t$ 正交的波形指的是 $\cos\omega t$，即 $\sin\omega t$ 移相 90°的波形。$\cos\omega t$ 可以简单地用模拟移相器获得，如图 2-19 所示。

只要图 2-19 中元件的参数选择合适，则输入 $A\sin\omega t$ 可得到 $A\cos\omega t$ 输出。但是，模拟移相器输出波形不会正好移相 90°，会略有偏差，幅值也会有所变化。当然，这些偏差可以通过对输出波形幅值和相位的测量，在计算中予以补偿。

在实际应用中，为了获得更准确的与 $\sin\omega t$ 正交的波形，大多采用 $\sin\omega t$ 发生器发生 $\cos\omega t$ 波形。检零、锁相倍频器，以及 D/A 转换器均不变，只是把正弦函数库换成 $\cos\omega t$ 数据库，并改变符号控制器的控制方法，如图 2-20 所示。

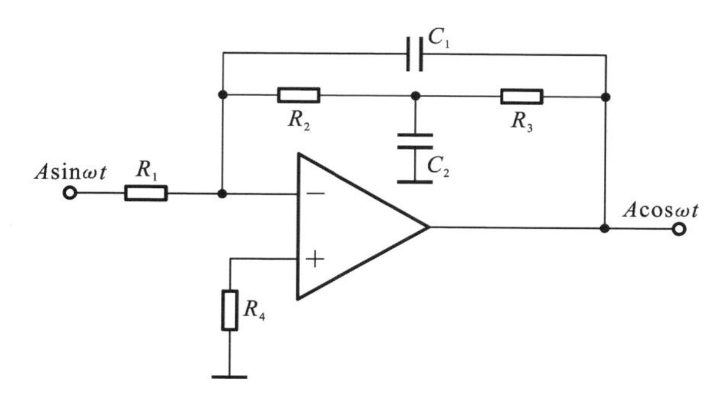

图 2-19　模拟移相(90°)器

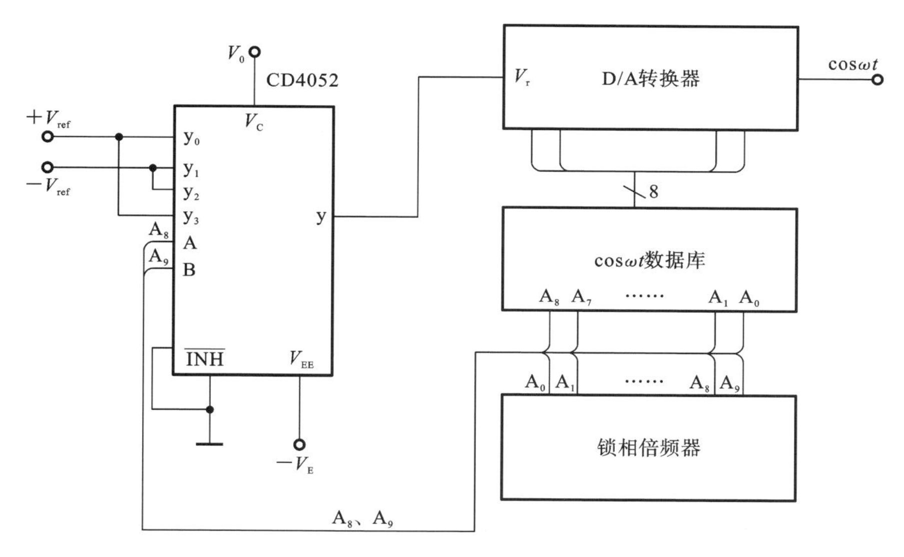

图 2-20　cosωt 波形发生器示意图

6）差值电压产生器

图 2-21 中，$A_{s1}\sin\omega t$、$A_{c1}\cos\omega t$ 的幅值及相位与 U_0 的幅值及相位相关联，$A_{s2}\sin\omega t$、$A_{c2}\cos\omega t$ 的幅值及相位与 I_0 的幅值及相位相关联。所以在产生差值电压时，D/A 转换器的基准电压选取哪一组，要视测试项目而定：检定校验仪测电压互感器误差及测导纳功能时，差值的基准应选 $A_{s1}\sin\omega t$、$A_{c1}\cos\omega t$；检定校验仪测电流互感器误差及测阻抗功能时，差值的基准应选 $A_{s2}\sin\omega t$、$A_{c2}\cos\omega t$。图中仍以 12 位 D/A 转换器为例，K_1、K_2 可取 1～4096 任意值，一般取 $K_1=K_2$，同相及正交分量的最高分辨率为输入幅值的 $1/2^{24}$。

根据图 2-21 可以写出输出差值电压表达式：

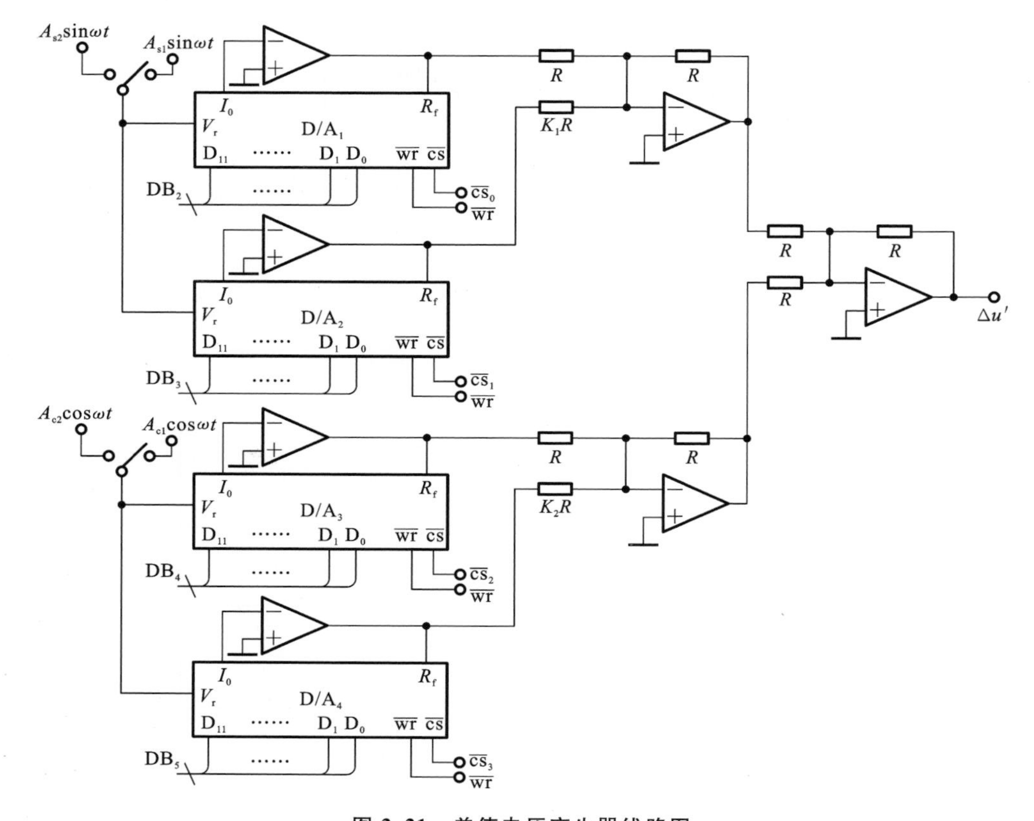

图 2-21　差值电压产生器线路图

$$\Delta u' = -\left[\frac{A_s\sin\omega t}{2^{12}}\left(DB_2+\frac{DB_3}{K_1}\right)+\frac{A_c\cos\omega t}{2^{12}}\left(DB_4+\frac{DB_5}{K_2}\right)\right] \tag{2-26}$$

A_s、A_c 分别为 A_{s1}、A_{s2} 及 A_{c1}、A_{c2} 之一。正弦波和余弦波的幅值一般是不相等的，但在由 $A_s\sin\omega t$ 生成 $A_c\cos\omega t$ 时，应建立 A_s、A_c 的关联性。设 $A_c=\mu A_s$，则式(2-26)可写成：

$$\Delta u' = -\frac{A_s}{2^{12}}\left[\left(DB_2+\frac{DB_3}{K_1}\right)\sin\omega t+\mu\left(DB_4+\frac{DB_5}{K_2}\right)\cos\omega t\right] \tag{2-27}$$

在获得 $\Delta u'$ 以后，$\Delta u'$ 信号的去向有两种可能，一是经过隔离作为差值电压输出，另一是经 U-I 转换器转换成电流 $\Delta I'$，$\Delta I'$ 再经隔离，作为差值电流输出，图 2-22 所示的为小电压隔离输出电路。

PT_2 为隔离输出变压器，其次级有三个抽头可供选择。三个抽头的输出电压与初级电压之比分别为 1∶1、1∶10、1∶100，若记输出电压比为 K_3 ∶(1、10、100)，则最后小电压输出 Δu 为

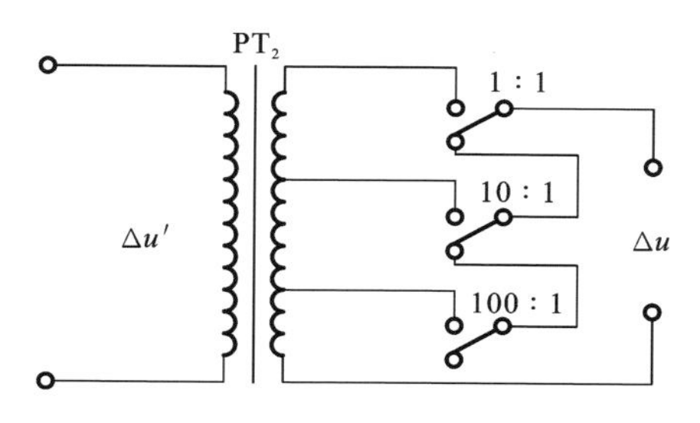

图 2-22　小电压隔离输出电路

$$\Delta u=\frac{\sqrt{2}U_0}{K_3K_4 2^{12}}\left[\left(\mathrm{DB}_2+\frac{\mathrm{DB}_3}{K_1}\right)\sin\omega t+\mu_1\left(\mathrm{DB}_4+\frac{\mathrm{DB}_5}{K_2}\right)\cos\omega t\right] \tag{2-28}$$

或 Δu 为

$$\Delta u=\frac{K_6\sqrt{2}R_\mathrm{D}I_0}{2^{12}K_3N}\left[\left(\mathrm{DB}_2+\frac{\mathrm{DB}_3}{K_1}\right)\sin\omega t+\mu_2\left(\mathrm{DB}_4+\frac{\mathrm{DB}_5}{K_2}\right)\cos\omega t\right] \tag{2-29}$$

式中，$\mu_1=A_{c1}/A_{s1}$，$\mu_2=A_{c2}/A_{s2}$。Δu 选用式(2-28)或选用式(2-29)的依据是：检定电压互感器误差功能时选式(2-28)，检定测阻抗功能时选式(2-29)。

7）差值电流产生器

前面已经提到差值电压 $\Delta u'$ 经过 U-I 转换，生成差值电流 $\Delta I'$，$\Delta I'$ 再经过隔离输出小电流 ΔI，生成 ΔI 的全流程示意图如图 2-23 所示。图 2-24 所示的是 U-I 转换器典型线路图，图中取 $R_1=R_2$，$R_3=R_4$，则输入电压与输出电流的对应关系为

$$\Delta I'=-\frac{\Delta u'R_3}{R_1R_\mathrm{f}} \tag{2-30}$$

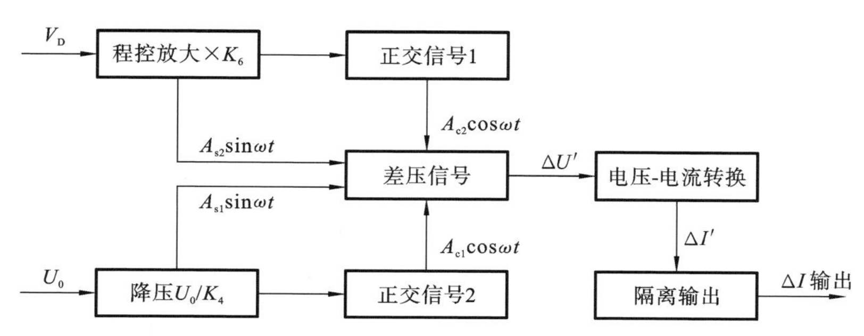

图 2-23　差值电流产生流程图

在图 2-24 中，转换电流 $\Delta I'$ 并没有全部流入 CT_1 的初级，其中有一小部分经电阻 R_2、R_3 流入 $\Delta u'$ 的输出端，这影响了 ΔI 的准确度。图 2-25 是它的改进线路图，图中增加了一只电压跟随器，它既传递了电压，同时又隔断了电流通道，因为跟随器的输入阻抗极高，几乎没有电流流过，因此，$\Delta I'$ 全部流入 CT_1 的初级。

CT_1 的降流比可设为 1∶1、10∶1、100∶1、1000∶1，记 K_5 为 CT_1 的降流比，则

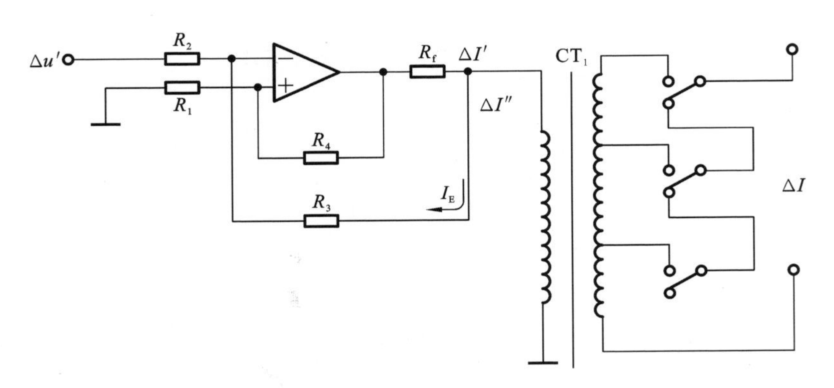

图 2-24 U-I 转换器典型线路图

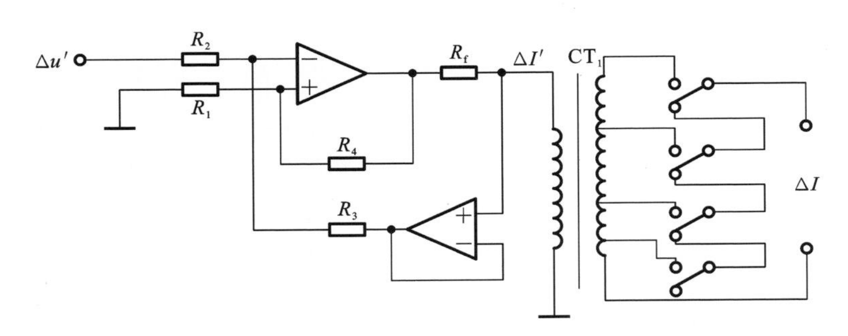

图 2-25 U-I 转换器改进线路图

$$\Delta I=\frac{\Delta I'}{K_5}=\frac{\Delta u' R_3}{R_1 R_f K_5} \tag{2-31}$$

8）谐波抑制能力测试

为了检查校验仪差值通道的谐波抑制能力，检定装置需向校验仪输入一定幅值的 3 次及 5 次谐波。因此，检定装置要有一个 3 次及 5 次谐波信号发生器。3 次、5 次谐波的产生方法很多。

（1）用多谐振荡器产生 300 Hz 及 500 Hz 的方波，将它们二分频后即可获得占空比为 1∶1 的方波。再经过 150 Hz 及 250 Hz 的带通滤波器，即可得到满足要求的 3 次、5 次谐波。

（2）采用 ICL8038 函数发生器芯片，选择合适的参数，即可获得 3 次、5 次谐波。

（3）按照采用标准波形发生器的方法，利用锁相倍频器、正弦函数库和 D/A 转换器组成 150 Hz、250 Hz 正弦发生器，得到的波形标准、稳定，但硬件开销过大。在得到 150 Hz、250 Hz 的正弦波后，将波形幅值调整到 2.5 V，按照图 2-26 所示的流程即可输出幅值可调的 150 Hz、250 Hz 或二者混合的波形。

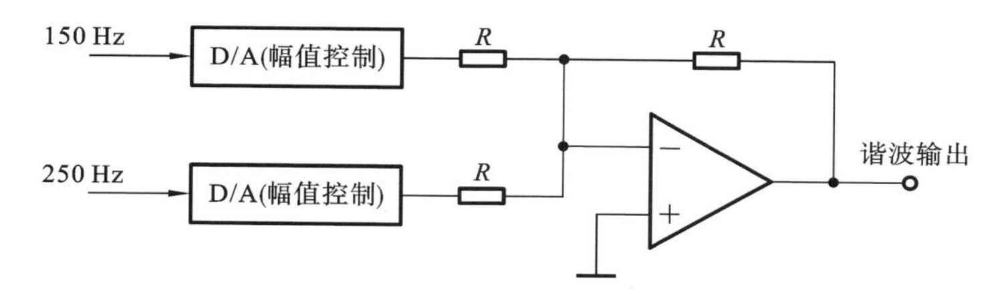

图 2-26　3 次和 5 次谐波合成图

2.6.2　整体检定装置的试验线路

互感器校验仪的型号不同,接线端子会有差异,但接线端子肯定与整检装置输出的参考电压(U)、参考电流(I)、差压(微差电压,ΔU)、差流(微差电流,ΔI)对应。电压互感器误差测试回路的检定线路如图 2-27 所示,用两对绞合导线连接整体检定装置和被检校验仪(被测互感器校验仪)的工作电压回路和差压回路,并按接地要求把相应的端子接地。调节工作回路电压 U_p 至额定值的 20%～50%,调节整体检定装置输出微差电压 ΔU,调节误差测量回路使校验仪在某个受检示值点平衡或显示读数。记下校验仪比值差与相位差示值。

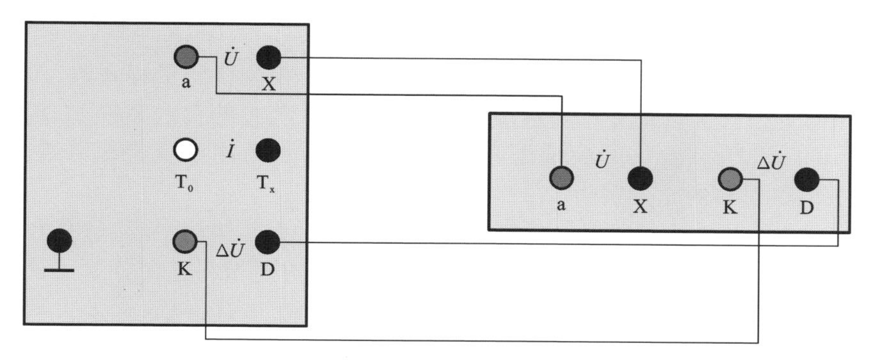

图 2-27　电压互感器误差测试回路的检定线路

电流互感器误差测试回路的检定线路如图 2-28 所示,用两对绞合导线连接整体检定装置和被检校验仪的工作电流回路和差流回路,并按接地要求把相应的端子接地。调节工作回路电流 I_p 至额定值的 20%～50%,调节整体检定装置输出微差电流 ΔI,调节误差测量回路使校验仪在某个受检示值点平衡或显示读数。记下校验仪比值差与相位差示值。

仪器示值与工作电流(或电压)的无关性试验可在误差测量过程中进行,试验时选择电流(或电压)的最小量程挡,在与百分表检定点对应的工作电流(或电压)下,在

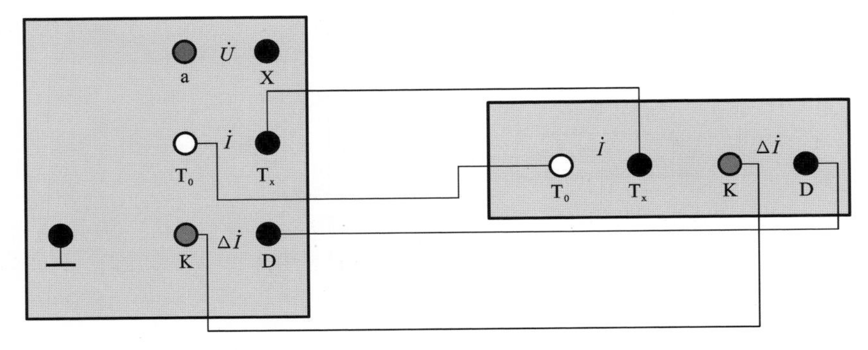

图 2-28　电流互感器误差测试回路的检定线路

量程的最大部分、中间部分和最小部分各选一个示值试验点，测量各电流（或电压）百分数下校验仪的示值。

2.6.3　互感器校验仪的误差计算

互感器校验仪的误差限值的计算公式为

$$\Delta x=\pm k(a\%x+a\%y+D_x) \tag{2-32}$$

$$\Delta y=\pm k(a\%y+a\%x+D_y) \tag{2-33}$$

式中，Δx、Δy 是同相分量和正交分量的误差限值；k 为校验仪的量程系数，对于现在普遍使用的直读式的自动互感器校验仪，$k=1$；D_x、D_y 为校验仪的零误差，规定不大于 $0.1\%aR_k$，R_k 为校验仪的满量程值；a 为被检校验仪的准确度等级系数，1 级、2 级、3 级校验仪对应的 a 分别为 1、2、3。

以一台 2 级的被检互感器校验仪为例，设 1%、50′为其被检量程，计算在整检装置（整体检定装置）输出标准误差为 0.2%、10′情况下的同相和正交分量的误差限值分别为

$$\begin{aligned}\Delta x&=\pm(2\%\times0.2\%+2\%\times10/3438+0.1\%\times2\times1\%)\\&=\pm(0.00004+0.000058+0.00002)=\pm0.000118=\pm0.0118\%\end{aligned}$$

$$\begin{aligned}\Delta y&=\pm(2\%\times10+2\%\times0.2\%\times3438+0.1\%\times2\times50)'\\&=\pm(0.2+0.14+0.1)'=\pm0.44'\end{aligned}$$

按照上述误差限值的计算结果，被检互感器校验仪合格的比值差读数必须在 0.2%±0.0118%内，即 0.1882%～0.2118%内；相位差读数必须在(10±0.44)′内，即 9.56′～10.44′内，如果校验仪的两个显示值中的任意一个超出范围，就应判为不合格。

2.6.4　整体检定装置的校准

互感器校验仪整检装置初期都是采用交流电桥进行校准溯源的，但随着准确测

量需求的增加和电子测量技术的日新月异，电桥校准方法目前出现了一些问题，主要问题集中在以下几个方面。

(1) 手动调节，效率低。

(2) 无信息化功能，无微机系统支持，无控制接口，不能自动输出报表。

(3) 标准件由电阻箱、电导箱等组成，调节非连续，造成测试数据不全面。

(4) 电阻、电容不能产生大的功耗，使得工作电流最大只能为 1 A，非常有局限性。

(5) 正交部分靠电容产生移相，准确度对温度极其敏感，而且长期稳定性得不到很好的保障。

下面以电流互感器测试回路为例说明电桥法的工作过程。

电流同相分量的校准线路见图 2-29，CT 可用来进行极性选择，使桥路平衡。平衡状态下，检零计处于虚短状态，检零计左右两个部分自成回路，互不影响，可以准确计算内部的补偿参数。图中的标准工作状态为：R_d＝0.1 Ω 时，校准点为(0～10)×1.001%；R_d＝1 Ω 时，校准点为(0～10)×0.101%；R_d＝10 Ω 时，校准点为(0～10)×0.011%。

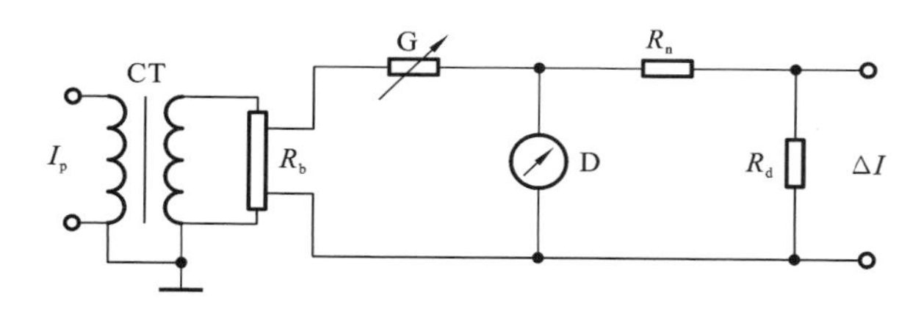

图 2-29　电流同相分量校准

CT——电流互感器，1 A/1 A；D——工频检零计；R_b——标准电阻，0.1 Ω；
R_d——标准电阻，0.1 Ω，1 Ω，10 Ω；R_n——100 Ω；G——电导箱，(0～10)×10^{-4} S

电流正交分量相位差单位为′时的校准线路见图 2-30，电导箱换成电纳箱(电容箱)。R_d＝0.1 Ω 时，校准点为(0～10)×10.81′；R_d＝1 Ω 时，校准点为(0～10)×1.091′；R_d＝10 Ω 时，校准点为(0～10)×0.1188′。对于相位差单位为 rad 时的校准，R_b 改为 0.3 Ω。R_d＝0.1 Ω 时，校准点为(0～10)×0.9434 crad；R_d＝1 Ω 时，校准点为(0～10)×0.09519 crad；R_d＝10 Ω 时，校准点为(0～10)×0.01037 crad。

目前，行业内出现了嵌入式全电子式整检装置校准器，内置 Windows10 操作系统，解决了前面介绍的电桥校准方法的五大问题，实现了自动化、信息化，具有全量程无死角的特点，该机采用傅里叶算法，无需模拟移相器，避免了本身可能产生的相位误差，从而使校准器的示值误差和相位误差都达到了 0.01 级的高水平状态，图 2-31 所示的就是新型校准器的工作场景图。若被检整检装置能够自动输出测量数据，并允许外部通过接口进行功能控制，则可以形成全自动的整检校准过程，彻底实现无人化操作。

模拟比较式原理的互感器校验仪将标准互感器与被检互感器的次级电压或电流

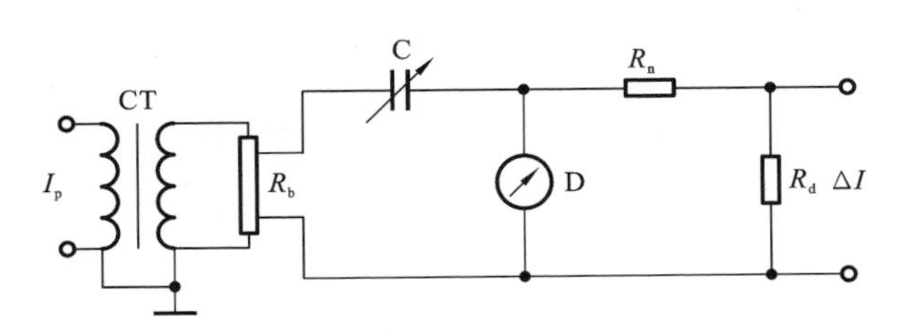

图 2-30　电流正交分量校准

CT——电流互感器，1 A/1 A；D——工频检零计；R_b——标准电阻，0.1 Ω，0.3 Ω；R_d——标准电阻，0.1 Ω，1 Ω，10 Ω；R_n——100 Ω；C——电容箱，$(0\sim10)\times10^{-4}$ μF

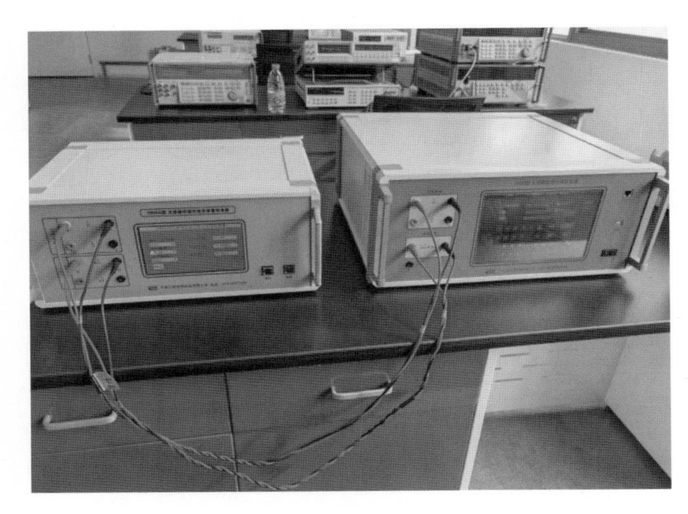

图 2-31　新型校准器对整检装置的检定

送入互感器校验仪的差值电路，经取差环节将电压或电流送入测量环节并与互感器的次级工作电压或电流进行比较，从而给出被检互感器相对标准互感器的比值差与相位差。由于这种互感器校验仪只用来测量标准互感器与被检互感器的差值，因而互感器校验仪的误差只是两被检互感器输出差值的误差，故其对测量结果的影响自然要小得多。一般来说，不论检定哪一级别的互感器，只要标准互感器符合规定，而互感器校验仪的误差限值不大于±3％就可以了。这样一来，互感器校验仪更容易制作了，也降低了成本，而且其应用范围也大大扩宽了。

模拟比较式校验仪的缺点主要是：① 要求标准互感器与被检互感器的变比必须相同，为此，需要制造一系列各种量程的标准互感器以适应检定工作的需要，在不同变比下进行试验必须更换一次和二次接线，试验效率低下；② 不能兼容工频、谐波、正弦半波误差校验，难以适应多工况下抗直流互感器、弱输出互感器、电子式互感器、谐波互感器、一二次融合传感器等新型电力互感器和传感器的校验。

第3章　数字比较法误差校验技术

传统互感器采用模拟比较法的原理进行互感器误差测量，以电流互感器为例，电流互感器的误差等于被测（被检）电流互感器与标准电流互感器的二次电流矢量差除以标准电流的矢量，通过同相和正交分解可以获得被测电流互感器的比值差和相位差，见下式：

$$\varepsilon=\frac{\Delta \dot{I}}{\dot{I}}=f+\mathrm{j}\delta \tag{3-1}$$

对于模拟比较法原理的互感器校验仪，被测互感器和标准互感器的二次接线有一公共端，在保证等电位的条件下，在测量回路中可直接测得差流信号。采用模拟比较法原理的校验仪测量的是被测信号和标准二次信号之差 $\Delta \dot{I}$ 与标准电流 $\dot{I}$ 之比，即互感器的误差值。当外界存在干扰时，干扰源将同时作用于标准通道和被测通道，而差流信号 $\Delta \dot{I}$ 不受其影响，因此采用模拟比较法原理的互感器校验仪较为容易实现。由于采用模拟比较法原理的互感器校验仪测量的是互感器的差流或差压，因此准确度等级为1～3级的互感器校验仪对被测互感器误差的影响，远远低于被测互感器误差限值的要求。传统互感器误差测量可以使用模拟比较法原理，但采用非工频信号如半波信号、谐波信号等输出的非传统互感器不能采用该方法。因为传统互感器误差是基于工频信号获得差流或差压信号的，所以所有标准设备和辅助设备也是基于工频设计研制的。

数字比较式互感器校验仪具有以下两个突出优点。① 校验时标准器的变比可以与被试互感器的不同，因此标准器变比数大为减小，配合采用有源补偿技术可将标准器体积与重量降低至原来的1/3以下，通过校验仪可自动切换标准器的量限，全过程通过一台标准器不换线操作运行，能有效提高试验效率。② 数字比较式互感器校验仪可以兼容工频、谐波、正弦半波，甚至直流信号误差校验，校验仪采用傅里叶变换等数字信号处理方式，测量特定频率和波形信号的比值差和相位差。数字比较式互感器校验仪便捷高效、适用范围广，其已具备检定新型互感器和传统互感器的技术能力。

3.1　数字比较法校验技术原理

3.1.1　数字比较法

数字比较法指通过同步采样，将被检电流（电压）互感器及标准电流（电压）互感器的二次电流(电压)分别转换成数字信号,采用数字信号处理方法得到两个电流(电压)的幅值和相位,进而比较计算出被检电流(电压)互感器误差的方法,计算公式为

$$\varepsilon=\frac{\dot{I}_x-\dot{I}_0}{\dot{I}_0} \tag{3-2}$$

校验仪需独立测量标准信号矢量 $\dot{I}_0$ 和被测信号矢量 $\dot{I}_x$,通过比较标准信号和被测信号获得比值差和相位差。由于是独立测量,标准通道和被测通道的测量误差将线性叠加,只有当标准通道和被测通道的测量误差皆达到 0.05S 级时,互感器校验仪的整体准确度才能达到 0.05S 级,才能满足 0.2S 级电流互感器的误差试验,因此,基于数字比较法的互感器校验仪的测量通道准确度应至少达到 0.05S 级。

3.1.2 傅里叶变换

数字比较式互感器校验仪线路中的采集电压/电流信号最后都会转化为标准电压和被测电压,这两路信号经过可编程放大器处理,可被调整成便于数字处理的模拟电压量,接下来进行滤波处理,之后提取特定频率信号,用模数转换器对信号进行取样后将其送到微处理器进行数字处理,最后将数据输出并显示。数字比较式校验仪的技术指标很大程度上依赖于准确度和数据处理算法,校验仪一般使用晶体振荡方法分频得到准确的 50 Hz 输出,每个周期的采样点不少于 80 个,然后在连续的采样列中截取一定长度的采样数据,对截取得到的信号使用窗口傅里叶变换方法进行处理。根据采样定理,每周波取 80 个点就可以计算得到 40 次谐波,能够准确描述测量信号。但是由于不能整周期采样,也就不能使用离散傅里叶变换,只能使用窗口傅里叶变换,窗口傅里叶变换的很大的一个缺点是存在频谱泄漏和栅栏效应,这是离散傅里叶变换没有的。从理论上来说,用无穷多的采样点和无穷长的时间进行采样可以避免出现这样的误差,但是仪器的硬件和软件成本是有限的,想要在尽量低的采样速率、尽量少的采样数和尽量少的运算次数下提高测量的准确度,就要研究数字信息处理技术。

校验仪利用 FFT 算法测量参数,假定通过互感器二次转换后待测部分的电压信号都是周期函数,则可用傅里叶级数表示为

$$u(t)=b_0+\sum_{k=1}^{N}(b_k\cos k\omega t+a_k\sin k\omega t) \tag{3-3}$$

且存在

$$U_k=\sqrt{a_k^2+b_k^2},\quad \theta_k=\tan^{-1}\frac{b_k}{a_k} \tag{3-4}$$

由此就可以求得各次谐波的参数、幅值和相位。例如,要得到基波分量,令 $k=1$,在实际计算中对连续信号 $u(t)$ 在基波周期内进行 N 点同步采样,得到时域内电压序列,将其 FFT 变换为频域内的复序列,再利用上述公式解出基波分量,这就是数字

比较式校验仪工作的数学变换基本原理。

3.1.3 数字比较式校验仪的设计架构

根据使用的数据采集和处理设备的不同，数字比较式互感器校验仪可分为基于嵌入式 CPU 的校验仪和基于 PC 的校验仪。根据软件架构的不同，数字比较式互感器校验仪可分为基于通用软件的校验仪和基于专用软件的校验仪。

基于通用软件的校验仪，其使用的软件是利用通用开发工具如 VC、Delphi、C++、java 等开发的，其开发周期较长、开发难度较大，但软件编制灵活、运行效率较高。

基于专用软件的校验仪，其使用的软件是利用专用开发工具如 LabVIEW 、LabWindows 等开发的，其开发周期短、开发简单，但软件编制灵活性差、运行效率不高。比较典型的例子是基于虚拟仪器技术的校验仪。虚拟仪器在 PC 上借助数据采集卡、GPIB 卡、VXI 卡等数据采集设备，将需要处理的数据采集到计算机，利用软件完成分析、处理、判断、显示、存储和控制等功能，来实现一台或多台传统仪器的功能。

虚拟仪器技术的出现突破了仪器的传统研制模式，其最突出的优点之一是可直接由用户自行设计并维护仪器，可以最大限度地满足仪器使用者的要求，利用虚拟仪器技术研制新型的互感器校验仪，可以较准确地测量模拟小电压量信号，同时能够直接对数字量信号进行校验。

LabVIEW 是当前最受欢迎的虚拟仪器开发工具之一，它是一种基于 G 语言的图形编程工具，可以用于数据采集与控制、数据分析及数据显示。它的语法简单，而且相当灵活，可以通过集成化开发平台与交互式编程方法建立检测系统、数据采集系统、过程检测系统等。它可以用于多种操作系统平台，如 Windows7/10、Mac OS 等，LabVIEW 提供多种设备驱动程序，可以从 GPIB、VXI、PXI、PLC、串行设备及数据采集卡等多种设备中采集数据，同时对这些设备进行控制，使用 LabVIEW 开发平台编制的程序称为虚拟仪器程序，简称 VI。基于层次结构的 LabVIEW 具有强大的功能，一个 VI 可以作为子程序调用，从而组成更为复杂的应用程序。本书将对基于专用软件开发的基于 PC 的数字比较式校验仪进行介绍。

3.2 数字比较式校验仪的硬件设计

数字比较式校验系统的基本原理示意图如图 3-1 所示。校验系统主要由程控交直流电流源、电流/电压比例标准、数字比较式互感器校验仪等组成，校验软件运行在 PC 或笔记本上，根据检定方案控制交直流/谐波源输出需要的测试电流并设置额定负载，通过网口读取互感器校验仪测得的比值误差、相位误差，并判断是否合格。

如果校验系统设计成自动工作，则自动校验流程如图 3-2 所示。

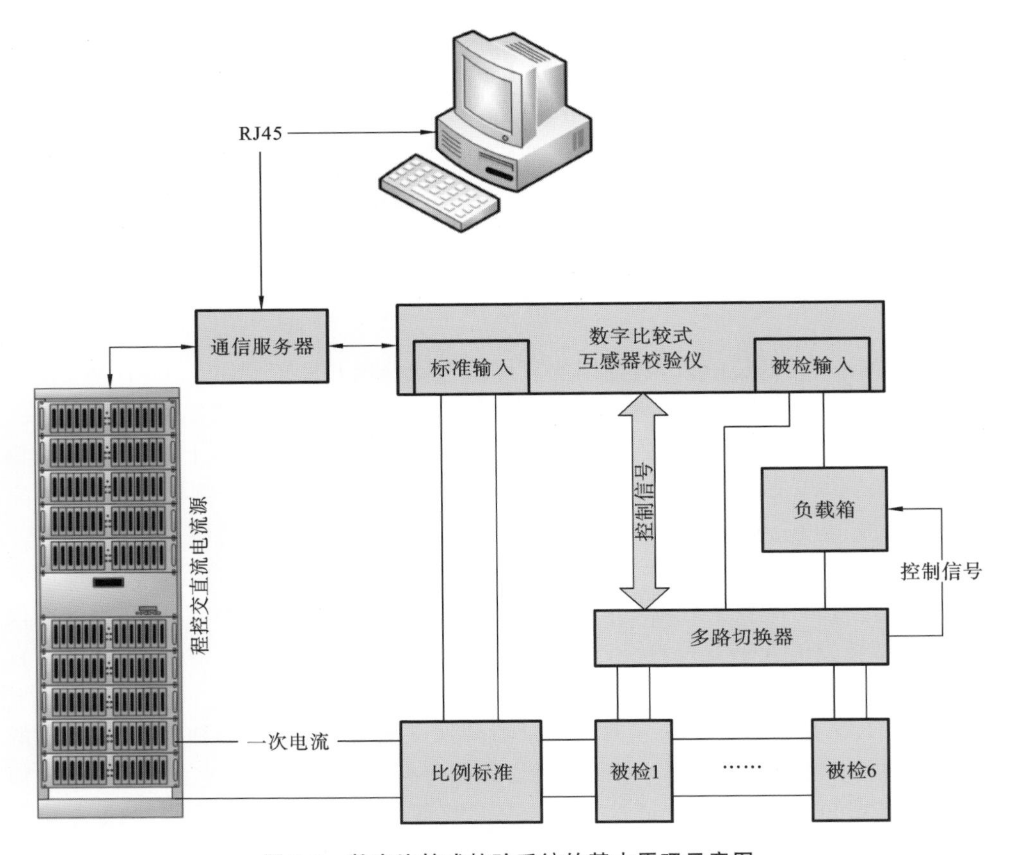

图 3-1 数字比较式校验系统的基本原理示意图

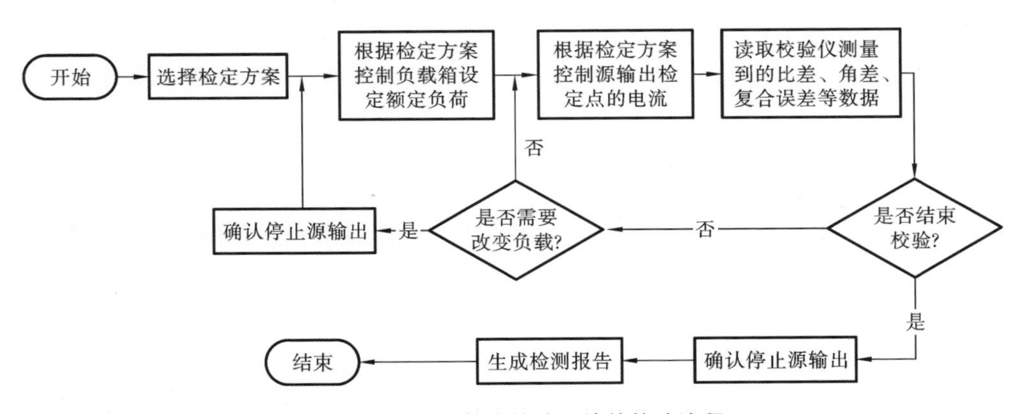

图 3-2 数字比较式校验系统的校验流程

3.2.1 硬件总体方案

数字比较式校验仪的硬件总体设计框图如图3-3所示。

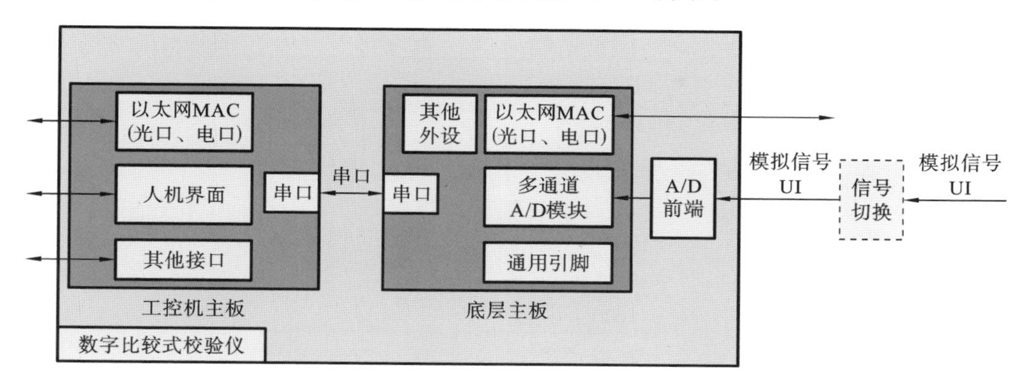

图3-3　数字比较式校验仪的硬件总体设计框图

硬件分为工控机主板和底层主板，工控机主板与底层主板之间通过串口进行通信或数据交换。工控机主板采用ARM嵌入式芯片，底层主板采用ADI出厂的ADSP-BF531芯片，外设包含电源、时钟模块、存储芯片、多通道A/D模块、以太网MAC(光口和电口)、串口，以及通用输入、输出引脚资源。软件设计中，工控机采用专用软件系统，DSP芯片采用实时 μC/OS3 操作系统。软件集成各软件子模块，实现各种通信模块，如串口、网口之间的通信和数据交互。

3.2.2 硬件模块设计

数字比较式校验仪设计方案如图3-4所示，校验仪主要由高速采集卡、时钟同步装置和计算单元组成。标准互感器和被测互感器的一次侧施加50～3000 Hz的宽频电源后，其二次测量信号接入数字比较式校验仪的标准参考输入端口和被测模拟量输入端口的I/V转换模块和高速采集卡，高速采集卡对模拟信号进行A/D采样，时钟同步装置用于给两个高速采集卡提供同步采样触发信号，在数字比较式校验仪中，如果涉及高频信号采样，需要采用精度高的同步触发信号，并且高速采集卡在接收同步触发信号时的触发延迟时间可控，保证两路高速采集卡在同一时间点触发采样。计算单元用于接收高速采集卡的采样数据并计算比差和角差结果，由于需要采用傅里叶算法计算正弦交流信号的幅值和相位，并且高速采集卡的采样频率较高，因此计算单元需要具备较强的数据处理计算能力。

1) I/V 转换模块

I/V转换模块可以通过高精度电阻和高性能运放跟随来设计，原理图如图3-5所示。输入电压通过高精度高稳定度的电阻 R_1、R_2、R_3 分压后进入差分放大器跟

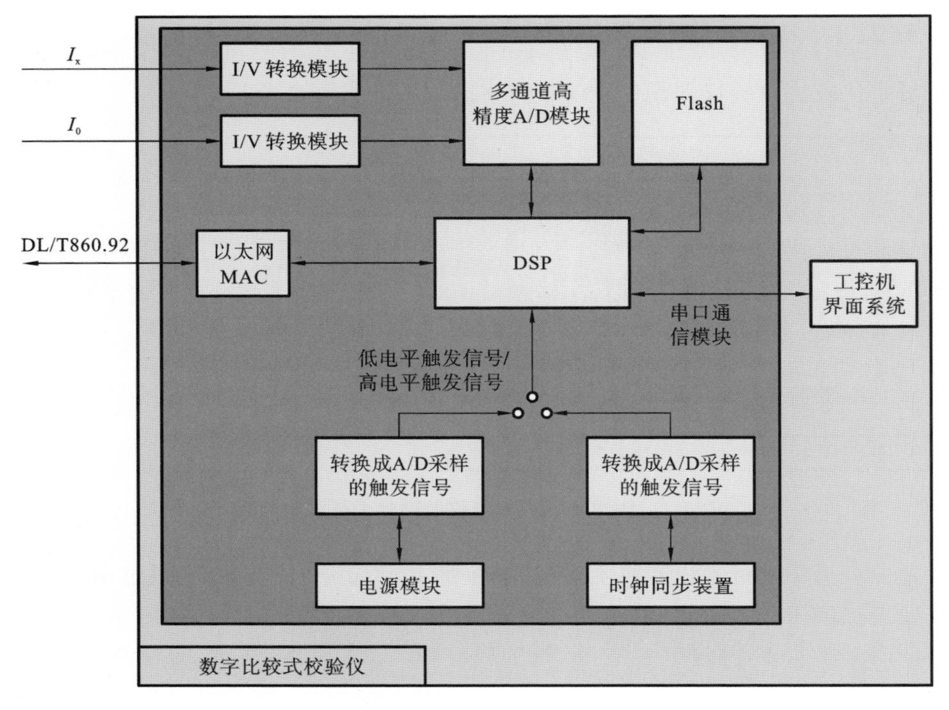

图 3-4　数字比较式校验仪设计方案

随，电压再通过专门的高精度 A/D 前端差分驱动器到 A/D 模块采样，依据电桥原理得到的分压具有线性度好、温漂小的特点，但是输出阻抗高，这就需要一个具有非常高的信噪比的运放来加大其输出驱动能力，同时保证信号不失真。

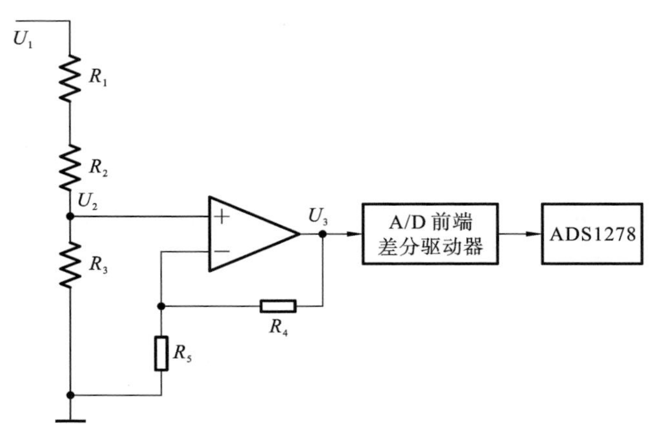

图 3-5　I/V 转换模块设计方案

2）多通道 A/D 模块

多通道 A/D 采样实现的原理如下。多路信号通过传感器接口进入调理电路进行调理，之后进入 A/D 转换器，A/D 转换器由编程逻辑组件控制，不断地按照设定的采样率（即采样频率）进行数据采集，并将数据写入信号处理器接收接口。

多通道同步采样实现方法如图 3-6 所示，A/D 的前端电压传感器采用 1×10^{-6} 精密电阻对电压进行分压，再用仪表放大器跟踪电压，然后将电压输入 A/D；电流传感器采用线性误差为 3×10^{-6} 的有源零磁通传感器。6 个 A/D 模块在相同的时钟和触发信号的控制下进行采样和转换，A/D 模块的触发信号和时钟信号可以由 DSP 提供，也可以由外部时钟源提供。

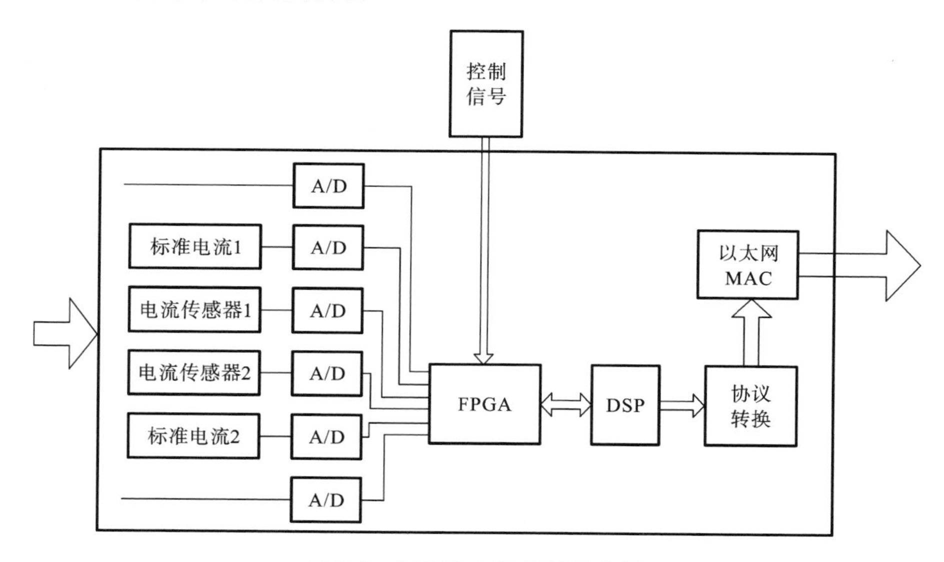

图 3-6　多通道 A/D 采样示意图

高精度 A/D 模块中使用的 A/D 转换器是 sigma-delta 24 bit ADS1278，ADS1278 是德州仪器（TI）推出的多通道 24 位工业模数转换器（ADC），内部集成有多个独立的高阶斩波稳定调制器和 FIR 数字滤波器，可实现 8 通道同步采样，支持高速、高精度、低功耗、低速 4 种工作模式；ADS1278 具有优良的 AC 和 DC 特性，采样率最高可以达 128 ks/s，62 kHz 带宽时信噪比（SNR）可达 111 dB，失调漂移为0.8 μV/℃。

ADS1278 工作在高精度模式，过采样率为 $512f_{\text{data}}$，采样率 f_{data} 可设。sigma-delta 的 A/D 类似于 V-F 变换器，不会造成大的扰动，抗干扰能力强，同时我们现在采用的是 512 倍过采样，大大地扩展和简化了输入信道的带宽，能更加真实还原输入信号的能量，ADS1278 内部带有 FIR 滤波器，截止频率为 $0.547f_{\text{data}}$，在 $0.58f_{\text{data}}$ 差不多就有 100 dB 的衰减，具有非常好的噪声抑制能力。

3）DSP芯片主板

基于DSP芯片的主板为系统的核心部件，由于系统设计要实时将采样点按IEC61850协议格式组包给以太网发送，同时要求系统具有实时处理有效值、功率、相位等计算功能，并能与工控机通信，将计算结果发送到工控机，显示和接收工控机的命令，所以计算量比较大，采用ADI公司的ADSP-BF531芯片，芯片内部有双16 bit DSP处理器，运行速度可到400 MPS，高达756 MHz/1512M MACs的CPU性能、1.2 Mbit的高速L1 SRAM与一组专为多媒体应用而优化的外设集成在了一起，能够满足本系统的速度要求，同时考虑到很多采样数据需要缓存，板上扩展了SDRAM和Flash。SDRAM采用MT48LC4M16A2TG，空间容量为32 MB，Flash采用SST39VF6401B，空间容量为16 MB。

研制的数字比较式互感器校验仪具备以下功能。① 信号采集功能，具有同时采集标准传感器信号及被测传感器信号（电压/电流、电子式/电磁式）的功能。② 数据分析功能，具有数据分析解算、输出被测传感器信号与标准传感器信号之间的角差及比差值的功能。③ 显示及保存功能，具有同时显示各通道测试结果的数据及曲线的功能，具有保存测试数据结果的功能。④ 可校验1路零序电流/电压传感器、3路电流/电压传感器。

4）时钟同步装置

时钟同步装置（模块）的核心部分采用基于Nios软核的单个FPGA系统，配以适当的外围电路，原理方框图如图3-7所示，功能模块主要分为6大模块。外部输入的GPS光电时钟信号经过处理电路变成3.3 V的电信号后，进入Nios处理器，处理器检测信号的有效性并测量信号的频率，从而控制各模块工作。RS232串口模块用于与PC通信，实时监控时钟同步装置的相关参数，并接收PC的设置指令，改变输出信号的频率和占空比。100 Hz信号同步模块在输入信号为100 Hz的GPS时钟信号时启用，它主要对100 Hz输入信号进行同步、分频和守时，其输出信号的频率和占

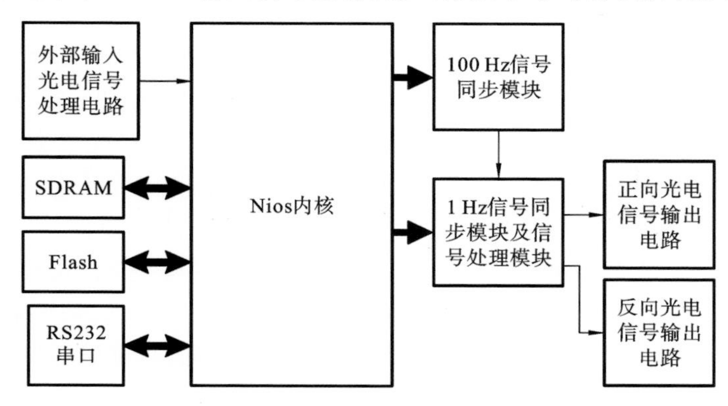

图3-7　时钟同步模块原理图

空比均可由 PC 设置。1 Hz 信号同步模块及信号处理模块在输入信号为 1 Hz 的 GPS 时钟信号时启用，它主要对 1 Hz 输入信号进行同步、分频和守时，并对输出信号进行选择和反向处理。正向和反向光电信号输出电路对 FPGA 输出的波形进行相关处理后，将其输出到装置面板上。

5）通道切换模块

为了提高比例测量的准确度，在高速双通道采集原理的基础上，可以增加通道切换模块和数据处理模块，在一定程度上消除两个测量通道的不一致性。通道切换模块的原理如图 3-8 所示，主要包括逻辑控制、通道切换、双通道采集卡和计算机数据处理四个部分。其中，逻辑控制部分可将外部时钟信号根据测量需要进行分频，并向通道切换部分和数字电压表提供同步信号和采样信号，其作用是协调整个测量系统的工作时序。通道切换部分的主要功能是按照要求实现数字电压表两个通道的相互切换；同时其中的缓冲器可起到阻抗匹配的作用，降低本测量系统对被测信号的影响；差模放大器的作用是将被测信号转换到数字电压表的量程范围内。被测信号经过通道切换部分的转换后，再由数字电压表将其转换成数字信号。该数字信号可进一步通过 GPIB 传送至计算单元，由计算单元完成输入信号的比值差和相位差计算等数据处理任务。

如图 3-8 所示，若通道切换模块中通道 CHA 的高低端输入信号分别为 $\overline{U}_{\mathrm{Ain+}}$ 和 $\overline{U}_{\mathrm{Ain-}}$，通道 CHB 的高低端输入信号分别为 $\overline{U}_{\mathrm{Bin+}}$ 和 $\overline{U}_{\mathrm{Bin-}}$，数字电压表两个通道测得的电压分别为 $\overline{U}_{\mathrm{A}}$ 和 $\overline{U}_{\mathrm{B}}$。不妨设系统中缓冲器 B1～B4 的误差分别为 $\bar{\varepsilon}_{\mathrm{B1}}$～$\bar{\varepsilon}_{\mathrm{B4}}$，差模放大器的实际放大倍数分别为 $\overline{G}_{\mathrm{DA}}$ 和 $\overline{G}_{\mathrm{DB}}$，数字电压表两个通道的测量误差分别为 $\bar{\varepsilon}_{\mathrm{CHA}}$ 和 $\bar{\varepsilon}_{\mathrm{CHB}}$。当通道切换开关 S 向上掷开时，可以得到式(3-5)和式(3-6)。

$$\overline{U}_{\mathrm{A}}=[\overline{U}_{\mathrm{Ain+}}(1+\bar{\varepsilon}_{\mathrm{B1}})-\overline{U}_{\mathrm{Ain-}}(1+\bar{\varepsilon}_{\mathrm{B2}})]\overline{G}_{\mathrm{DA}}(1+\bar{\varepsilon}_{\mathrm{CHA}}) \tag{3-5}$$

$$\overline{U}_{\mathrm{B}}=[\overline{U}_{\mathrm{Bin+}}(1+\bar{\varepsilon}_{\mathrm{B3}})-\overline{U}_{\mathrm{Bin-}}(1+\bar{\varepsilon}_{\mathrm{B4}})]\overline{G}_{\mathrm{DB}}(1+\bar{\varepsilon}_{\mathrm{CHB}}) \tag{3-6}$$

在进行电路设计和元器件选择时，可以人为选择缓冲器 B1 和 B2，使两者具备相似的误差特性，即 $\bar{\varepsilon}_{\mathrm{B1}}\approx\bar{\varepsilon}_{\mathrm{B2}}\approx\bar{\varepsilon}_{\mathrm{BA}}$。同样可以使 B3 和 B4 满足 $\bar{\varepsilon}_{\mathrm{B3}}\approx\bar{\varepsilon}_{\mathrm{B4}}\approx\bar{\varepsilon}_{\mathrm{BB}}$。于是两个通道的电压比为

$$\overline{\Gamma}_1=\frac{\overline{U}_{\mathrm{B}}}{\overline{U}_{\mathrm{A}}}=\frac{(\overline{U}_{\mathrm{Bin+}}-\overline{U}_{\mathrm{Bin-}})(1+\bar{\varepsilon}_{\mathrm{BB}})\overline{G}_{\mathrm{DB}}(1+\bar{\varepsilon}_{\mathrm{CHB}})}{(\overline{U}_{\mathrm{Ain+}}-\overline{U}_{\mathrm{Ain-}})(1+\bar{\varepsilon}_{\mathrm{BA}})\overline{G}_{\mathrm{DA}}(1+\bar{\varepsilon}_{\mathrm{CHA}})} \tag{3-7}$$

同理，当通道切换开关 S 向下掷开时，有

$$\overline{\Gamma}_2=\frac{\overline{U}'_{\mathrm{B}}}{\overline{U}'_{\mathrm{A}}}=\frac{(\overline{U}_{\mathrm{Ain+}}-\overline{U}_{\mathrm{Ain-}})(1+\bar{\varepsilon}_{\mathrm{BB}})\overline{G}_{\mathrm{DB}}(1+\bar{\varepsilon}_{\mathrm{CHB}})}{(\overline{U}_{\mathrm{Bin+}}-\overline{U}_{\mathrm{Bin-}})(1+\bar{\varepsilon}_{\mathrm{BA}})\overline{G}_{\mathrm{DA}}(1+\bar{\varepsilon}_{\mathrm{CHA}})} \tag{3-8}$$

将式(3-7)和式(3-8)进行合成，有

$$\overline{\Gamma}=\sqrt{\frac{\overline{\Gamma}_1}{\overline{\Gamma}_2}}=\frac{\overline{U}_{\mathrm{Bin+}}-\overline{U}_{\mathrm{Bin-}}}{\overline{U}_{\mathrm{Ain+}}-\overline{U}_{\mathrm{Ain-}}} \tag{3-9}$$

由式(3-9)可以看出，合成后的比例计算式中，缓冲器、差模放大器及数字电压

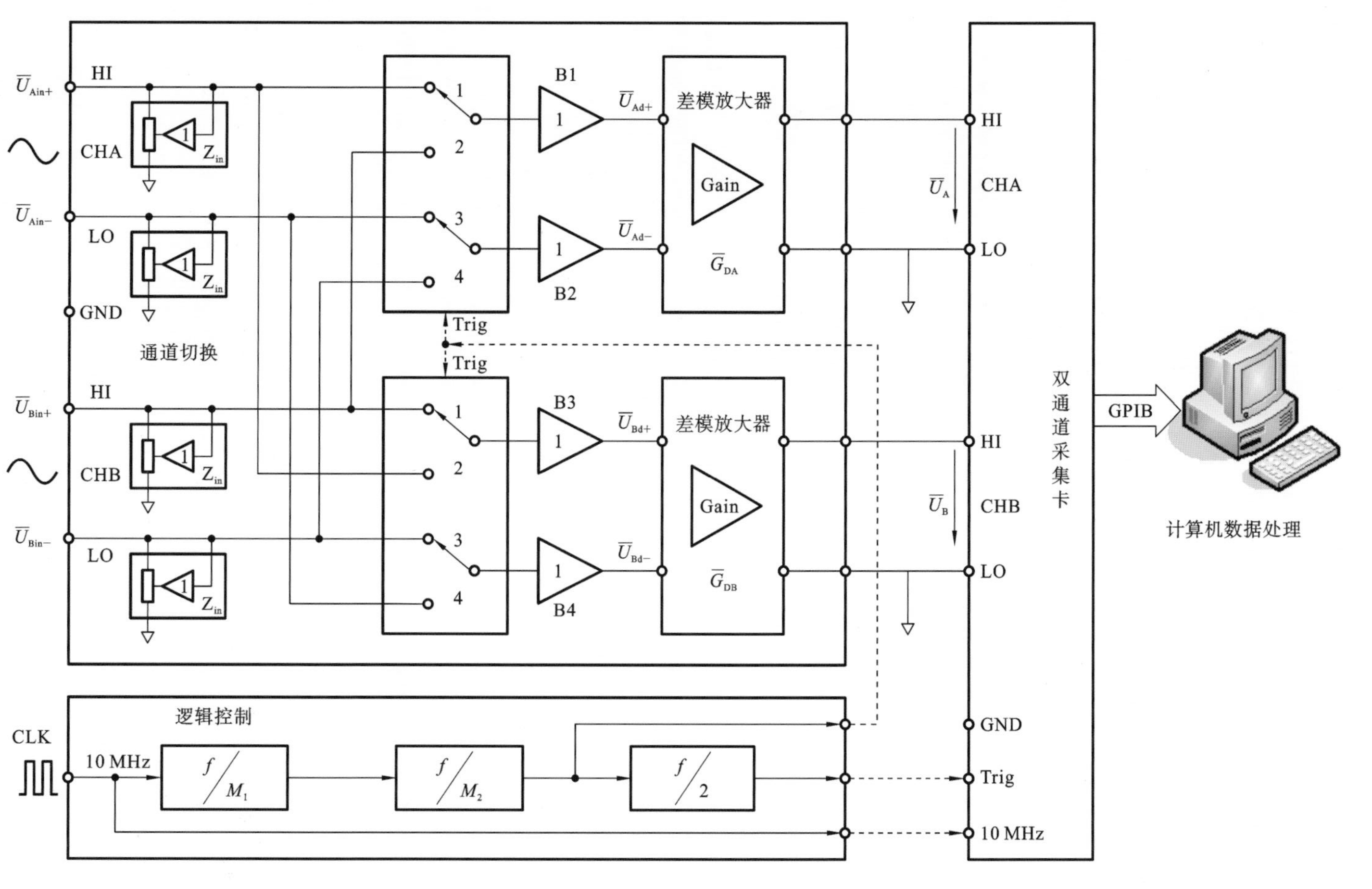

图 3-8 通道切换模块的原理

万用表的误差相互抵消，合成比例等于输入通道B的差压与输入通道A的差压之比，系统中各元器件自身的误差并不影响最终的合成比例Γ。

需要说明的是，式(3-9)代表的是一种理想情况下的推导结果，即认为在开关动作前后，系统中的缓冲器、差模放大器及数字电压表的误差保持不变，这样通过合成可以将它们引入的误差完全抵消。然而在实际应用中，上述元器件是不可能达到这一要求的，因此测得的合成比例依然存在由各元器件的稳定性引入的误差，但是其数值相对于合成之前由元器件准确度引入的误差已经大大降低。

根据式(3-7)至式(3-9)可以得出，由双通道数字电压表的测量结果计算两个通道输入电压比例和相位差的计算公式为

$$\begin{cases}\Gamma=\sqrt{\dfrac{\Gamma_1}{\Gamma_2}}=\sqrt{\dfrac{U_B}{U_A}\cdot\dfrac{U'_A}{U'_B}}\\ \varphi=\dfrac{\varphi_1-\varphi_2}{2}\end{cases}\tag{3-10}$$

3.3 数字比较式校验仪的软件设计

用户软件除了要提供操作界面之外，还必须完成以下任务。① 进行系数整定，恢复信号的实际数值和形式。基准电流信号在进入采集卡之前，被转换成电压信号。它被读入计算机后，仅是一种数据形式，不能真实反映实际信号。把它恢复成原来的物理量形式，并尽可能形象地给出其变化情况，以便数据使用者能一目了然。这是数据处理的首要任务。② 采用各种方法消除信号中的噪声和干扰，保证数据的稳定性和精度。在数据采集、传送和转换过程中不可避免地会产生各种噪声和干扰，而它们会给校验结果带来很大的误差，因此需要通过数据处理进行消除。校验仪采用数字滤波器消除高频干扰。数字滤波器的设计也采用软件自带的功能模块。③ 对数据本身进行适当变换从而得到某些能表达该数据内在特征的二次数据，如有效值、频率、比值差、相位差等，这个过程称为二次处理。二次处理是虚拟互感器校验仪的关键算法。在对各种算法进行仿真比较之后，校验仪采用基于频谱分析的误差校正方法。④ 采用合适的数学模型，对系统误差进行软件校正。可以认为信号调理箱和采集卡引入的误差呈线性，信号调理箱引入的通道间误差及由于采集卡的间隔采样方式所引入的通道间误差均为定值，可以通过线性模型来进行修正。

3.3.1 二次处理算法

由于数据分别来自两个采样系统，这两个系统的电路和元器件各不相同，所以一般情况下标准采样系统传来的第一个数据在时间上可能与零点不对齐，但是可以由计算机记录下时间差。采样时间原则上使用采样脉冲标识。只要采样系统的节拍频

率稳定，两个系统可以不要求同步。这样做并不会影响测量结果，只是在软件上的计算时间要多一些。对于目前的计算机来说，增加软件开销比增加硬件开销合算。如果两个系统采样同步，在一个周波内有相同点数，则可以用插值方法计算同一瞬时的采样值，使数据在时间上对齐。如果两个系统采样不同步，而且一个周波内的采样点数不同，则可以使用插值法计算出同步数据，也可使用下面介绍的非同步算法。实际上同步与否并不影响有效值和比值差的计算，但对相位差计算有较大影响。

除了使用傅里叶变换法计算相位差外，还可以通过测量两路信号的过零点测算相位差。具体的一种方法是从接近零的采样数据中用插值法推算过零点，这种方法受波形失真的影响很大。如果直流分量比较明显，用检测 $\mathrm{d}x/\mathrm{d}t$ 的极值作为数字序列的过零点的方法可以有更准确的结果，但必须使高次谐波信号的幅值相比于基频信号的幅值可以忽略。由于标准系统和被试品中频率响应的差异性，为了避免在测量中产生错误，必须让信号通过低通滤波器限制谐波。如图 3-9 所示，采样信号包含了幅值为 100%的基频的正弦信号和 10%的 5 次谐波信号，其谐波在时间上是落后的，相位偏移 $\pi/6$。微分后这种差异会加大 5 次等谐波的影响，使波形更加不接近正弦，造成过零点有更大的偏移。反过来，如果直流分量可以忽略，则可以对信号积分，使信号中的高次谐波对过零点的影响减小。由于实际信号不能预知，无法提前断定上述三种方法哪一种更可靠。另外还要注意，计算得到的过零时间差值换算到相位时还有信号频率的影响因素，因此还要测量频率。而测量频率也有过零点的问题。要想利用采样数据从整体上计算频率，可以参考下面介绍的准同步傅里叶变换原理。

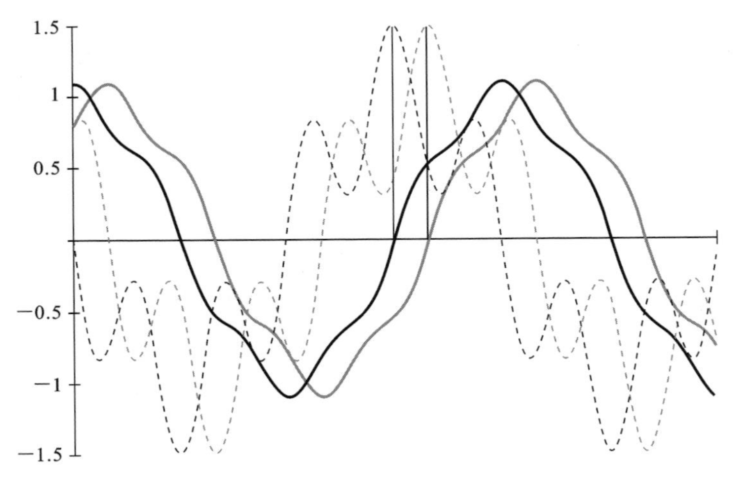

图 3-9　用导函数法检测过零点

我们研究的数字信号处理技术涉及的被测信号是一个时间从零开始直到无穷的信号，用 $x(t)$ 表示。采样序列则是一个时间从零开始直到无穷的周期脉冲信号，用 $p(t)$表示，$p(t)=\sum_{n=0}^{\infty}\delta(t-nT_S)$。其中，$T_S$为采样周期，$\delta$为单位冲激函数，定义为

$$\delta(t)=\begin{cases}\infty & t=0\\ 0 & t\neq 0\end{cases} \quad \text{且} \quad \int_{-\infty}^{+\infty}\delta(t)\mathrm{d}t=1 \tag{3-11}$$

采样后我们得到采样信号 $x_s(t)=x(t)p(t)=\sum_{n=0}^{\infty}x(t)\delta(t-nT_S)$，这是一个由无数个信号脉冲组成的函数。数字信号处理技术原理上是对采样信号进行频域分析，因此需要求出采样信号的频谱。为此把 $p(t)$展成复数项傅里叶级数，即

$$p(t)=\sum_{n=-\infty}^{+\infty}C_n\mathrm{e}^{\mathrm{j}n\omega_s t} \tag{3-12}$$

其中，$C_n=\frac{1}{T_S}\int_0^{T_S}p(t)\mathrm{e}^{-\mathrm{j}n\omega_s t}\mathrm{d}t=\frac{1}{T_S}$，$\omega_s=\frac{2\pi}{T_S}$。可得

$$p(t)=\frac{1}{T_S}\sum_{n=-\infty}^{+\infty}\mathrm{e}^{\mathrm{j}n\omega_s t} \tag{3-13}$$

采样序列 $p(t)$的傅里叶变换为

$$\begin{aligned}P(\omega)&=\int_{-\infty}^{+\infty}\left(\frac{1}{T_S}\sum_{n=-\infty}^{+\infty}\mathrm{e}^{\mathrm{j}n\omega_s t}\right)\mathrm{e}^{-\mathrm{j}\omega t}\mathrm{d}t=\frac{1}{T_S}\sum_{n=-\infty}^{\infty}\int_{-\infty}^{+\infty}\mathrm{e}^{\mathrm{j}n\omega_s t}\cdot \mathrm{e}^{-\mathrm{j}\omega t}\mathrm{d}t\\&=\frac{1}{T_S}\sum_{n=-\infty}^{+\infty}\int_{-\infty}^{+\infty}\mathrm{e}^{-\mathrm{j}(\omega-n\omega_s)t}\mathrm{d}t=\frac{2\pi}{T_S}\sum_{n=-\infty}^{+\infty}\delta(\omega-n\omega_s)\end{aligned} \tag{3-14}$$

设信号 $x(t)$的周期为 T，最高谐波次数为 M，则基波的角频率为 $\omega_1=\frac{2\pi}{T}$，把$x(t)$展成复数项级数：

$$x(t)=\sum_{m=-M}^{M}C_m\mathrm{e}^{\mathrm{j}m\omega_1 t}=\sum_{m=-M}^{M}\frac{A_m}{2}\mathrm{e}^{\mathrm{j}m\omega_1 t+\mathrm{j}\phi_m} \tag{3-15}$$

其中，$C_m=\frac{1}{T}\int_0^T x(t)\mathrm{e}^{-\mathrm{j}n\omega_s t}\mathrm{d}t$，$A_m=2|C_m|$，$\phi_m=\arg C_m$。于是有

$$X(\omega)=\sum_{m=-M}^{M}\frac{A_m}{2}\delta(\omega-m\omega_1)\mathrm{e}^{\mathrm{j}\phi_m} \tag{3-16}$$

根据卷积定理，有

$$\begin{aligned}X_S(\omega)&=\frac{1}{2\pi}X(\omega)*P(\omega)=\frac{1}{T_S}\sum_{n=-\infty}^{+\infty}X(\omega-n\omega_s)\\&=\frac{1}{T_S}\sum_{n=-\infty}^{+\infty}\sum_{m=-M}^{M}\frac{A_m}{2}\delta(\omega-m\omega_1-n\omega_s)\mathrm{e}^{\mathrm{j}\phi_m}\end{aligned} \tag{3-17}$$

式(3-17)表明采样信号的频谱具有分立的谱线。如果 $\omega_s>2M\omega_1$，即采样频率大于信号中最高频率的 2 倍，采样信号分布在$[n\omega_s-M\omega_1, n\omega_s+M\omega_1]$区间的谱线，正如采样定理所说：一方面包含了原信号所有谱线，信息没有丢失；另一方面和相邻区

间的谱线只是周期性的重复，没有混叠。

实际的信号处理系统不可能对时间无限的信号进行处理，要在尽量短的时间内给出测量结果，这只能通过截取部分信号实现。截取是有时间性的，实际上在时域进行。截取部分信号等效于把原信号乘上窗函数，如果窗函数的幅值因子为常数，就是矩形窗，则它的函数表达式为

$$\omega(t)=\begin{cases}\dfrac{1}{T} & |t|\leqslant T \\ 0 & |t|>T\end{cases} \tag{3-18}$$

把矩形窗函数的中心移到 T 后，可以截得幅度为原信号幅度的 $1/T$，时间为零到 $2T$ 的信号。除了矩形窗函数外，还可以用其他形状的窗函数截取信号。对于任意的时窗函数（即窗函数）$\omega(t)$，用傅里叶变换可求得其谱函数 $W(\omega)$，如果把时窗的中心移到 t_0，则 $\omega(t-t_0)$ 的谱函数变为 $W(\omega)\mathrm{e}^{-\mathrm{j}\omega t_0}$。已经知道采样信号的谱函数为 $X_S(\omega)$，其对应的时域函数为 $x_s(t)$，设加窗采样函数为 $h(t,t_0)=x_s(t)\cdot\omega(t-t_0)$，根据卷积定理得到

$$H(\omega,t_0)=\frac{1}{2\pi}X_S(\omega)*W(\omega,t_0)=\frac{1}{2\pi T_S}\sum_{n=-\infty}^{+\infty}\sum_{m=-M}^{M}\frac{A_m}{2}W(\omega-m\omega_1-n\omega_s)\mathrm{e}^{\mathrm{j}(\phi_m+\varphi_m)} \tag{3-19}$$

其中，$\varphi_m=-m\omega_1t_0$。而其原函数为

$$h(t,t_0)=x(t)p(t)\omega(t-t_0)=\sum_{n=0}^{N-1}x(nT_S)\delta(t-nT_S)\omega(nT_S-t_0) \tag{3-20}$$

于是有

$$H(\omega,t_0)=\int_{-\infty}^{+\infty}x(t)p(t)\omega(t-t_0)\mathrm{e}^{-\mathrm{j}\omega t}\,\mathrm{d}t=\sum_{n=0}^{N-1}x(nT_S)\omega(nT_S-t_0)\mathrm{e}^{-\mathrm{j}\omega nT_S} \tag{3-21}$$

即

$$\sum_{n=0}^{N-1}x(nT_S)\omega(nT_S-t_0)\mathrm{e}^{-\mathrm{j}\omega nT_S}=\frac{1}{2\pi T_S}\sum_{n=-\infty}^{+\infty}\sum_{m=-M}^{M}\frac{A_m}{2}W(\omega-m\omega_1-n\omega_s)\mathrm{e}^{\mathrm{j}(\phi_m+\varphi_m)} \tag{3-22}$$

式(3-22)就是我们要得到的傅里叶变换，它是非同步采样测量的数学基础。

由式(3-22)可导出离散傅里叶变换的计算公式。取 $\omega_k=\dfrac{2\pi}{NT_S}k$，则有 $\omega_knT_S=2\pi nk/N$，式(3-22)可改写为

$$H(\omega_k,t_0)=\sum_{n=0}^{N-1}x(nT_S)\omega(nT_S-t_0)\mathrm{e}^{-\mathrm{j}2\pi nk/N} \tag{3-23}$$

式(3-23)就是离散傅里叶变换的计算公式。它与式(3-22)的不同在于它的原函数和频谱都是离散的，从物理概念来说，它构造了一个以 NT_S 为周期的由 N 个采

样信号序列组成的时域函数，如果这一周期正好是原来的时域函数周期的整数倍，则新函数包括了原函数的频谱，否则式(3-23)计算得到的谱线在原函数中并不存在，只是在截取部分信号的过程中产生的新频谱，它是从原有谱线中泄漏出来的。这种现象称为频谱泄漏。另一方面，式(3-23)只能计算得到各个 ω_k 处的幅值与相位，这些点称为频率格点，其他频率点没有定义。这种情况称为栅栏效应。

在设计非同步采样测量电路时，选择采样频率时除了考虑信号最高频率外，还要考虑窗函数的最高频率，应使其最高频率与信号最高频率之和低于采样频率的一半，这样可以保证信号不发生混叠。确定信号最高频率时，可以通过实际测量得到各阶谐波的幅值，根据测量结果找出谐波幅值与基波幅值比小于 0.1% 的谐波阶数，以此确定采样频率。根据经验，计算到 33 次谐波即可满足精密测量的要求。窗函数一般占有相当宽的频带，为了避免无限制地提高采样频率，可以考虑选用的窗函数在最高采样频率时有足够大的信号衰减就可以了，所谓足够大就是对计算结果的影响可以忽略不计。经验表明，当采样频率高于 5 kHz 时已能满足 0.2 级误差测量要求。如果频谱不混叠，计算时只需要取式(3-19)的主值区间进行分析，主值区间可通过令式(3-19)中 $n=0$ 得到。

当相位用基波的 $\tan\delta$ 表示时，我们只需关注基波分量，设时窗取样信号频谱的基波格点上频率取值为 $\omega_a=\omega_1(1+\alpha)$，由式(3-19)可得

$$H(\omega_a,t_0)=\frac{1}{2\pi T_S}\sum_{m=-M}^{M}\frac{A_m}{2}W(\omega_1-m\omega_1+\alpha\omega_1)e^{j(\phi_m+\varphi_m)} \tag{3-24}$$

式(3-24)表明，当信号采样频率与信号频率不同步时，会产生频谱泄漏误差。误差的大小与不同步程度相关。为了减小频谱泄漏误差，应该尽量减小采样频率与信号频率的同步误差。近年来许多从事数字测量研究的人员设计了各种减小同步误差的方法，这些方法可分为两大类：一类是不断跟踪信号频率，再通过硬件和软件，根据频率修正结果发出新的采样脉冲频率，实现采样脉冲的准同步；另一类是根据信号频率跟踪结果计算出频率偏差，再通过软件对采样信号进行插值计算，得到新的频率格点的采样估计值，然后计算这些频率格点上的幅值和相位。

离散傅里叶变换为了减小同步误差采用了把采样信号移到频率格点上的方法。这种做法实际上并没有必要。由式(3-19)可知，准同步采样获得的信号与同步采样得到的信号的频谱结构并没有区别，改变采样频率完全是多余的。通过式(3-22)用准同步采样的信息计算非频率格点的谱线幅值和相位的算法可以称为半离散傅里叶变换方法。半离散傅里叶变换既不需要改变信号采样脉冲的频率，也不需要对准同步采样信号进行插值修正，可以有效简化仪器硬件配置，优化程序设计，提高测量效率。

准离散傅里叶变换的离散化计算公式可通过取 $\omega_k=\frac{2\pi}{T_a}k$ 代入式(3-22)得到，它和离散傅里叶变换公式(3-23)的区别在于把原来采样点的正弦和余弦函数值用周

期估计值 T_a 的正弦和余弦函数值代替，即

$$H(\omega_k,t_0)=\sum_{n=0}^{N-1}x(nT_S)\omega(nT_S-t_0)e^{-j2\pi nkT_S/T_a} \tag{3-25}$$

与离散傅里叶变换相比，半离散傅里叶变换并没有增加计算量。进行半离散傅里叶变换需要估算信号的实际频率，这可以通过对采样信号进行分析得到。大多数学者估算信号频率采用的方法是测量信号过零点的时间，仪器的频率测量准确度大致相当于相位测量的准确度。数字采样信号可以采用数字零点测量方法，但在波形失真大的情况下误差较大。下面介绍的数字处理频率计算方法具有误差收敛性好的优点，可以满足频率误差小于0.1%的估算要求。我们知道，时窗采样信号 $u(t)=h(t,t_0)=x(t)p(t)\omega(t-t_0)$ 的基波频谱为

$$U(\omega_1,t_0)=\frac{1}{2\pi T_S}\sum_{m=-M}^{M}\frac{A_m}{2}W(\omega_1-m\omega_1)e^{j(\phi_m+\varphi_m)} \tag{3-26}$$

如果把 $h(t,t_0)$ 沿时间轴右移1/4个准周期，即 $T_q=T_a/4=\pi/2\omega_a$，ω_a 为基波频率估计值，可得到信号 $v(t)=h(t-T_a/4,t_0)$。根据位移定理，新采样信号的基波频谱为

$$V(\omega_1,t_0)=\frac{1}{2\pi T_S}\sum_{m=-M}^{M}\frac{A_m}{2}W(\omega_1-m\omega_1)e^{j(\phi_m+\varphi_m)}e^{-j\omega_1T_a/4} \tag{3-27}$$

信号 $u(t)$ 和信号 $v(t)$ 的基波相位可以通过式(3-22)求出，其相位差有如下关系：

$$\arg U-\arg V=\frac{\omega_1T_a}{4}=\frac{\pi}{2}\cdot\frac{\omega_1}{\omega_a} \tag{3-28}$$

于是有

$$\omega_1=\frac{2\omega_a}{\pi}(\arg U-\arg V) \tag{3-29}$$

基波相位的计算精度理论上高于频率估算精度，因此计算过程是收敛的，可以逐步逼近实际频率。但是也要注意到，采样的计算有误差，另外，电网频率是波动的，所以计算到一定精度就不必再算下去了。下面将对这一情况进行比较详细的分析，一般而言，频率精度计算到0.1%比较合适。而对于时窗在时间轴上移动 T 后产生的相位移 φ_m，在计算相位差时会自动抵消，不会影响计算结果。

在实际的误差校验中取多少个周波或时间区间计算，取决于使用的窗函数和数据处理方法能达到的测量和计算精度。从数学上来说，对时域连续函数进行离散傅里叶变换和半离散傅里叶变换都要使用窗函数，窗函数的附加相移会影响介损的相位计算精度，因此，应当使用不产生相移的窗函数。从数学上知道，偶函数可以满足这一条件。如果使用的窗函数不产生相移，那么影响测量误差的主要因素是频谱泄漏，为此，应当使用旁瓣弱的窗函数，使倍频程外的谱线有尽量大的衰减，在频率估计值不够精确时也不影响基波相位信息。

对于任意的窗函数 $\omega(t)$，用傅里叶变换可求得其谱函数 $W(\omega)$，如果把时窗的中心移到 t_0，则 $\omega(t-t_0)$ 的谱函数变为 $W(\omega)e^{-j\omega t_0}$。已经知道采样信号的谱函数为

$X_S(\omega)$，其对应的时域函数为$x_s(t)$，设加窗采样函数为$h(t,t_0)=x_s(t)\omega(t-t_0)$，根据卷积定理得到

$$H(\omega,t_0)=\frac{1}{T_S}\sum_{n=-\infty}^{+\infty}\sum_{m=-M}^{M}\frac{A_m}{2}W(\omega-m\omega_1-n\omega_s)e^{j(\phi_m+\varphi_m)} \tag{3-30}$$

式中，$\varphi_m=-m\omega_1t_0$。

而其原函数

$$h(t,t_0)=\sum_{n=0}^{N-1}x(nT_S)\delta(t-nT_S)\omega(nT_S-t_0) \tag{3-31}$$

采样信号加抗混叠滤波器后，只有$n=0$的主值区W的值不为零。于是

$$\sum_{n=0}^{N-1}x(nT_S)\omega(nT_S-t_0)e^{-j\omega nT_S}=\frac{1}{T_S}\sum_{m=-M}^{M}\frac{A_m}{2}W(\omega-m\omega_1)e^{j(\phi_m+\varphi_m)} \tag{3-32}$$

以计算信号基波的频谱为例，取$m=1$，则$W(\omega-m\omega_1)=W(\omega-\omega_1)$。窗函数$W(\omega)$的形状曲线是一定的，因此测量得到的基波幅值与选取的基波频率ω与实际基波频率ω_1有关，显然准确得到基波频率对于提高幅值测量准确度有很大意义。对于相位的测量准确度来说，窗函数的中心t_0也与频率有关，因此选取的基波频率ω与实际基波频率ω_1如果有偏差，也会影响相位测量的准确度。如前所述，对于一般的互感器校验仪，频率设定在50 Hz产生的测量误差是可以接受的。如果有特别要求，可以通过对采样信号进行分析计算得到频率。数字处理频率计算方法具有误差收敛性好的优点，可以满足频率误差小于0.1%的估算要求，时窗采样信号$u(t)=h(t,t_0)=x(t)p(t)\omega(t-t_0)$的基波频谱为

$$U(\omega_1,t_0)=\frac{1}{2\pi T_S}\sum_{m=-M}^{M}\frac{A_m}{2}W(\omega_1-m\omega_1)e^{j(\phi_m+\varphi_m)} \tag{3-33}$$

如果把$h(t,t_0)$沿时间轴右移1/4个准周期，即$T_q=T_a/4=\pi/2\omega_a$，ω_a为基波频率估计值，可得到信号$v(t)=h(t-T_a/4,t_0)$。根据位移定理，新采样信号的基波频谱为

$$V(\omega_1,t_0)=\frac{1}{2\pi T_S}\sum_{m=-M}^{M}\frac{A_m}{2}W(\omega_1-m\omega_1)e^{j(\phi_m+\varphi_m)}e^{-j\omega_1T_a/4} \tag{3-34}$$

信号$u(t)$和信号$v(t)$的基波相位可以通过上述两式求出，其相位差有如下关系：

$$\arg U-\arg V=\frac{\omega_1T_a}{4}=\frac{\pi}{2}\cdot\frac{\omega_1}{\omega_a} \tag{3-35}$$

于是有

$$\omega_1=\frac{2\omega_a}{\pi}(\arg U-\arg V) \tag{3-36}$$

从以上分析可知，用于计算的采样数与所使用的窗函数有关。但这只是纯数学推演的结果，实际上由于随机误差影响，实验结果与理论值会有偏差，因此以上结论只是一种指导性的意见。为了减小随机误差，应进行多次测量，用统计平均值消除随

机误差。这种数据处理方法已经常在测量中使用,不再作说明。

3.3.2 软件流程

虚拟互感器校验仪的数据处理和虚拟控制面板在 LabVIEW 6i 中实现。用户设置采样频率、每次分析的数据量等参数,程序进程控制和数据存储操作都在虚拟控制面板中完成。整个信号数据采集过程、数据处理及信号特征输出均由 LabVIEW 自带的功能模块完成。

软件流程如图 3-10 所示,开始运行后,装置首先根据设定的参数对采样速率、采

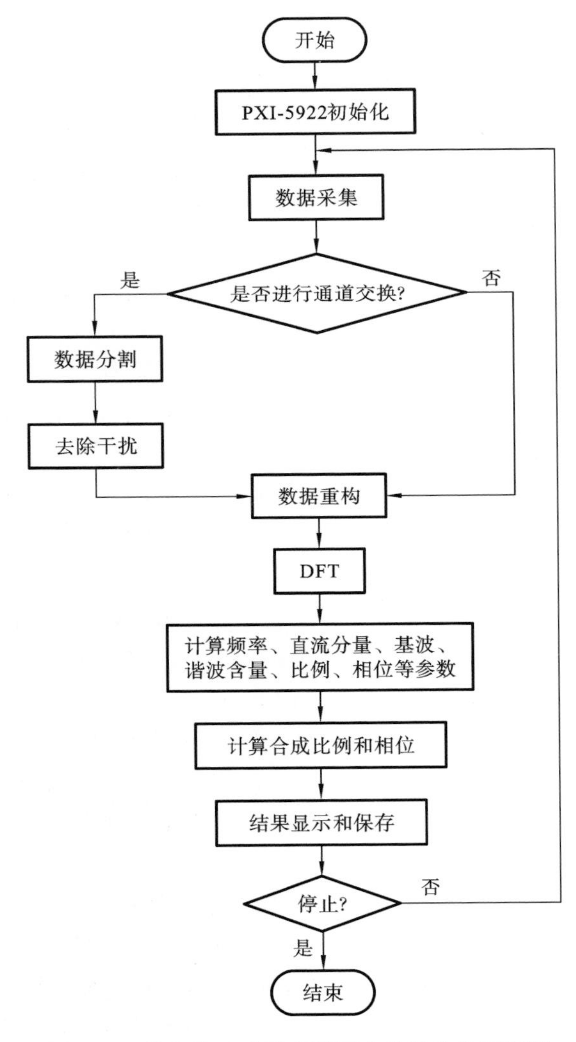

图 3-10 数字比较式互感器校验仪的软件流程图

样周期、时钟信号和触发方式等进行初始化,然后进入主循环,依次执行数据采集、数据预处理、离散傅里叶变换、误差计算,以及结果的显示和保存等任务。数据预处理主要是指在使用通道切换装置时,根据设定的采样周期和通道切换周期,将切换前和切换后的数据分割成两组,并删除开关动作时所采集到的有干扰的数据,然后根据设定的采样速率,将采集的数据重构成时域信号,供离散傅里叶变换(DFT)使用。误差计算是指先分别计算切换前后的比值差和相位差,然后将切换前后的误差进行合成,求得最终的测量结果。

校验软件运行在PC或笔记本上,根据检定方案控制电流源输出需要的测试电流并设置额定负载,通过网口读取互感器校验仪测得的比值误差、相位误差,并判断是否合格。系统集成通信服务器,校验软件运行的PC和整个系统只有一根网线连接。

测试系统软件能够整合整个测试系统,根据用户的测试要求自动完成整个测试流程。测试系统软件提供测试方案编辑功能,允许用户选择测试内容和测试点。

在用户确定了测试内容并完成接线后,点击启动校验,系统将按照测试方案自动控制源输出并完成整个测试流程,测试过程中自动记录测试数据,并根据预设的误差限值判断检定点是否合格,测试过程应尽量减少需要用户参与的环节。

测试方案一般包括如下内容:工频比值误差、相位误差、复合误差测试,测试点编辑;半波比值误差、相位误差、复合误差测试,测试点编辑;谐波比值误差、相位误差、复合误差测试,测试点编辑;工频叠加直流情况下的比值误差、相位误差测试,测试点编辑。

数字比较式互感器校验仪软件是运行在基于Windows操作系统的控制器上的上位机软件,该软件基于LabVIEW软件开发,主要以显示波形和曲线的方式搭建人机界面。考虑选择LabVIEW软件作为开发环境主要有以下因素。

(1) LabVIEW在开发测试软件方面有自己独特的优势,对波形和曲线的显示做了特殊优化,具有资源开销小、运行效率高的特点。LabVIEW对多线程并行计算作了优化,有助于发挥多核X86处理器的性能优势。

(2) 数字比较式互感器校验仪软件需要同时对多个通道及多种指标进行计算、监测、显示处理,如采用常见于简单虚拟仪器开发的串行执行架构,到软件开发后期,就会显得非常难于维护,使增加新功能变得非常困难,存在修改一个功能要在不同地方重复修改多次的问题。

(3) 数字比较式互感器校验仪软件采用事件驱动状态机的软件架构,每增加一个功能,仅需新增或调整几个相关的事件处理程序,不同事件的处理相互独立,降低了功能之间的耦合性,提高了软件的内聚性,使软件变得更容易维护。

数字比较式互感器校验仪上位机界面示例如图3-11所示,其主要包括如表3-1所示的六个部分并具备相应功能。

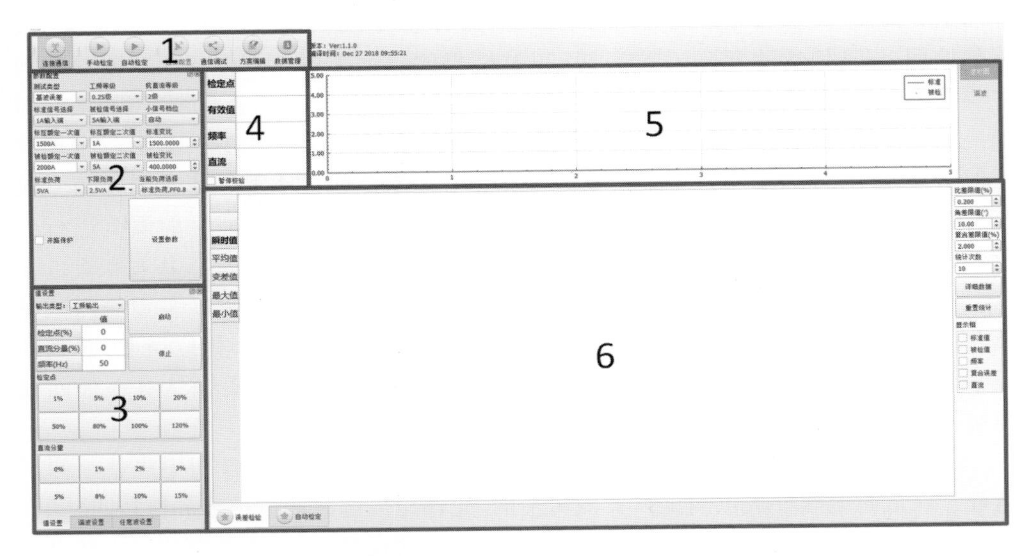

图 3-11 数字比较式互感器校验仪上位机界面示例

表 3-1 校验仪上位机主界面划区

序号	名称	功能描述
1	功能区	可进入校验模式,可编辑方案或配置通信参数
2	参数区	配置与校验相关的参数
3	输出区	控制电流源输出
4	监视区	监视当前输出
5	波形区	显示输出波形
6	数据区	显示校验数据和数据的统计结果

3.4 数字比较式校验仪的性能

时钟同步装置输出秒脉冲同步信号给高速采集卡的外部触发端口,通过高速采集卡的两个模拟量采样端口对标准互感器和被测互感器的二次信号进行同步采样,将采样数据通过 PXI 总线传输到计算单元进行比差(比值差)和角差(相位差)计算。

研制的数字比较式校验仪具有以下特点。

(1) 支持模拟量输出电流互感器的宽频特性校验。

(2) 采用高速采集卡进行模拟量采样,最大采样频率为 15 MHz,1 kHz 下的交流幅值测量精度优于 5×10^{-4}。

(3) 整体准确度等级满足 0.05 级要求。

(4) 支持原始记录数据存储及报告导出功能。

3.4.1 数字比较式校验仪的误差来源

在周期信号状态下,数字比较式校验仪采用频域处理方法可以获取采样信号的全部信息,但是在实际电网中,电压的频率和电流的幅值达不到足够好的周期性,其波动周期可以低到 1 Hz 以下,如果按 50 Hz 周期信号的方法处理,必然有很大的误差。实际可能产生的误差有两部分,一是由算法引起的误差,这种误差与信号的频率波动、波形、采样频率、非同步采样、采样点数据丢失、插值算法误差等因素有关;另外是浮点数运算时的有效位误差,为计算机系统固有误差,可以说是截断误差。下面对这些误差进行详细分析。

1) 直流失调误差

有源模拟电子器件一般很难做到完全对称,会有直流失调电压或直流失调电流输出。无论是运算放大器还是 A/D 都存在直流失调输出,只是直流失调量很小,如果软件不对直流做滤除,该直流分量会叠加到有用的交流信号上,造成失调误差。

设交流电压的有效值为 V,交流电流的有效值为 I,电压的直流失调量为 V_{os},电流的直流失调量为 I_{os},则含有直流失调量的电压信号有效值为

$$V=\sqrt{\frac{1}{T}\int_{0}^{T}u^{2}\,\mathrm{d}t}=\sqrt{V^{2}+V_{os}^{2}} \tag{3-37}$$

所以,直流分量对有效值的误差为

$$\varepsilon_{v}=\frac{\sqrt{V^{2}+V_{os}^{2}}-V}{V}=\sqrt{1+\left(\frac{V_{os}}{V}\right)^{2}}-1 \tag{3-38}$$

设 $x=V_{os}/V$,则 $\varepsilon_{v}=\sqrt{1+x^{2}}-1=(1+x^{2})^{1/2}-1\approx x^{2}/2$。当 $x\ll 1$ 时,ε_{v} 的收敛速度与 x 的平方的一半成正比,并且造成的误差为正误差。这对于大信号的影响非常小,但是对于 S 级的互感器在小信号时的影响就比较明显。从以上结果可知,失调电压对电压的有效值的影响在低端比较明显。

2) 非同步采样引起的误差分析

所谓的同步采样就是要求采样率(采样频率)f_{s} 被信号频率 f 整除,并且采样间隔是等间隔。同步采样要求在采样的过程中实时跟踪信号的频率并动态调整采样率 f_{s},确保 $f_{s}=N*f$,这是目前使用微处理器的电能测量装置中普遍采用的采样方案。它的优点在于当满足信号频率小于采样率的 1/2 时,理论上没有测量方法误差。

从周期信号的复原与频谱分析角度来看,当采样率和信号基频不同步时,模拟信号用离散信号代替会出现泄漏误差。

减少非同步误差的方法很多，最简单的方法就是直接在时域加大计算窗口，也可以在时域上对频率偏差进行校正，或在频域上进行加窗修正。其中，最适合的当属20世纪80年代初清华大学的戴先中先生提出的准同步采样法。

准同步采样法通过增加每周期的采样点和采样周期，并采用数值积分公式进行迭加运算，获得对采样信号平均值的高准确度估计，以达到消除同步误差的目的。使用该方法时只需要预先知道频率的一个大概数值，也就是令频率在一定的范围内（45～55 Hz），就可以得到很好的结果。

3）采样频率误差分析

根据香农采样定理，在进行模拟/数字信号转换时，当采样频率为信号中最高频率的2倍时，采样之后的数字信号完整地保留了原始信号中的信息，实际上采样频率至少要为信号中最高频率的2倍，一般要到4倍以上，否则，考虑到A/D的量化误差、计算机运算精度及采样点的初始相位等因素，在2倍的时候是很难还原的，比如采样的两点刚好落到0°和180°的过零处，这样A/D的采样值为0，信号无法完全复原。

前文也分析过了在电网的暂态过程或畸变负荷下有可能有低至1 Hz的信号，而我们一般只会用几个基波周期信号来作积分，这样低频信号就会有截断误差，不同的采样率将表现为不同的精度。所以当基波的信号频率为50 Hz时，且只存在整数倍的谐波（频率小于采样率的1/2）时，不同采样率的精度才是一样的。

以叠加指数衰减波的交流信号为例，通过Matlab仿真得到的不同采样率的有功功率误差如表3-2所示。

表3-2　不同采样率的有功功率误差

采样点数	40	80	256
点积和误差/(%)	−5.8156	1.3337	−0.142
辛普森误差/(%)	0.09058	−0.01819	0.00016128

由表3-2可知，采样率（采样点数）越高误差越小。综上所述，数字比较式互感器校验仪为了达到最佳测量效果，采用高速A/D芯片和多倍过采样技术扩展带宽，以提高测量精度，同时采用FIR滤波器提高动态范围和信噪比，为了提升稳定性，校验仪内部一般通过软件对通道传感器和转换部件进行数字校准。

3.4.2　频率响应特性测试

对互感器校验仪在测量0∶1和1∶1标准比例时的频率特性进行了测试。在1∶1测量时，将由信号发生器产生的3 V电压信号施加在两个输入通道，记录校验仪测得的比值差$\Delta\Gamma_b$和相位差$\Delta\varphi_b$；然后将信号发生器产生的信号经过通道切换装置施加在两个输入通道，记录校验仪测得的比值差 $\Delta\Gamma_a$ 和相位差 $\Delta\varphi_a$。在 0：1 测量时，通道 A 仍然按照上述方法接线，将通道 B 短路。1：1 测量时校验仪相位差和比值差的频率特性见图 3-12，在 0：1 测量中，由于输入信号为零时相位是一随机量，因此仅给出比值差的测量结果，见图 3-13。

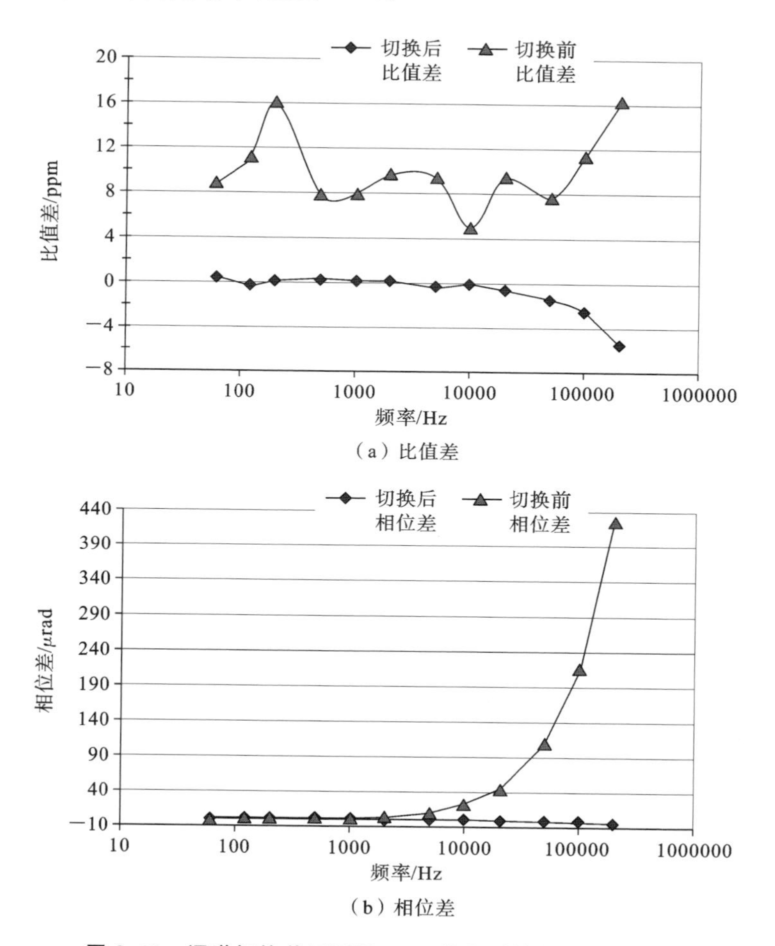

（a）比值差

（b）相位差

图 3-12 通道切换前后测量 1：1 信号时的频率响应特性

从以上结果可以看出：① 在 1：1 测量时，经过通道切换以后，校验仪的比值差和相位差均大幅改善，在频率为 60 至数千赫兹范围内误差小，曲线平坦，能够满足宽频校验仪的需要；② 在 0：1 测量时，可以看到，切换后的比值差反而不如切换前，这是因为一方面采集卡本身性能较好，不需要切换就可以达到较高的准确度，另一方面，当两个通道的输入信号相差较大时，通道切换模块所采用元器件本身的线性度和漂移会导致交换前后两种状态下各元器件的误差相差较大。

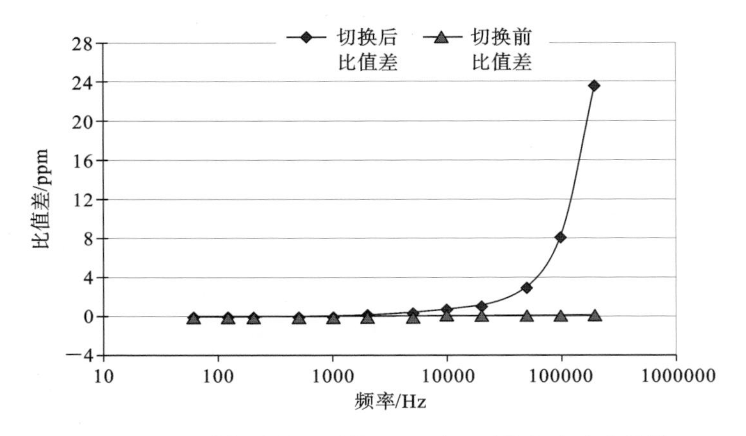

图 3-13 通道切换前后测量 0∶1 信号时的频率响应特性

3.4.3 相位测试

用校验仪测量由双通道输出的标准电流源产生的相位，标准电流源和高精度数字万用表同时作为参考系统进行测量。在交换前的测试中，两个信号直接施加在校验仪的两个通道；在交换后的测试中，两个信号通过通道切换装置后施加在校验仪。改变两个信号之间的相位，得到如图 3-14(a)和图 3-14(b)所示的测量结果。

由图 3-14(a)和图 3-14(b)可以看出，通道切换后校验仪的比值差和相位差明显下降，但是切换前后的比值差和相位差都随着相位的改变而波动。当被测信号相位为 0°、±90°和 180°时，校验仪的误差(比值差)最小，约为 1×10^{-7}，当被测信号相位为±45°和±135°时，误差最大，约为 7×10^{-6}。这一波动应该是由校验仪自身的设计缺陷造成的，但是对于互感器而言，其相位差一般较小，这一误差对互感器的影响一般可忽略不计。

3.4.4 比例测试

用校验仪和高精度数字万用表测同一感应分压器，以高精度数字万用表的测试结果作为参考，可求得校验仪测量不同比例时的误差。试验结果如图 3-15 所示。从图中可以看出，当被测电压比例在 0.05～1 之间变化时，校验仪的误差基本小于 1×10^{-6}，且随着比例的增大，误差趋于减小且更加稳定，因此在使用时，宜将两通道的输入电压比例控制在 0.5～1 之间。

3.4.5 短期稳定性测试

在短期稳定性测试中，将工频信号通过切换装置施加在校验仪上，提供标准的 1∶1 信号，连续测试 64 h 左右，试验结果如图 3-16 所示。从图中可以看出，在整个

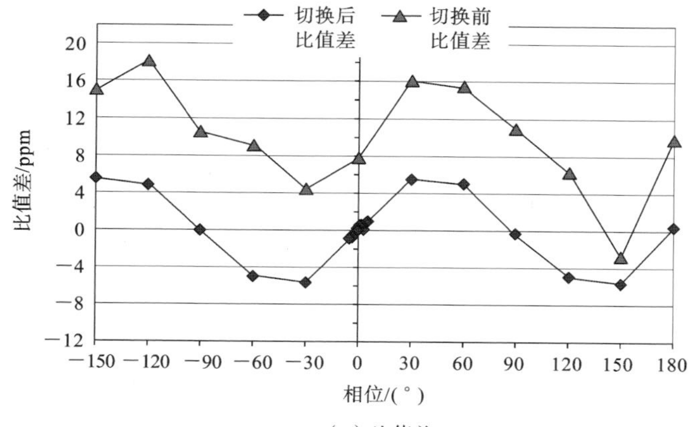

（a）比值差

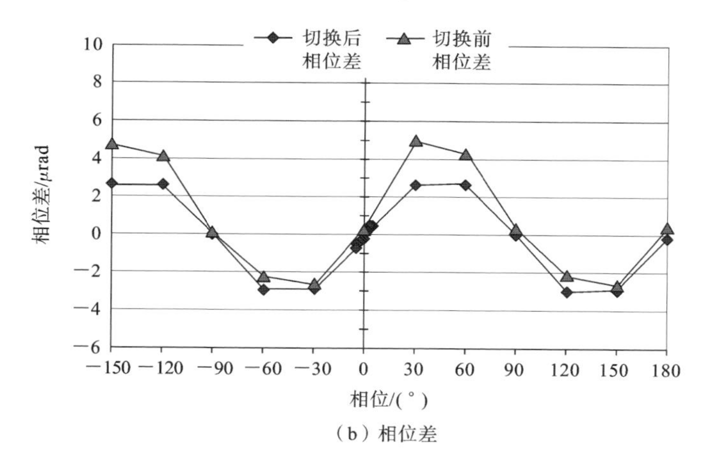

（b）相位差

图 3-14　通道切换前后比值差与相位差

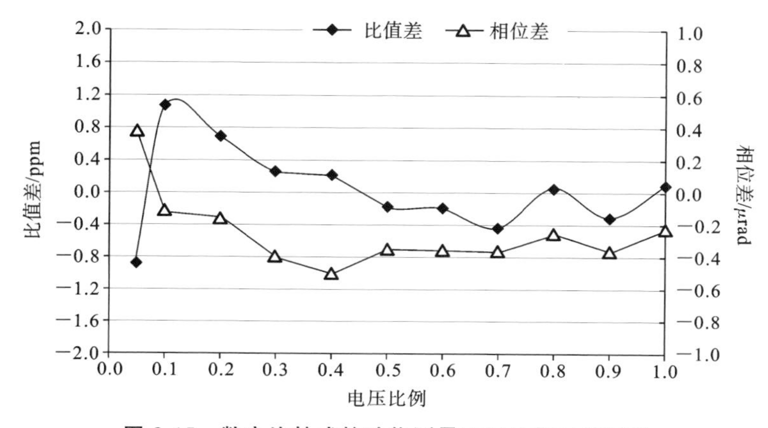

图 3-15　数字比较式校验仪测量不同比例时的误差

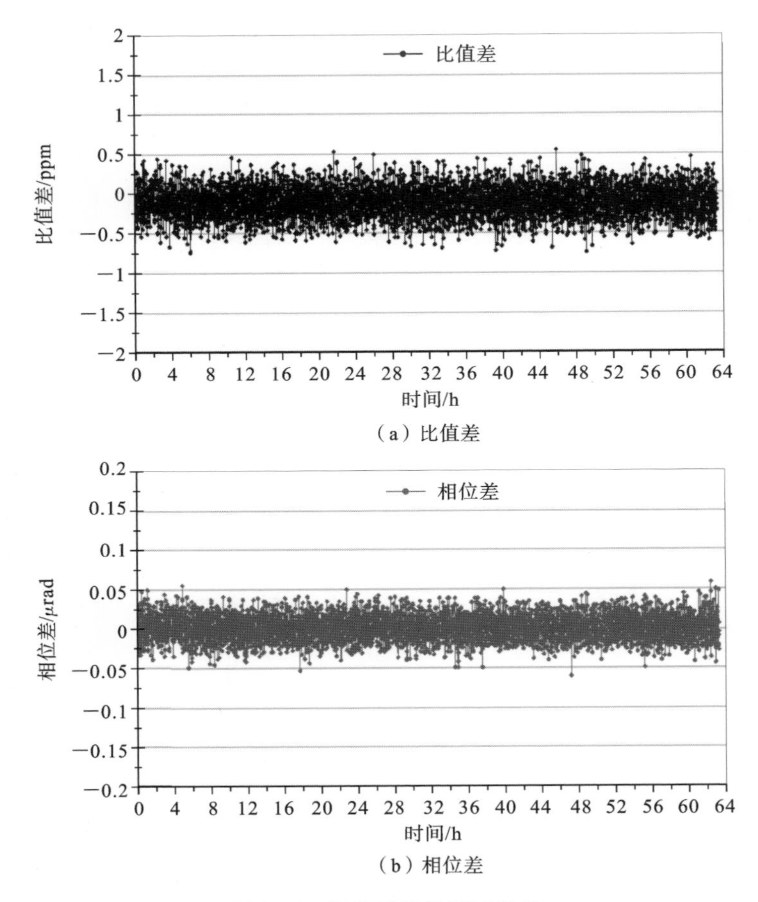

(a) 比值差

(b) 相位差

图 3-16 短期稳定性测试结果

试验过程中，校验仪的比值差小于 1×10^{-6}，相位差小于 1×10^{-7} rad。其短期稳定性可表示为

$$S_{\Delta\Gamma}=(\Delta\Gamma_{\mathrm{MAX}}-\Delta\Gamma_{\mathrm{MIN}})/T=0.02\ \mathrm{ppm/h}$$

$$S_{\Delta\varphi}=(\Delta\varphi_{\mathrm{MAX}}-\Delta\varphi_{\mathrm{MIN}})/T=0.002\ \mu\mathrm{rad/h}$$

3.5 数字比较式校验仪的应用和溯源

3.5.1 交流/直流互感器的数字比较法校验接线图

采用数字比较法检定交流/直流电流互感器误差的线路如图 3-17 所示，交流/直流电流标准器和被校交流/直流电流互感器一次接线端串接，数字比较式互感器校验

仪分别测量交流/直流电流标准器和被校交流/直流电流互感器的输出信号，计算得到电流上升和下降时各测量点的误差。

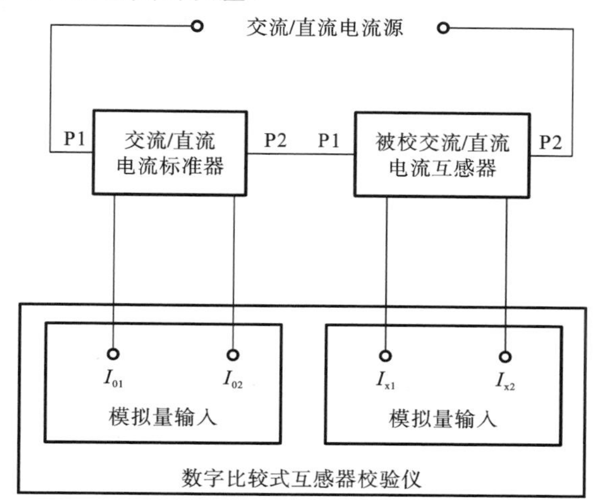

图 3-17　交流/直流电流互感器数字比较法检定接线图

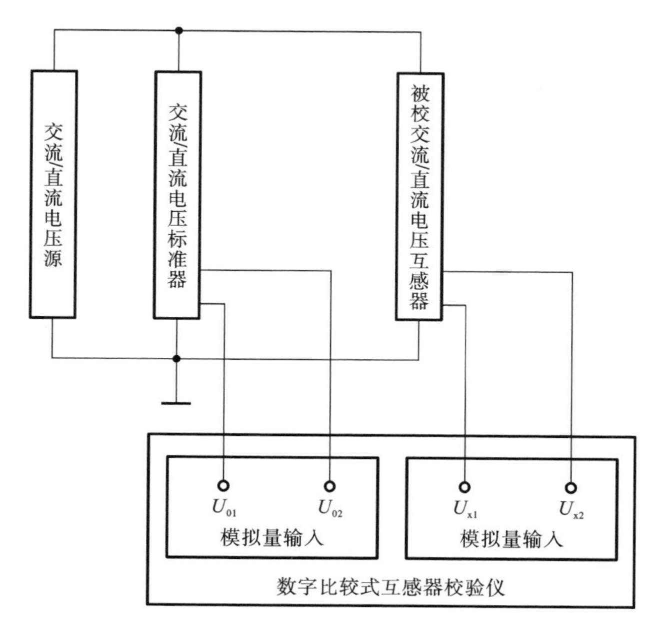

图 3-18　交流/直流电压互感器数字比较法检定接线图

采用数字比较法检定交流/直流电压互感器误差的线路如图 3-18 所示，交流/直流电压标准器和被校交流/直流电压互感器一次接线端串接，数字比较式互感器校验仪分别测量交流/直流电压标准器和被校交流/直流电压互感器的输出信号，计算得到电压上升和下降时各测量点的误差。

3.5.2 数字比较法与模拟比较法数据比较

数字比较式互感器校验仪可依据 DL/T 1394—2014《电子式电流、电压互感器校验仪技术条件》进行生产制造。使用模拟比较法校验装置和数字比较法校验装置对不同变比的电流互感器的误差进行测试（由于目前常规模拟比较法校验装置只能工作在 50 Hz，因此仅比对工频试验数据），试验设备参数和结果数据如表 3-3 和表 3-4 所示。

表 3-3 两种校验系统设备参数

名称	模拟比较法校验装置	数字比较法校验装置
标准器	自升流标准电流互感器： 5～1000 A/5 A，0.05S 级	磁通门传感器： 100 A/1 A、500 A/1 A、2000 A/1 A，0.01S 级
校验仪	模拟比较式校验仪： 2 级，DK-45K1	数字比较式校验仪： 0.05 级，DK-56Hplus
负荷箱	电流互感器负载箱：5 A、1 A，3 级	

表 3-4 两种校验系统结果数据

校验装置名称				试品互感器		标准器	
模拟比较法校验装置				编号：0200000004 变比：200/5		编号：635119002 变比：200/5	
数字比较法校验装置						编号：0051100188 变比：100/1、500/1	
测量点/(%)		1	5	20	100	120	负荷
比值差/(%)	模拟比较法	+0.0859	+0.0950	+0.0802	+0.0830	+0.0866	5 V·A $\cos\varphi=0.8$
	数字比较法	+0.0916	+0.1056	+0.0874	+0.0958	+0.0971	
	差值	+0.0057	+0.0106	+0.0072	+0.0128	+0.0105	
	差值限值	±0.15	±0.07	±0.04	±0.04	±0.04	
相位差/(′)	模拟比较法	+9.1150	+6.9376	+4.2288	+1.7153	+2.2351	
	数字比较法	+8.786	+7.400	+4.394	+2.109	+1.799	
	差值	−0.329	+0.462	+0.165	+0.394	−0.436	
	差值限值	±6	±3	±2	±2	±2	

续表

比值差/(%)	模拟比较法	/	+0.1099	+0.1016	+0.0955	/	2.5 V·A $\cos\varphi=1.0$
	数字比较法	/	+0.1164	+0.1167	+0.1106	/	
	差值	/	+0.0065	+0.0151	+0.0151	/	
	差值限值	/	±0.07	±0.04	±0.04	/	
相位差/(′)	模拟比较法	/	+5.0532	+3.4919	+1.3748	/	
	数字比较法	/	+4.989	+3.540	+1.313	/	
	差值	/	−0.064	+0.048	−0.062	/	
	差值限值	/	±3	±2	±2	/	
校验装置名称				试品互感器		标准器	
模拟比较法校验装置				编号:0400000007 变比:400/5		编号:635119002 变比:400/5	
数字比较法校验装置						编号:0051100188 变比:100/1、500/1	
测量点/(%)		1	5	20	100	120	负荷
比值差/(%)	模拟比较法	+0.0927	+0.0575	+0.0449	+0.0576	+0.0580	5 V·A $\cos\varphi=0.8$
	数字比较法	+0.0586	+0.0685	+0.0478	+0.0637	+0.0646	
	差值	−0.0341	+0.0110	+0.0029	+0.0061	+0.0066	
	差值限值	±0.15	±0.07	±0.04	±0.04	±0.04	
相位差/(′)	模拟比较法	+7.7032	+5.8892	+3.3647	+1.1079	+0.9555	
	数字比较法	+6.707	+5.721	+3.430	+0.931	+0.908	
	差值	−0.996	−0.168	+0.065	−0.177	−0.048	
	差值限值	±6	±3	±2	±2	±2	
比值差/(%)	模拟比较法	/	+0.0703	+0.0532	+0.0631	/	2.5 V·A $\cos\varphi=1.0$
	数字比较法	/	+0.0732	+0.0606	+0.0700	/	
	差值	/	+0.0029	+0.0074	+0.0069	/	
	差值限值	/	±0.07	±0.04	±0.04	/	
相位差/(′)	模拟比较法	/	+4.3674	+2.4133	+0.6607	/	
	数字比较法	/	+4.187	+2.600	+0.951	/	
	差值	/	−0.180	+0.187	+0.290	/	
	差值限值	/	±3	±2	±2	/	

3.5.3 抗直流电流互感器的误差校验

一次电流中的直流分量对电流互感器的计量性能会产生较大影响。目前，研究发现，对一台电流互感器在额定电流下施加1%的直流电流，比差向负的方向偏移超过0.3%。近年来某些非线性负载接入电网造成计量点电流的直流分量含量较大，部分计量点直流电流含量甚至超过了10%，已发现有低压计量用互感器在正弦半波电流下比差超差60%以上，角差超差8°以上。

对铁芯开口可削弱直流偏磁的影响。苏联在20世纪70年代提出了开口电流互感器的设计，并将其应用在电力系统的保护中。建立二次侧带负载条件下的开口电流互感器解析模型，可得到一次侧与二次侧实际电流变比及相位变化的规律，这为抗直流偏磁(DBI)型电流互感器的设计提供了理论依据。

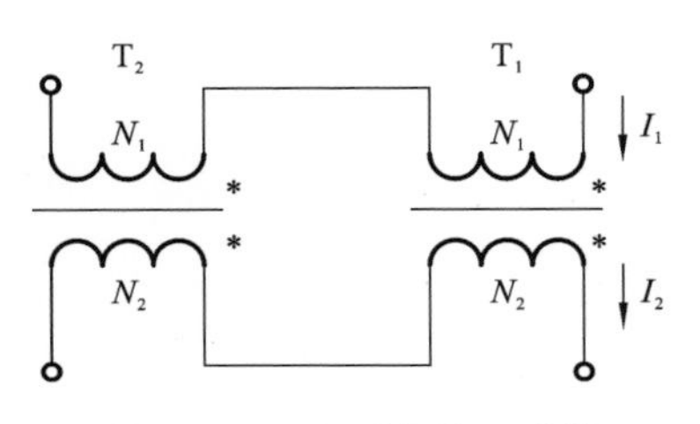

图 3-19 DBI型电流互感器等效原理图

据此，研究人员提出一种结合气隙电流互感器和普通电流互感器的双铁芯DBI型电流互感器，等效原理如图3-19所示，右边的是普通电流互感器 T_1，左边的是气隙电流互感器 T_2。

在正常交流电流下，互感器 T_1 在接近饱和点以前的磁导率 μ_1 远远大于带气隙的互感器 T_2 的磁导率 μ_2，使得 T_1 的励磁阻抗远大于 T_2 的励磁阻抗，互感器的整体误差主要取决于互感器 T_1。随着一次电流中的直流分量逐步增大，互感器 T_1 的铁芯开始饱和，而气隙铁芯还处于线性区工作点，互感器的整体误差由互感器 T_2 决定。目前抗直流电流互感器纯工频电流下的准确度可达到0.2级，在叠加额定电流10%大小的直流电流和半波电流情况下，其变换工频电流的准确度能满足2级(2%，200′)要求。

根据互感器的误差定义，互感器的误差表示方式应是极坐标式。而模拟比较式互感器校验仪原则上还是使用检定直角坐标式校验仪的方法。以电流互感器的误差相量图为例，如图3-20所示，图中，$\overrightarrow{OB}=\dot{I}_{2N}=\dfrac{\dot{I}_1}{K}$，实际上就是标准电流互感器的二次电流，因为 K 是额定电流比，是一个常数，所以没有误差。而检定时使用的标准电流互感器的误差也认为可以小到不计。电流互感器的比值误差是 $f=\dfrac{K\dot{I}_2-\dot{I}_1}{\dot{I}_1}=\dfrac{\dot{I}_2-\dfrac{\dot{I}_1}{K}}{\dfrac{\dot{I}_1}{K}}=\dfrac{\overrightarrow{OA}-\overrightarrow{OB}}{\overrightarrow{OB}}$，相位误差是 $\delta=\angle AOB$。因为相量 $\dot{I}_2$ 超前相量 $\dot{I}_{2N}$，所以 δ 取正值。

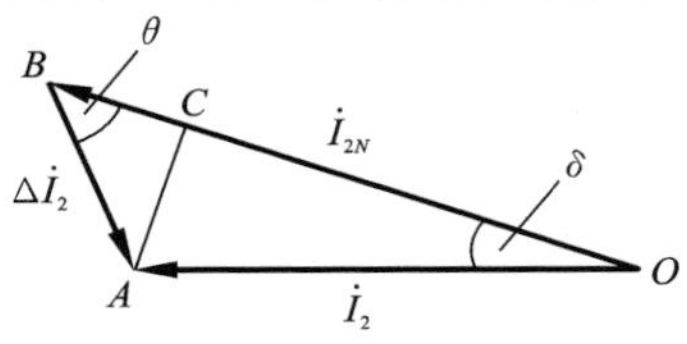

图 3-20 电流互感器的误差相量图

采用直角坐标系的模拟比较式互感器校验仪用同相分量和正交分量表示交流误差，从电流互感器的误差相量图可以知道，当相位差为 δ 时，对应的正交分量示值为 $\sin\delta$，按幂级数在零点展开有

$$\sin\delta=\delta-\frac{\delta^3}{3!}+\frac{\delta^5}{5!}-\cdots \tag{3-39}$$

取第二项估算当 $\sin\delta\approx\delta$ 时引入的相对误差，得 $\gamma=\delta^3/6$，若要求相对误差不大于0.1%，则 $\delta<0.077$ rad。抗直流互感器校验仪相位误差限值最大为200′，相当于0.06 rad，对比值差的影响约为 $1-\cos\delta\approx\delta^2/2=0.2\%$，对于准确度为1级的校验仪已达到其误差限值的1/5，可以认为这是采用直角坐标系的模拟比较法误差测量的上限。因此，数字比较式校验仪在进行校验时，标准器变比可以与被试互感器不同，其适应工况更广泛，此外，其也适用于校验误差限值较大的抗直流互感器和谐波互感器等。

对于抗直流互感器，除了要进行工频误差试验外，还需要进行交直流误差试验和半波误差试验，考虑到上述误差限值，交直流误差试验和半波误差试验必须采用数字比较式校验仪进行。

以一台变比为500/5的抗直流电流互感器为例，采用如图3-17所示的线路检定其误差，只是将标准器换成交直流通用电流标准互感器，结果数据如表3-5所示。

表3-5 抗直流电流互感器误差数据

工频误差数据						
测量点/(%)	1	5	20	100	120	二次负荷/V·A
比值差/(%)	0.042	0.021	0.019	0.037	0.038	5
相位差/(′)	5.98	5.17	3.53	1.25	1.25	
比值差/(%)	0.061	0.045	0.045	0.048	0.050	2.5
相位差/(′)	4.07	3.83	3.09	1.87	1.34	
工频叠加10%直流分量误差数据						
测量点/(%)	/	5	20	100	120	二次负荷/V·A
比值差/(%)	/	0.078	0.078	0.104	0.104	5
相位差/(′)	/	35.05	83.37	115.36	115.37	
比值差/(%)	/	0.086	0.107	0.159	0.159	2.5
相位差/(′)	/	28.17	62.19	85.47	85.65	

续表

半波误差数据						
测量点/(%)	/	5	20	100	120	二次负荷/V·A
比值差/(%)	/	0.017	0.014	0.057	0.023	5
相位差/(′)	/	73.00	119.05	124.76	128.59	
比值差/(%)	/	0.046	0.082	0.125	0.104	2.5
相位差/(′)	/	55.13	88.92	92.19	95.66	

3.5.4 电流互感器的谐波误差校验

随着电力电子技术在电力系统的大量应用，非线性负荷数量越来越多，容量也越来越大。国标 GB/T14549—1993《电能质量 公用电网谐波》对公用电网谐波电压的限值及注入公共连接点的谐波电流允许值进行了规定，技术上通过在电网中增设适当的无源 LC 滤波装置及有源滤波装置 APF 可在一定程度上有效抑制谐波。然而，受经济效益和技术制约，部分新能源发电企业和非线性用户注入公共连接点的谐波电流超过了国标的允许值。谐波大量注入电网，电力系统电压、电流波形发生严重畸变，特别是电流。谐波使公用电网中元器件产生附加的谐波损耗，降低了发电、输电和用电设备的效率；谐波影响各种电气设备的正常工作，使电机产生机械振动、噪声和过电压，使变压器局部严重过热；谐波会引起公用电网中局部的并联谐振和串联谐振，并可能引起严重事故。

谐波电流的监测、治理和电能计量对谐波电流的准确测量提出了更高的要求。对于计量领域来说，大多数计量设备是专门针对工频正弦波设计的，谐波有可能造成不正确的测量结果。对电网中电流进行测量时，对于作为中间桥梁的电流互感器，其准确变换一次谐波电流的性能至关重要。

当系统中存在高次谐波时，需要在电磁式电流互感器的谐波等值电路的基波等值电路上加进绕组电容 C_1 和 C_2，以及绕组间电容 C_{12}，如图 3-21 所示。这些电容对高频特性有着显著的影响，当频率很高时，可能会导致电流互感器的幅值误差和相位差发生变化，其谐波误差的量值大小一般需要通过试验测试确定。

以一台电力用 600 A/5 A 电流互感器为例，采用如图 3-17 所示的线路检定其误差，其中，标准器换成谐波电流比例标准器，在谐波电流下进行误差校验，被校电流互感器的二次负载为 10 V·A，功率因数为 0.8，其校验数据如表 3-6 所示。从试验数据来看：随着频率的升高，比差往负方向变，且幅值变大，这与纯阻性负载的特性明显不同，这是因为，随着频率的升高，负载的阻抗也升高，需要铁芯提供更多的励磁电流；随着频率的升高，角差往负方向变，在整个频率范围内，能满足 0.2 级要求。

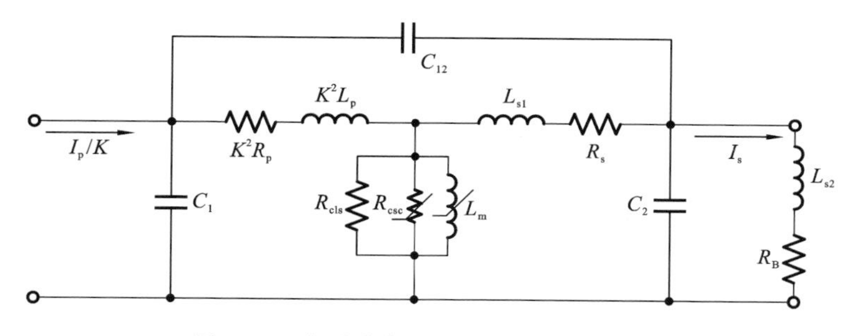

图 3-21 电磁式电流互感器谐波等值电路

表 3-6 电流互感器谐波误差校验数据

频率/Hz	测量点/(%)	比差/(%)	角差/(′)
50	20	−0.047	5.34
	100	0.000	1.24
150	20	−0.024	0.98
	100	0.006	−0.36
350	20	−0.033	−0.80
	100	−0.009	−1.52
650	20	−0.054	−1.71
	100	−0.033	−2.33
1000	20	−0.074	−2.22
	100	−0.066	−2.58
1500	20	−0.096	−2.53
	100	−0.091	−2.83
2000	20	−0.113	−2.71
	100	−0.108	−2.88
2500	20	−0.124	−2.75
	100	−0.120	−2.92

3.5.5 数字比较式校验仪的溯源

用于数字比较式校验仪检定的标准器可以是标准电流源或互感器校验仪整体检定装置，标准器应至少具有两路电流输出端口，标准器在检定环境条件下的实际误差不超过被检校验仪基本误差限值的1/3。当电流百分数小于5%且标准电流源准确度不满足检定要求时，推荐使用整体检定装置进行检定。

为了对数字比较式校验仪进行溯源，需要对其比值差示值误差和相位差示值误差进行定义，即对被检校验仪显示的比值差与对应输入的比值差标准值(参考值)之间的差值进行定义，校验仪比值差示值误差按式(3-40)计算。

$$\Delta f = f_x - f_0 \tag{3-40}$$

式中，Δf 为被检校验仪的比值差示值误差(%)；f_x 为被检校验仪的比值差示值(%)；f_0 为对应输入的比值差标准值(参考值，%)。

相位差示值误差为被检校验仪显示的相位差与对应输入的相位差标准值(参考值)之间的差值，校验仪相位差示值误差按式(3-41)计算。

$$\Delta\delta = \delta_x - \delta_0 \tag{3-41}$$

式中，$\Delta\delta$ 为被检校验仪的相位差示值误差(′)；δ_x 为被检校验仪的相位差示值(′)；δ_0 为对应输入的相位差标准值(参考值，′)。

使用标准电流源作为标准器进行检定的原理线路如图 3-22 所示。标准电流源的电流输出端口 I_1 与校验仪的标准采样单元端口连接，标准电流源的电流输出端口 I_2 与校验仪的被测采样单元端口连接，并按要求接地。根据选取的测量点及其比值差和相位差误差点调节标准电流源输出相应幅值和相位的电流信号 I 及电流信号 $(I+\Delta I)$，分别记录标准电流源的标准值及校验仪的示值，并根据式(3-40)及式(3-41)计算示值误差。

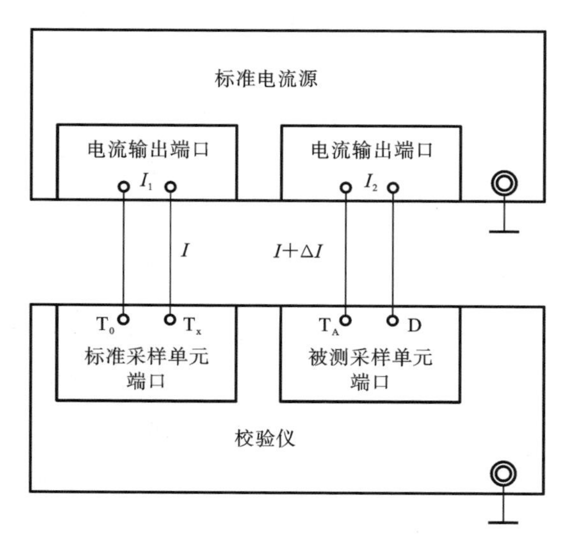

图 3-22　用标准电流源检定校验仪误差的线路

使用标准电流源作为标准器具有如下特点：采用正交驱动器原理的正交分解电路，使正交移相特性好，在 20%～120%额定电流下准确度高，且稳定性好，采用数字合成信号源与系统负反馈功率放大电路，输出信号的稳定度较高；波形畸变系数小；幅频特性与相频特性好，不存在频率误差；实现了数字化操作，使用方便；工作频率范围扩大到 2～50 次谐波，可以兼容半波等周期性波形工况；设备成本很高，长期可靠性一般。

当电流百分数小于 5%且标准电流源准确度不满足检定要求时，推荐使用整体检定装置进行检定。使用整体检定装置作为标准器进行检定的原理线路如图 3-23 所示。整体检定装置的电流输出端口 I_1 与校验仪的标准采样单元端口连接，整体检定装置的电流输出端口 I_2 与差流输出端口 I_Δ 并联后连接至校验仪的被测采样单元端口，并按要求接地。根据选取的测量点，以标准电流为参考调节整体检定装置输出相应的比值差和相位差，分别记录整体检定装置的标准值及校验仪的示值，并根据式(3-40)及式(3-41)计算示值误差。

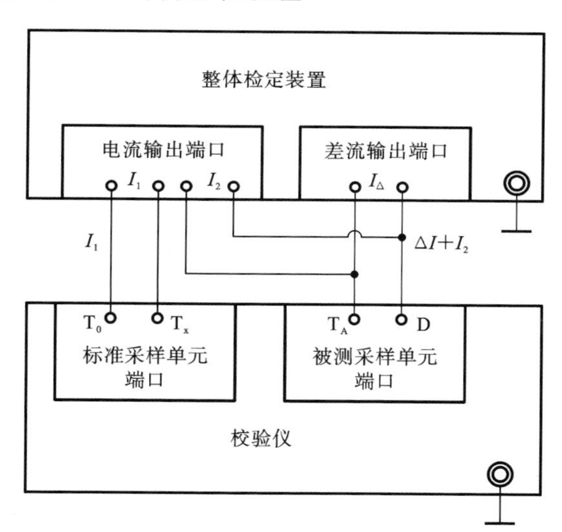

图 3-23　用整体检定装置检定校验仪误差的线路

使用整体检定装置作为标准器具有如下特点：mA 级小电流下准确度高，且稳定性好；需要内部预先设定转换变比以覆盖量程范围，不能兼容非标变比；设备成本较低。

第4章　交流输电系统计量装置误差现场校验技术

互感器校验仪的主要用途是对现场应用的或者在实验室应用的电压互感器和电流互感器进行计量性能检定。为了实现该目的，互感器校验仪须与相关设备构成一套完整的互感器校验装置。由于互感器校验仪的性能指标与相关设备之间存在着密切的技术关联，因此要想正确地研究与理解互感器校验技术，必须对互感器校验装置有基本的了解。

互感器校验装置的基本原理框图如图4-1所示。图中，前四个部分是为了给检定试验提供规定的工作电流/电压而设置的，它们应该具备的基本功能或性能如下：输出电流/电压的波形失真不大于5%；输出电流/电压的频率应该在1%误差范围以内；输出电流/电压的调节应该具有足够的调节细度；产生的电磁场对互感器校验仪测量结果所引起的附加误差应不大于被检互感器误差限值的1/10；应该具有必要的过载保护与安全防护功能。校验装置中的标准器（即标准互感器）可以是标准电流/电压互感器，也可以是其他类型的电流/电压比例标准器，它与被检互感器对互感器校验仪的负载要求，应该符合有关标准的规定。互感器负荷箱给被检互感器提供规定的负载，连接标准器或被检互感器与校验仪的导线的阻抗/导纳大小应符合标准规定，否则将引起不应有的附加测量误差。

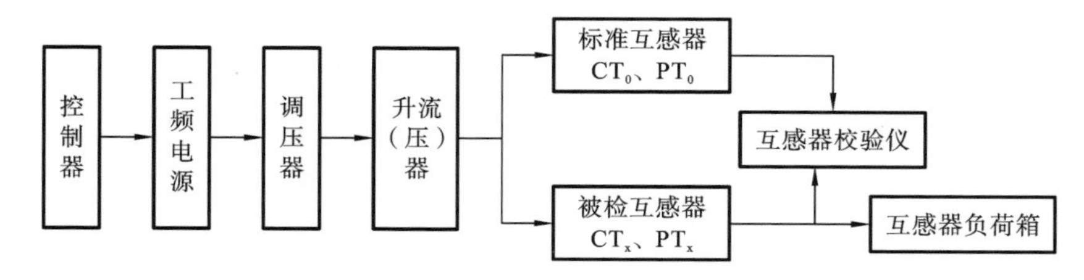

图4-1　互感器（误差）校验装置基本原理框图

电力系统中的高压电流/电压互感器在安装后如果没有发生特别情况，例如损坏事故，将一直在线路上使用，因此检定工作只能在现场进行。电流互感器误差现场校验装置的结构原理如图4-2所示，其中，测量单元由标准电流互感器、互感器校验仪、负荷箱组成；升流单元由调压器、升流器、补偿电容器及控制保护系统组成，其补偿电容器采用了升流器原边并联电容补偿方式。

电压互感器误差现场校验装置主要由测量单元、升压单元及辅助设备等构成。测量单元由标准电压互感器、互感器校验仪、负荷箱组成；升压单元由调压装置、试验

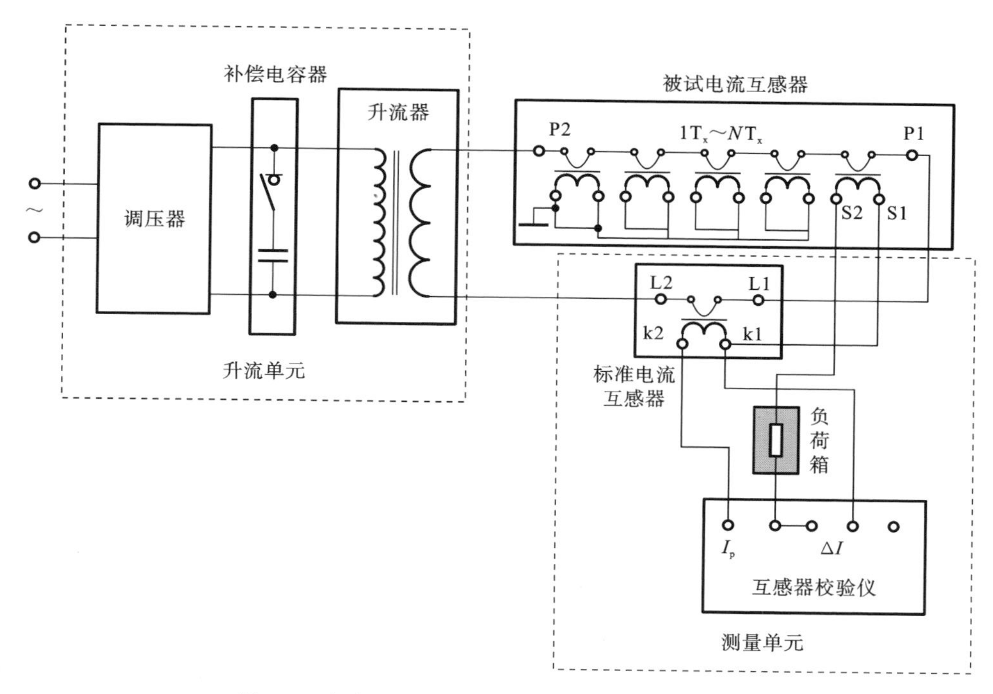

图 4-2　电流互感器误差现场校验装置结构原理图

变压器、励磁变压器、谐振电抗器/电容器、控制保护系统组成。在电压等级在 110 kV 以下的现场校验中，多采用试验变压器作为升压装置，原理如图 4-3 所示。对于更高的电压等级，则会采用串联谐振方式升压，基本原理如图 4-4 所示。

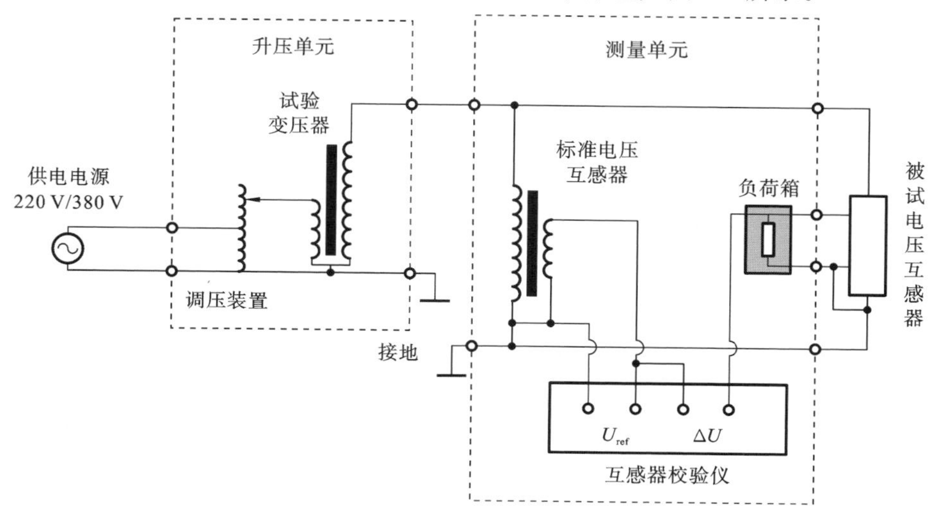

图 4-3　采用试验变压器升压的电压互感器误差现场校验装置结构原理图

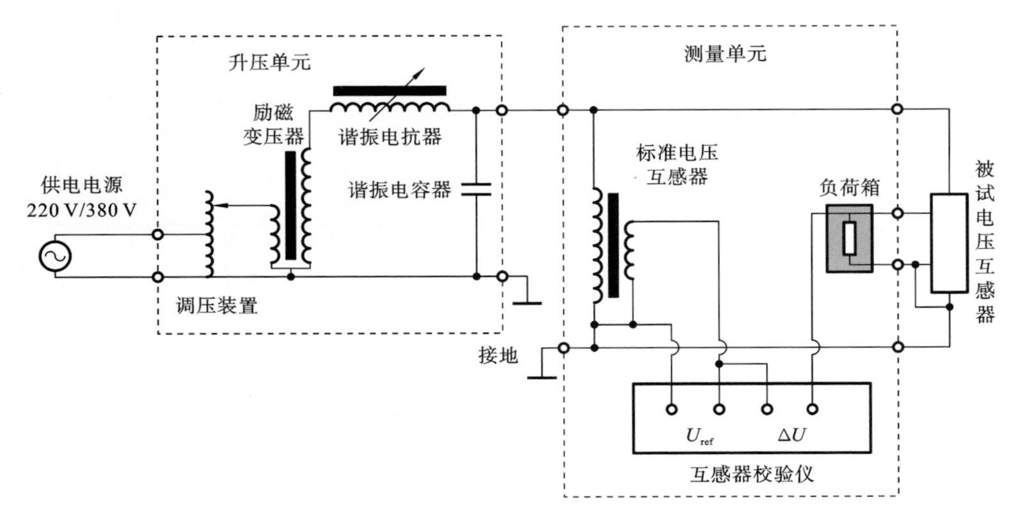

图 4-4　采用串联谐振方式升压的电压互感器误差现场校验装置结构原理图

4.1　现场校验的环境条件和设备要求

4.1.1　环境条件

1）环境温度

目前现场检定（或称“校验”、“试验”、“校准试验”）时使用的电流/电压标准器有精密电流互感器、精密电压互感器和电容分压器等。精密电流/电压互感器在－25～55 ℃的温度范围内被使用可以保持准确度基本不变，只是要注意防止低温引起的漏油或漏气故障。电容分压器有比较大的温度系数，例如 2×10^{-4}，需要在现场校准后使用，以减小实际使用时由于环境温度而产生的附加误差。互感器负荷箱也可采用现场校准后使用的方式，在使用前用互感器校验仪的阻抗和导纳测量回路检验负荷值是否合格。互感器校验仪可以按温度范围设计生产为低温型和常温型产品。低温型校验仪的关键技术是采用能耐低温的液晶显示屏及耐低温且温度系数小的阻抗元件。我国大部分地区一年内的多数时间都可以使用实验室用途的常温型校验仪，根据使用经验，这种校验仪能满足－25～55 ℃的使用条件。

2）相对湿度

现场检定时的相对湿度要求实际上并不是针对电力互感器的，而是针对检定人员和检定设备的。户外型电力互感器可以在淋雨条件下使用，但检定使用的标准设备通常没有防雨设计，不宜在淋雨情况下使用，因此相对湿度不能取到下雨环境时的湿度。如果不下雨，在 95%以下的相对湿度下，检定设备表面基本不会凝露，可以保证检定设备安全可靠使用。

4.1.2 设备要求

1）标准电流/电压互感器

在现场运行的电力互感器的准确度通常是 0.2 级及以下，所以现场检定互感器应使用准确度为 0.05 级或更高等级的标准电流/电压互感器。被检互感器二次额定电流为 1 A 和 5 A，负荷容量一般为 5 V·A。额定一次电流可按配电网和高压电网区分。通常检定配电网电流互感器可使用一次额定电流为 5～600 A 的标准电流互感器，检定高压和超高压电网电流互感器可使用一次额定电流为 300～3000 A 的标准电流互感器。检定发电机出口电流互感器可采用等安匝法。超过 5 kA 的标准电流互感器一般采用级联结构，第一级的额定二次电流为 50 A，然后级联一台 50 A 的标准电流互感器，变换为 1 A 或 5 A 输出。

2）互感器校验仪

目前使用量最大的互感器校验仪是准确度等级为 1～3 级的模拟比较式校验仪，可以满足校验的要求。现场校验电流互感器使用的互感器校验仪比值差示值应能读取到 0.001%，相位差示值应能读取到 0.01′，应能测量额定二次电流 1 A 的 1%点。为了便于进行极性试验和变比测量，宜使用具有宽示值范围的互感器校验仪。另外，为了方便检定人员工作，校验仪应有导纳和阻抗测量功能，示值量程应满足现场电流与电压负荷测量需要。

3）电流/电压负荷箱

由于现场检定的参考气温扩展到－25～55 ℃。现场用互感器负荷箱在这样宽的温度范围要达到要求的准确度需要比实验室用负荷箱采用更好的选型设计。铜的电阻率温度系数比较大，达到 0.004/℃，温度从 15 ℃变到－25 ℃，电阻变化 12%。要降低铜电阻在负荷中所占的分量，就要加大铜线直径。而检定时使用的电流/电压负荷箱，其额定环境温度区间应能覆盖检定时的实际环境温度范围。这样制造厂可以使用现有的材料和工艺，经过选型调试生产出符合现场使用要求的负荷箱，以符合经济合理的需要。用于电力互感器检定的电流/电压负荷箱，在接线端子所在的面板上应明确标有额定环境温度区间、额定频率、额定电流或电压及额定功率因数。电流负荷箱还应标明外部接线电阻数值。如果互感器负荷箱的使用环境温度为 5～35 ℃，则应采用仪用互感器的负荷箱校准，一般而言，互感器负荷箱可以在现场使用互感器校验仪校准，因为对于负荷箱 6%的误差限值，互感器校验仪是可以满足校准要求的。

4.2 交流高压电源及无功补偿技术

4.2.1 串联谐振式交流高压电源

电磁式电压互感器一般用试验变压器施加试验电压，电容式电压互感器需要用串联谐振升压装置或并联谐振升压装置施加试验电压。

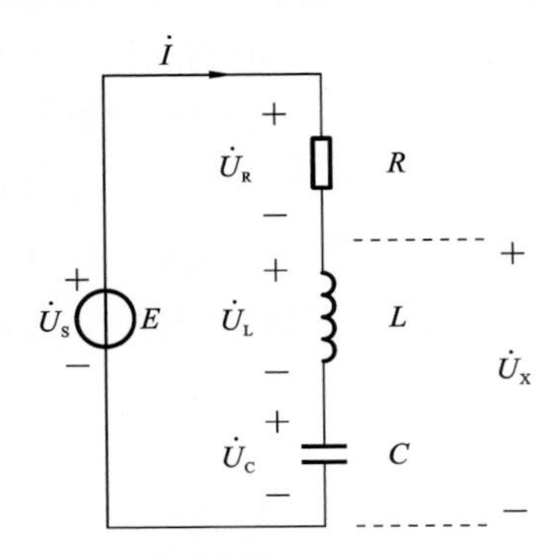

图 4-5 串联谐振升压装置原理图

串联谐振升压装置的原理可用图 4-5 说明。串联谐振回路由升压电源 E，铁芯电抗器 L 与电容式电压互感器的耦合电容器 C 组成。图中，$\dot{U}_S$ 为升压器的二次电势，R 为升压器和电抗器绕组的电阻，L 为电抗器的电感值，C 为耦合电容器的电容量。在电势$\dot{U}_S$ 的激励下，回路产生电流 $\dot{I}$，电流 $\dot{I}$在电容 C 上产生电压降$\dot{U}_C$。

为了减小电网频率变化对试验电压的影响，谐振升压装置一般在失谐状态下工作。谐振回路的一般失谐度用下式定义：$\zeta=\dfrac{X_L-X_C}{R}$。为了便于计算，还定义了相对失谐度 γ，$\gamma=\dfrac{\omega}{\omega_0}-\dfrac{\omega_0}{\omega}$，式中，$\omega_0$ 为回路固有频率，ω 为激励电源频率。γ 和 ζ 有如下关系：$\zeta=\gamma Q$。在失谐情况下，$U_C=IX_C=\dfrac{EQ}{\sqrt{1+\zeta^2}}\cdot\dfrac{\omega_0}{\omega}=\dfrac{EQ}{\sqrt{1+(\gamma Q)^2}}\cdot\dfrac{\omega_0}{\omega}$。当相对失谐度满足 $-10\%<\gamma<10\%$ 时，$\dfrac{\omega_0}{\omega}\approx 1-\dfrac{\gamma}{2}$，于是有 $U_C=\dfrac{EQ\left(1-\dfrac{\gamma}{2}\right)}{\sqrt{1+(\gamma Q)^2}}$。

根据图 4-5 所示的 R、L、C 串联电路，在正弦电压 U 的作用下，其复阻抗为

$$Z=R+\mathrm{j}\left(\omega L-\frac{1}{\omega C}\right)=R+\mathrm{j}(X_L-X_C)=R+\mathrm{j}X \tag{4-1}$$

式中，电抗 $X=X_L-X_C$ 是角频率 ω 的函数，当 ω 从零开始向∞变化时，X 从 $-\infty$ 向 $+\infty$ 变化，当 $\omega<\omega_0$，$X<0$ 时，电路呈容性；当 $\omega>\omega_0$，$X>0$ 时，电路呈感性；当 $\omega=\omega_0$ 时，有

$$X(\omega_0)=\omega_0 L-\frac{1}{\omega_0 C}=0 \tag{4-2}$$

此时电路阻抗 $Z(\omega_0)=R$ 为纯电阻，电压和电流同相，将电路此时的工作状态称

为谐振。式(4-2)就是串联电路发生谐振的条件。由此式可求得谐振角频率 ω_0 如下：

$$\omega_0=\frac{1}{\sqrt{LC}} \tag{4-3}$$

谐振频率为

$$f_0=\frac{1}{2\pi\sqrt{LC}} \tag{4-4}$$

当电源频率一定时，可以调节电路参数 L 或 C 使电路发生谐振。

工程上常用特性阻抗与电阻的比值来表征谐振电路的性能，并称此比值为串联电路的品质因数，用 Q 表示，它是由电路参数 R、L、C 共同决定的一个无量纲的量，即

$$Q=\frac{1}{R}\sqrt{\frac{L}{C}} \tag{4-5}$$

谐振时各元件的电压分别为

$$\begin{cases}\dot{U}_{R0}=R\dot{I}_0=\dot{U}_S\\ \dot{U}_{L0}=j\omega_0 L\dot{I}_0=j\omega_0 L\dfrac{\dot{U}_S}{R}=jQ\dot{U}_S\\ \dot{U}_{C0}=-j\dfrac{1}{\omega_0 C}\dot{I}_0=-j\dfrac{1}{\omega_0 C}\dfrac{\dot{U}_S}{R}=-jQ\dot{U}_S\end{cases} \tag{4-6}$$

即谐振时电感电压和电容电压有效值相等，均为外施电压的 Q 倍，但电感电压超前外施电压 90°，电容电压落后外施电压 90°。而电阻电压和外施电压相等且同相，外施电压全部加在电阻 R 上，电阻上的电压达到了最大值。当电路 Q 值较高时，电感电压和电容电压的数值都将远大于外施电压的值。

在现场检定电容式电压互感器误差时，升压电源宜采用串联谐振方式，其由调压器、励磁变压器和可调电抗器组成，如图 4-6 所示。

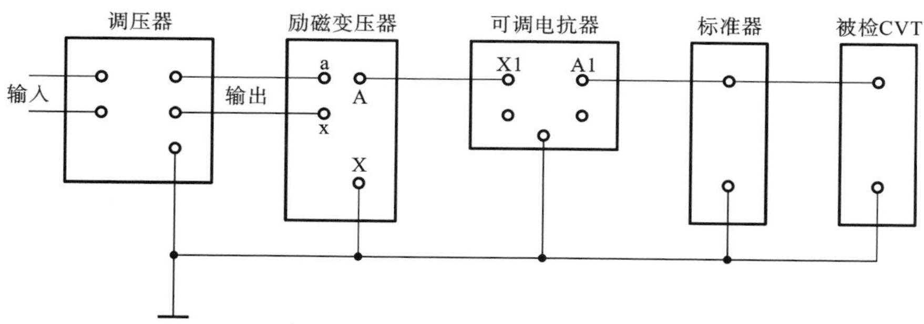

图 4-6　串联升压电路的组成结构

以某 500 kV 电容式电压互感器现场检定用升压电源方案为例，额定电容量为 5000 pF。谐振升压电源的配置如表 4-1 所示。

表 4-1 谐振升压电源的配置

序号	设备名称	主要技术参数	数量
1	调压器	额定容量:20 kV·A	1 台
		额定电压:380 V	
2	励磁变压器	额定容量:20 kV·A	1 台
		输出电压:20 kV	
3	可调电抗器	额定电压:180 kV	2 组
		电流:1 A	
		50 Hz 下匹配电容量:2～10 nF	

如表 4-1 所示，可调电抗器由两 180 kV、1 A 的电抗器串联而成，电抗器调到谐振电容 5800 pF 左右。现场使用的励磁变压器的输入为 400 V，输出为 20 kV，调压控制箱为输入为 380 V、输出为 0～400 V 的电动调压变频调速的单相调压控制电源，带有一次电流监视功能。110％电压点下现场试验参数见表 4-2。

表 4-2 110％电压点下现场试验参数

调压器输出电压	调压器输出电流	励磁变输出电压	一次电压	一次电流
216 V	28.9 A	10800 V	318 kV	578 mA

由上述参数可以计算出系统 Q 值达到了 29.4。

用串联谐振回路产生高电压有如下优点。一是激励电源容量小，例如 PTXJ-500 串联谐振装置只需使用 15 kV·A 的操作电源即可满足 160 kV·A 电容负载的要求。二是短路电流小，当试品出现闪络或击穿时，回路失谐，回路电流近似为激励电势除以电抗值。PTXJ-500 的短路电流只有 0.047 A，不会烧损试品。三是波形畸变小，在谐振回路里，回路的 Q 值很大，除基波外的所有其他谐波都被大幅度衰减。例如当电网三次谐波达到 30％时，经谐振输出的电压中三次谐波分量不超过 0.5％。

图 4-7 所示的是使用 PTXJ-550 串联谐振升压装置和 HJQ-500 标准电压互感器检定 500 kV 电容式电压互感器的现场情况。使用 PTXJ-550 串联谐振升压装置，当试品为 110 kV 等级的时，若电容量为 0.02 μF，则用一台提升架；若电容量为 0.015 μF，仍用一台提升架，同时在升压变压器 YTB18/30 上叠装一台 LZ15/27 电抗器。当试品为 220 kV 等级的时，若电容量为 0.01 μF，则用两台提升架串接；若电容量为0.0075 μF，也用两台提升架串接，同时在升压变压器 YTB18/30 上叠装两台 LZ15/27 电抗器。当试品为 330 kV 和 500 kV 等级的时，若电容量为 0.005 μF，则用四台提升架串接。

有的 110 kV 电容式电压互感器的电容量可达 0.04 μF，此时可以用一台提升架升压，将另一台提升架并接在 CVT 上。有的 220 kV 电容式电压互感器的电容量可达 0.02 μF，此时可以用四台提升架，四台提升架两两串接后，一组用于升压，另一组与 CVT 并接，然后就可以按通常的线路谐振升压。

图 4-7　采用串联谐振升压装置检定 500 kV CVT 的现场情况

当条件许可时，也可以使用发电厂的发电机和变压器提供升压电源，但要求发电机有良好的调压功能，保证能稳定地提供 15%～120% 的试验电压。这种试验方法已经在青海龙羊峡电厂等地有成功的使用经验。

4.2.2　试验变压器原边无功补偿

针对一次回路对地电容量较大的 GIS 内电压互感器的现场检测，可采取工频试验变压器原边无功补偿的方式升压，以减小调压单元及试验电源的容量，实现升压需求。基于工频试验变压器输入侧补偿原理的升压电源包含工频调压单元、工频试验变压器、补偿电感，原理图如图 4-8 所示。

设计输入侧补偿电感时，同容量的补偿电感电压与电流成反比。所以在工频试验变压器输入侧电压不高的情况下，可以采取增加中间侧补偿绕组的方式提高补偿电感的电压，减小补偿电感的电流，原理图如图 4-9 所示。中间侧补偿电感电压不高、绝缘距离小、设计相对容易，因此其可以设计成多组，其单组容量可采用递进式的

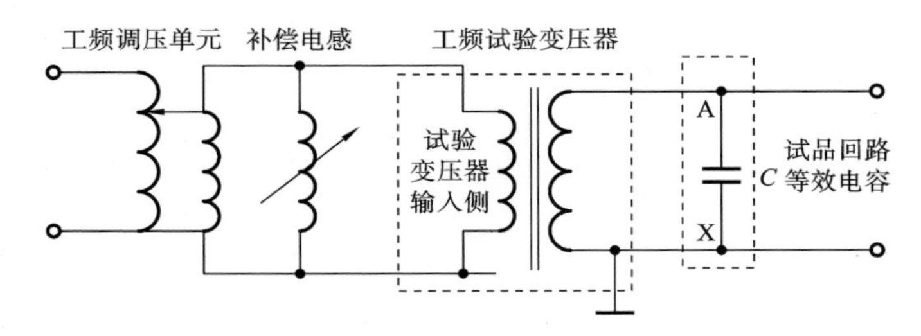

图 4-8 工频试验变压器输入侧补偿升压原理图

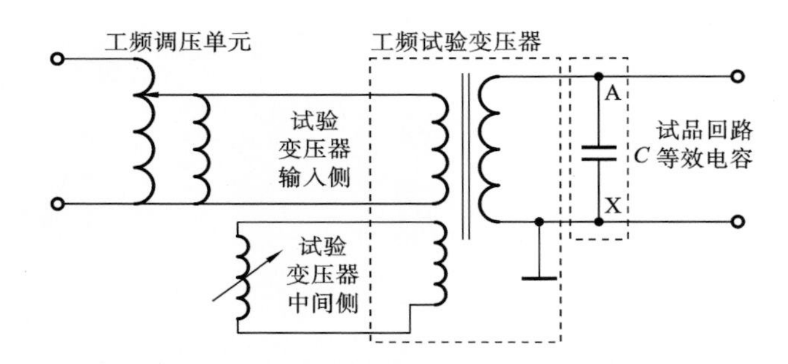

图 4-9 工频试验变压器中间侧补偿升压原理图

设计方式，从而实现宽范围、小细度的补偿。

以某 500 kV GIS 站电压互感器现场检定用升压电源方案为例，该站电压互感器均设置在 GIS 中，本体无套管引出，故不能单独拆分检定，加压点只能选在出线侧套管处，一次试验回路长度将近 200 米，电容量为 10000 pF 左右。在现场进行电压互感器误差检定时，基于工频试验变压器中间侧补偿的升压电源的配置如表 4-3 所示。

表 4-3 基于工频试验变压器中间侧补偿升压电源的配置

序号	设备名称	主要技术参数	数　量
1	调压器	额定容量：50 kV·A	1 台
		额定电压：380 V	
2	试验变压器	额定容量：320 kV·A	1 台
		额定电压：320 V	
3	补偿电感	额定电压：4 kV	1 组(4 台)
		匹配电容量：0～10500 pF	
		最小匹配电容细度：350 pF	

补偿电感由 4 台电感组成，如表 4-3 所示，额定电压为 4 kV，并联于试验变压器中压绕组侧，与这组补偿电感匹配的补偿电容为 10500 pF 的。现场使用的调压控制

箱为输入为380 V、输出为0～430 V的电动调压控制电源，带有一次电流监视功能。在110%电压点下，现场试验参数如表4-4所示。

表4-4　现场试验参数

调压器输出电压	调压器输出电流	一次电压	一次电流
398 V	30 A	318 kV	998 mA

由上述参数可以计算出系统容量为317.4 kV·A，调压器和电源供给容量为11.9 kV·A，补偿电感补偿了系统314 kV·A的容性无功，较大地减小了对调压器和现场电源容量的需求。

4.3　交流大电流源及无功补偿技术

4.3.1　交流大电流源

检定电流互感器的一个重要步骤是在一次电流回路产生大电流，产生大电流除了需要大电流升流器外，大电流导线的正确连接也不可忽略。根据电接触理论，在两块金属板接触表面，在机械压力作用下，会产生许多有一定面积的接触点。电流通过这些接触点时，由于路径弯曲，将产生收缩电阻，电阻大小为$R=\rho/2a$，其中，ρ为导体的电阻率，a是接触点半径。许多微接触点的面积总和相当于材料形变产生的抗压接触面面积，在材料力学中用压力与表示材料硬度的HB值计算。在一定范围内，压力越大，微接触面积越大，接触电阻值越小。在连接导电板时，必须施加足够的压力，使接触压降与电流的乘积(接触点承受的电功率)保持在安全范围。理论计算表明，紫铜接头接触压降不要超过0.1 V，黄铜接头接触压降不要超过0.25 V，否则接触点就会过热，发生氧化甚至熔焊。

一般变电站独立式220 kV电流互感器一次接线端子高度为6～7 m，500 kV电流互感器一次接线端子高度为7～9 m，试验用大电流母线的长度为20～30 m。如果大电流母线按5 A/mm^{2}使用，则每米电阻压降大致为0.1 V，总压降为2～3 V。双线绞合的母线电感压降通常是电阻压降的1～2倍。每个电流母线接线头的压降约有0.1 V。油箱式电流互感器一次绕组阻抗典型值为5 mΩ，倒立式电流互感器一次绕组阻抗典型值为1 mΩ。这样算来，检验额定一次电流为1500 A的倒立式500 kV电流互感器，需要令升流变压器的二次电压为12 V左右，且升流变压器(升流器)及电源的容量不应小于15 kV·A。现场操作电源通常可提供标准为50 A的电流，如果用220 V的单相电源，则容量不足，故应使用380 V的单相电源。也就是说，调压器和升流变压器额定一次输入为380 V。

单台大容量升流变压器很笨重，现在只在实验室使用，现场的升流变压器宜采用多台并串联方式使用，单台升流变压器的容量为 6 kV · A 左右为宜。这样的升流变压器通常每穿心一匝可得到 2 V 电压输出。在选用升流变压器的连接方式时，先用升流器的功率容量除以一次最大电流，得到输出电压。再用输出电压除以每伏匝数得到应穿绕的匝数，二次电压串联的各台升流器的输出电压相加应大于回路需要的电压。如果输出电压有裕度，可以适当减小每台的输出电压，使各台升流器负荷平均。根据上面例子中的参数，可选用三台 6 kV · A 的升流器，每台穿绕两匝提供试验需要的电流。电流母线应互相靠近，必要时可部分绞合，以减小回路电感压降，同时被试电流互感器的非测量二次绕组应短接接地，尽量减小被试电流互感器一次回路的阻抗电压。

电流母线的感抗可以参考两平行输电线的自感抗进行分析。根据电磁学理论，半径为 r、相距为 d 的两平行输电线的自感由内自感与外自感组成。内自感是由导体内部电流均匀分布使得磁场强度沿半径分布不均匀造成的，半径为 x 的圆圈处磁感强度为

$$B=\frac{I\pi x^2}{\pi r^2}\cdot\frac{\mu_0}{2\pi x}=\frac{\mu_0 Ix}{2\pi r^2}$$

单位长度导线环链的磁链为

$$\psi=\int_0^r\frac{x^2}{r^2}B\mathrm{d}x=\int_0^r\frac{\mu_0 Ix^3}{2\pi r^4}\mathrm{d}x=\frac{\mu_0 I}{8\pi}$$

单位长度内自感为

$$L_i=\frac{\psi}{I}=\frac{\mu_0}{8\pi}$$

外自感利用平行线间的磁链计算，平行线之间距一线中心 x 处的磁感强度为

$$B=\frac{\mu_0 I}{2\pi x}+\frac{\mu_0 I}{2\pi(d-x)}$$

单位长度导线圈环链的磁链为

$$\psi=\int_r^{d-r}B\mathrm{d}x=2\int_r^{d-r}\frac{\mu_0 I}{2\pi x}\mathrm{d}x=\frac{\mu_0 I}{\pi}\ln\frac{d-r}{r}$$

自感为

$$L_1=\frac{\mu_0}{\pi}\ln\frac{d-r}{r}$$

内自感和外自感合起来就是

$$L_0=\frac{\mu_0}{\pi}\left(\ln\frac{d-r}{r}+\frac{1}{4}\right)$$

用典型值 $d=1$ m，$r=0.01$ m 计算，取 $\mu_0=4\pi\times10^{-7}$ H/m，得到自感约为 2 μH/m。工频下的电抗为 0.6 mΩ 左右。以检验采用 500 kV 电流互感器时的电流母线为例，如果母线平均间距为 0.1 m，长度为 15 m，则电抗约为 1 mΩ，是电流母线

电阻值的10倍左右。受现场电源条件限制，电流要升到2000 A以上是困难的，一般需要把标准电流互感器和升流器用升降车举升并靠近被检电流互感器的一次接线端子，这样只需要4 m电流母线，四根截面积为150 mm^2的导线并联可以使电流升到3000 A。

4.3.2 大电流试验无功补偿技术

在对现场安装的电流互感器，特别是GIS用电流互感器进行误差检验（校验）时，会存在试验回路长、额定电流大、对升流装置容量要求高的情况。GIS封闭母线的设计电流密度远小于2.5 A/mm^2，因此导体的电阻压降更加可以忽略，不过由于金属外壳及地网存在涡流损耗，等效电阻也相当可观。实测结果表明，长度为150 m的GIS母线消耗的有功功率容量大致为电源提供的无功功率的三分之一。由于线路要求的无功功率很大，最合理的方法是采用谐振电源。从设备的通用性考虑，采用串联谐振线路比并联谐振线路更合适，因为并联谐振线路需要使用升压变压器，它的一次绕组和二次绕组都有电阻损耗，而且它的容量是固定的，要输出不同的电压就要准备多个抽头，这也给制造增加了麻烦。串联谐振线路使用母线型升流变压器，不需要二次绕组，也不需要抽头，容易通过并联和串联多台变压器提供足够的电压和电流。

回路电感计算公式为

$$L=\frac{\mu_0}{\pi}\left[a\ln\frac{2ab}{r_0(a+b)}+b\ln\frac{2ab}{r_0(a+b)}-2(a+b-d)\right]+\frac{\mu_0}{\pi}\left(\frac{a+b}{4}\right) \tag{4-7}$$

式中，$\mu_0=4\pi\times10^{-7}$ T · A/m，r_0为导线杆半径(m)，$d=\sqrt{a^2+b^2}$ (m)。电感测试回路等效图如图4-10所示。

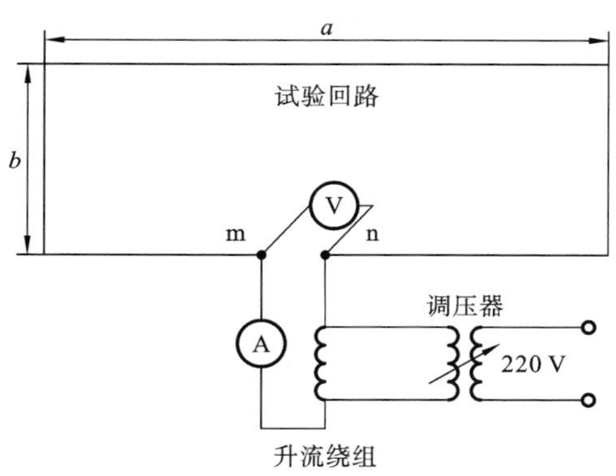

图4-10　电感测试回路等效图

根据试验回路的具体情况，可选择以下补偿方式。

当试验回路较短，回路电感较小时，在升流器一次侧并联电容器进行补偿，无功补偿装置原理图如图4-11所示。

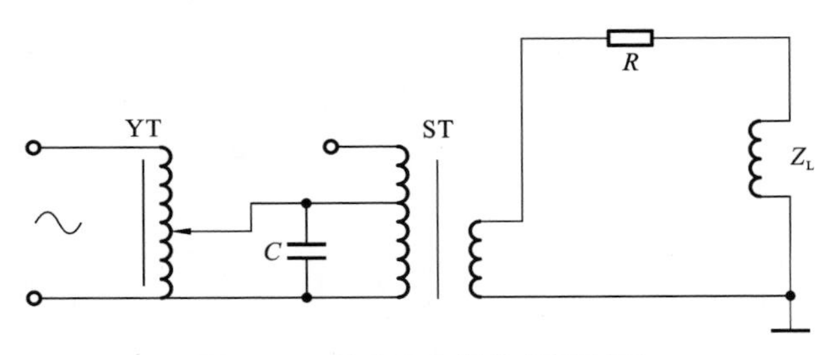

图 4-11 并联电容器补偿原理图

YT——调压器；ST——升流器；C——补偿电容；R——回路等效电阻；Z_L——回路等效感抗

当试验回路较长，回路电感较大时，在升流器二次侧串联电容器进行补偿，无功补偿装置原理图如图 4-12 所示。

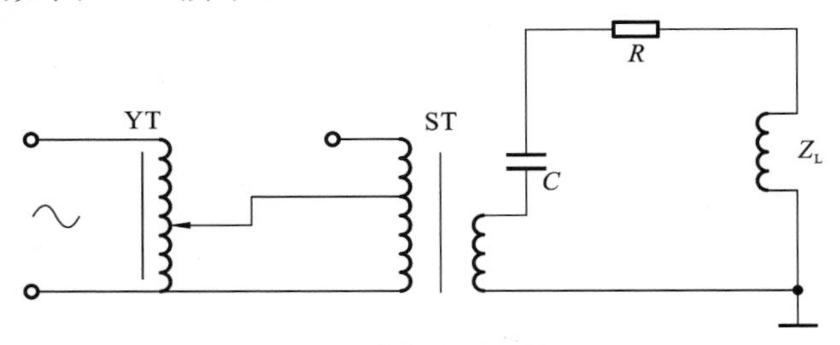

图 4-12 串联电容器补偿原理图

YT——调压器；ST——升流器；C——补偿电容；R——回路等效电阻；Z_L——回路等效感抗

当试验回路较长，回路电感和等值电阻都较大时，可用多台电流升流器并联运行，接线原理图如图 4-13 所示。

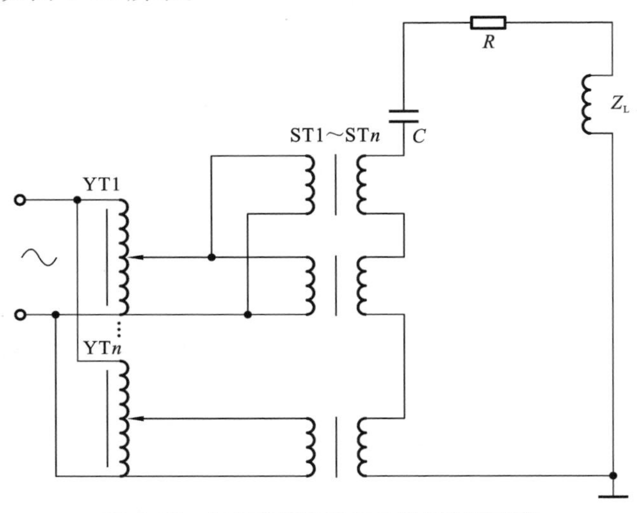

图 4-13 多台电流升流器并联运行原理图

YT1～YTn——调压器；ST1～STn——升流器；C——补偿电容；R——回路等效电阻；Z_L——回路等效感抗

无功补偿装置能减小试验电源的无功损耗，减小试验电源的容量。为达到高效的补偿，无功补偿装置要有足够的补偿细度以方便调节，达到全部或大部分无功补偿的目的，避免过多的欠、过补偿。可以通过串、并联电容器组完成无功补偿电容的实施。

以检定兰州东750 kV变电站GIS中的4000 A/1 A电流互感器为例，试验时采用相邻两相的封闭母线作为电流回路，实测电抗值为48 mΩ。按5000 A电流计算，需要无功功率1200 kW，有功功率为无功功率的三分之一，需要400 kW。需要提供激励电压400 kW/5 kA＝80 V，使用单台6000 A、120 kV·A的升流变压器，升流变压器感应电压为每匝20 V，令6台升流变压器并列升压，降额80%使用。回路需要串入补偿电容器，电容量为0.066 F，由66台1000 μF/600 V电容器并联组成。变电站现场安装的操作电源箱不能提供如此大的容量，为此临时移装了一台10 kV、1000 kV·A的配电变压器供电。

4.4　交流特高压现场一体化试验平台设计

随着国家特高压工程、智能电网建设的推进，以及交直流输电等新技术的应用，电力互感器呈现了高电压、大电流的发展趋势，除工频互感器外，直流互感器、电子互感器、组合互感器等各种类型的互感器也均已广泛使用，变电站的一次设备绝缘类型也从单一的AIS发展到AIS、GIS、MTS等多种绝缘类型。这些新技术的发展应用，给电力互感器特高压现场一体化试验平台提出了新要求。

一体化平台目前主要的形式有三种。第一种是车载一体化集成校验装置，升流/升压单元、测量单元等相关设备均采用一体化设计，安装在一辆车上，使用时，将车辆驾驶到现场，便可开展工作。第二种是平台形式的，升流/升压单元和测量单元等也采用一体化设计，但并不会配备可移动车辆，一般会采用一个集装箱或者敞开式平台，使用时由货车运输至现场。最后一种是使用各种独立设备，各设备分别运抵现场后，根据现场情况将它们组装、连接，以供使用，本书将以一体化互感器校验装置和车载平台为例进行介绍。

4.4.1　参数配置

交流特高压现场一体化试验平台是用于电流/电压互感器现场校验的系统设备，由标准电流/电压互感器、升流/升压装置、互感器校验仪、负载箱、线缆和控制保护系统等构成。不同电压等级、电流范围的现场一体化平台所需要的电源容量是不一样的，本节对不同电压等级、电流范围的现场校验工作所需要的调压器（调压装置）与升流/升压装置的容量、额定值给出了推荐值。所有参数的推荐值均是试验人员根据常年现场工作经验，依据不同校验场景（电磁式、GIS管道型）等给出的。对电压互感器一体化试验平台有需求的单位可以按照不同电压等级选择表 4-5～表 4-8 中的合理配置，对电流互感器一体化试验平台有需求的单位可以按照不同电压等级和电流范围选择表 4-9 中的合理配置。

表 4-5　110 kV 及以下一体化平台参数配置推荐表

电压等级/kV	被试电压互感器类型	组件名称	主要技术参数	数量
6	独立电磁式电压互感器	调压装置（单相调压器）	额定容量：5 kV·A； 输入电压：220 V； 输出电压范围：0～250 V	1
		试验变压器	额定容量：5 kV·A； 输入电压范围：0～250 V； 额定输出电压：10 kV	1
10	独立电磁式电压互感器	调压装置（单相调压器）	额定容量：5 kV·A； 输入电压：220 V； 输出电压范围：0～250 V	1
		试验变压器	额定容量：5 kV·A； 输入电压范围：0～250 V； 额定输出电压：15 kV	1
20、35	独立电磁式电压互感器	调压装置（单相调压器）	额定容量：5 kV·A； 输入电压：220 V； 输出电压范围：0～250 V	1
		试验变压器	额定容量：5 kV·A； 输入电压范围：0～250 V； 额定输出电压：25 kV 和 50kV，多变比	1
35	电容式电压互感器	调压装置（单相调压器）	额定容量：5 kV·A； 输入电压：220 V； 输出电压范围：0～250 V	1
		试验变压器	额定容量：5 kV·A； 输入电压范围：0～250 V； 额定输出电压：25 kV 和 50kV，多变比	1

续表

电压等级/kV	被试电压互感器类型	组件名称	主要技术参数	数量
35	电容式电压互感器	电感固定式或可调式并联谐振电抗器	额定容量:20 kV·A; 额定电压:40 kV; 额定电流:0.5 A	1
66	电容式电压互感器	调压装置(单相调压器)	额定容量:5 kV·A; 输入电压:220 V; 输出电压范围:0～250 V	1
		试验变压器	额定容量:5 kV·A; 输入电压范围:0～250 V; 额定输出电压:50 kV,多变比	1
		电感固定式或可调式并联谐振电抗器	额定容量:35 kV·A; 额定电压:70 kV; 额定电流:0.5 A	1
110	独立电磁式电压互感器和GIS内置电磁式电压互感器	调压装置(三相调压器)	额定容量:20～40 kV·A; 输入电压:380 V; 输出电压范围:0～400 V	1
		试验变压器	额定容量:20～40 kV·A; 输入电压范围:0～400 V; 额定输出电压:80 kV或100 kV	1
110	电容式电压互感器	调压装置(三相调压器)	额定容量:20～40 kV·A; 输入电压:380 V; 输出电压范围:0～400 V	1
		试验变压器	额定容量:20～40 kV·A; 输入电压范围:0～400 V; 额定输出电压:80 kV或100 kV	1
		电感固定式或可调式并联谐振电抗器	额定容量:20 kV·A; 额定电压:40 kV; 额定电流:0.5 A	2

表 4-6　220 kV 一体化平台参数配置推荐表

电压等级/kV	被试电压互感器类型	组件名称	主要技术参数	数量
220	电容式电压互感器、独立电磁式电压互感器和 GIS 内置电磁式电压互感器	调压装置（三相调压器）	额定容量:50～100 kV·A; 输入电压:380 V; 输出电压范围:0～400 V	1
		励磁变压器	额定容量:50～100 kV·A; 输入电压范围:0～400 V; 额定输出电压:20 kV 和 30 kV,多变比	1
		可调式串联谐振电抗器	额定容量:20 kV·A; 额定电压:40 kV; 额定电流:0.5 A	4

表 4-7　330 kV 和 500 kV 一体化平台参数配置推荐表

电压等级/kV	被试电压互感器类型	组件名称	主要技术参数	数量
330,500	电容式电压互感器和 GIS 内置电磁式电压互感器	调压装置（三相调压器）	额定容量:80～200 kV·A; 输入电压:380 V; 输出电压范围:0～400 V	1
		励磁变压器	额定容量:80～200 kV·A; 输入电压范围:0～400 V; 额定输出电压:20 kV 和 30 kV,多变比; 额定输出电流:1 A	1
		可调式串联谐振电抗器	配置方案一: 额定容量:40 kV·A; 额定电压:40 kV; 额定电流:1 A	8
			配置方案二: 额定容量:100 kV·A; 额定电压:100 kV; 额定电流:1 A	4

表 4-8　750 kV 和 1000 kV 一体化平台参数配置推荐表

电压等级/kV	被试电压互感器类型	组件名称	主要技术参数	数量
750,1000	电容式电压互感器	调压装置（三相调压器）	额定容量:150～400 kV · A; 输入电压:380 V; 输出电压范围:0～400 V	1
		励磁变压器	额定容量:150～400 kV · A; 输入电压范围:0～400 V; 额定输出电压: 30 kV; 额定输出电流:2 A	1
		可调式串联谐振电抗器	额定容量:700 kV · A; 额定电压:350 kV; 额定电流:2 A	2
750,1000	GIS 内置电磁式电压互感器	调压装置	额定容量:150～400 kV · A; 输入电压:380 V; 输出电压范围:0～400 V	1
		励磁变压器	额定容量:150～400 kV · A; 输入电压范围:0～400 V; 额定输出电压: 30 kV; 额定输出电流:2 A	1
		可调式串联谐振电抗器	额定容量:700 kV · A; 额定电压:350 kV; 额定电流:2 A	2
		并联补偿电抗器	额定容量:700 kV · A; 额定电压:350 kV; 额定电流:2 A	4

表 4-9　6000 A 及以下一体化平台参数配置推荐表

电压等级	电流范围	被试电流互感器类型	组件名称	主要技术参数
220 kV 及以下	6000 A 及以下	独立安装式电流互感器、GIS 内置电流互感器	调压器	额定容量:10～30 kV · A; 输入电压:380 V; 输出电压范围:0～400 V
			升流器	额定容量:30～60 kV · A; 输入电压范围:0～400 V; 最大输出电流:6000 A
			补偿电容器（组）	输入电压范围:0～380 V; 总容量:30～60 kvar

续表

电压等级	电流范围	被试电流互感器类型	组件名称	主要技术参数
500 kV 及以下	6000 A 及以下	独立安装式电流互感器、GIS 内置电流互感器	调压器	额定容量:75～150 kV·A; 输入电压:380 V; 输出电压范围:0～400 V
			升流器	额定容量:150～300 kV·A; 输入电压范围:0～400 V; 最大输出电流:6000 A
			补偿电容器(组)	输入电压范围:0～380 V; 总容量:150～300 kvar
750～1000 kV	4000 A 及以上	GIS 内置电流互感器	调压器	额定容量:150～300 kV·A; 输入电压:380 V; 输出电压范围:0～800 V
			升流器	额定容量:450～900 kV·A; 输入电压范围:0～800 V; 最大输出电流:7200 A
			补偿电容器(组)	输入电压范围:0～1000 V; 总容量:450～900 kvar

4.4.2 车载试验平台方案

车载试验一体化系统用于电压等级为 500～1000 kV 的电力互感器现场校验，可对现电网运行的电压等级为 1000 kV 以下的电力互感器(包含 CVT 电容式电压互感器、GIS 内罐式电压互感器)进行全电压/电流误差的现场误差检定。车载试验平台主要由标准电流互感器、分级式标准电压互感器与工频升压一体化设备，以及滑移舱、机械滑轨机构、液压支撑腿、气动绝缘举升机构等机械装备组成。解决了高电压等级电压互感器校验时的高电压绝缘及安全防护问题，以及电流互感器一次长回路接线的便捷性和安全性差的问题，可实现电力互感器现场校验设备车载平台自动化展开，即无须借助外部吊具，这样可提高互感器误差检测试验的效率、水平和质量，有效缩短试验时间，减轻试验过程中繁重的体力劳动，降低劳动成本和提高人员工作效率，提高现场试验工作的灵活性和机动性。

标准电流互感器变比能够涵盖常规试品检定需求，准确度等级为 0.05S 级，其体积、尺寸、重量满足平台安装需求，适合车载使用，能够承受车辆长时间道路运输的颠簸而不损坏或超差等。升流器设计主要考虑容量能够满足常规试品检定升流需求。由于现场试验时被试品较高，所需的一次回路在20米左右，所以要达到升流的额定值需要配置较大容量的升流设备。因此，车载试验平台的升流器设计容量一般不小于30 kV·A，最大电流设计为6000 A，标准电流互感器一次电流为5～5000 A，二次电流为1 A、5 A。

标准电压互感器是由两台500 kV标准电压互感器通过高压隔离互感器组成的1000 kV串联式标准电压互感器，单台标准互感器的电压仅为整体的1/2，因此设备内部的绝缘更易处理，增大了绝缘裕度。相比于单体的1000 kV标准互感器，其线包、内部绝缘层及高压套管尺寸大幅度缩小，减小了设备的尺寸、重量，其便于与配套的车载操作机构结合。

电压互感器现场校验的升压方法主要有串联谐振升压和借助试验变压器两种。串联谐振是由*R*、*L*、*C*元件组成的串联电路在一定条件下发生的一种特殊现象。串联谐振升压装置在电压互感器现场校验中广泛应用，但是500 kV及以上电压等级的串联谐振升压设备体积庞大，无法完全实现车载化集成，图4-14所示的为1000 kV串联谐振升压现场试验图。考虑到车厢高度和安全绝缘距离的限制，500～1000 kV升压现场试验采用紧凑的SF_6气体绝缘结构试验变压器作为车载升压试验设备。

图4-14　1000 kV串联谐振升压现场试验图

基于车载设备的要求，对标准电压互感器进行集成化设计、抗振性能设计。将标准电压互感器和升压试验变压器主设备分解为上下两级，采用一体化 SF_6 封闭式组合电器设计思路，将上级标准电压互感器与上级试验变压器集成设计为一个 GIS 单元，通过高压套管引出。将下级标准电压互感器、高压隔离互感器、下级试验变压器集成设计为另一个 GIS 单元。车载试验系统电路原理如图 4-15 所示。

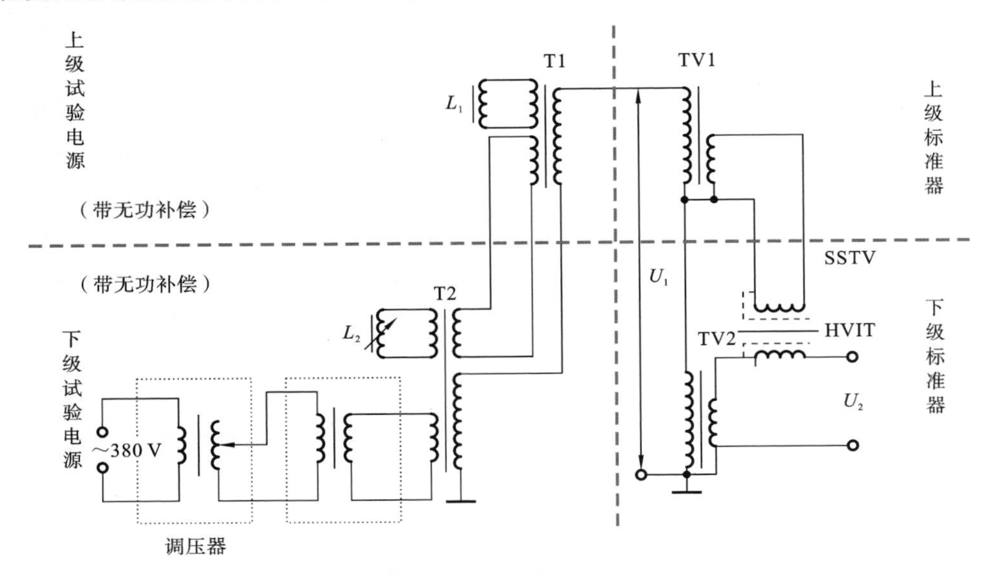

图 4-15 1000 kV **一体化装置试验电路原理图**

图 4-15 中，T1 为上级试验变压器，T2 为下级试验变压器，TV1 为上级标准电压互感器，TV2 为下级标准电压互感器，SSTV 为高压隔离互感器，L_1 为上级固定补偿电抗器，L_2 为下级可调补偿电抗器。

电力互感器现场校验车整车长度为 12 米，所有试验仪器设备均安装于后车厢内。后车厢配备有固定车舱、滑移舱及可承重的液压尾板。后车厢长约 9.3 米，固定车舱长 4.5 米，滑移舱长 4.8 米。操作控制室内安装放置仪器架、操作位及仪器设备等，可在操作控制室内进行试验操作，也可通过移动终端远程控制试验控制器进行全部的试验操作。

进行现场校验时，滑移舱向后收缩到位；通过电动机构操作装载下级标准电压互感器与升压一体化设备的主小车和装载上级标准电压互感器与升压一体化设备的副小车，使它们一起出舱至车厢尾部指定位置；气动绝缘举升机构将上级标准电压互感器与升压一体化设备举升至上限，以保持足够的绝缘距离。车载试验平台示意图如图 4-16 和图 4-17 所示。

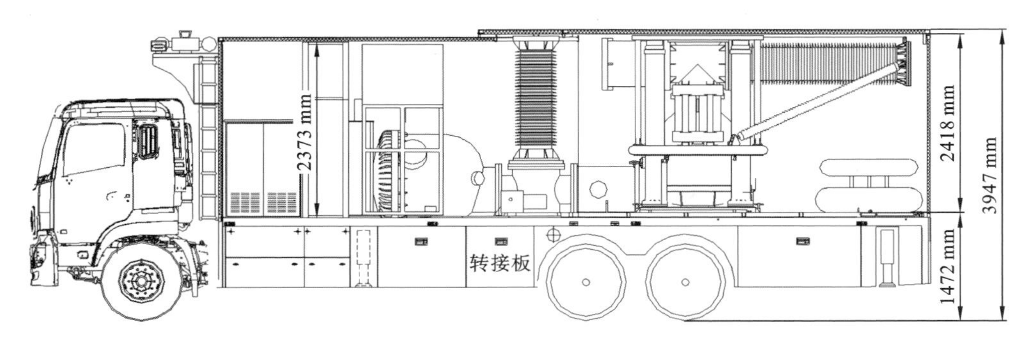

图 4-16　1000 kV 车载试验平台运输状态

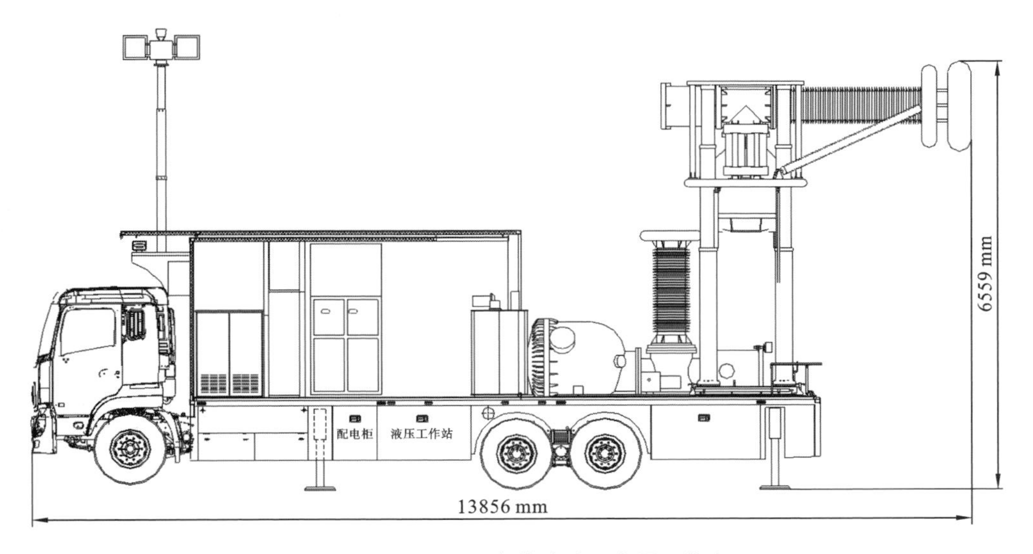

图 4-17　1000 kV 车载试验平台展开状态

4.4.3　车载试验平台底盘选型及改装

互感器现场试验平台可选用改装的货车底盘车，改装后整车应满足《超限运输车辆行驶公路管理规定》，长度满足在 4 米的主干道、4.3 米的消防道路、3 米的检修道路等变电所标准道路上通行的条件。按照《1000 kV 变电站设计规范》中的第 6.5.2 条，站内主要消防道路宽度为 4 米，站区大门至主变压器的运输道路宽 5.5 米，相间道路宽 3 米。站内道路转弯半径规定为：主变压器运输道路不宜小于 16 米，消防道路不宜小于 9 米，其余道路按照行车要求和行车组织确定，一般不小于 7 米。车载底盘参数如表 4-10 所示，车载底盘布置示例图如图 4-18 所示。

表 4-10　车载底盘参数表

6×4 底盘			底盘型号及开发代号		
			DFL1250A11	DFL1250A12	
			K40H	K41H	K42L
参数	空载	整备质量/kg	9000	9150	9300
		前轴轴载质量/kg	4570	4630	4700
		(中)后轴轴载质量/kg	4430	4520	4600
	额定轴载质量分配	允许最大总质量/kg	24900	24900	24900
		允许前轴最大载质量/kg	6900	6900	6900
		允许(中)后轴最大载质量/kg	18000	18000	18000
	外形尺寸	总长 OL/mm	9760	11160	11960
		总宽 OW/mm	2500	2500	2500
		总高 OH/mm	3760	3760	3760

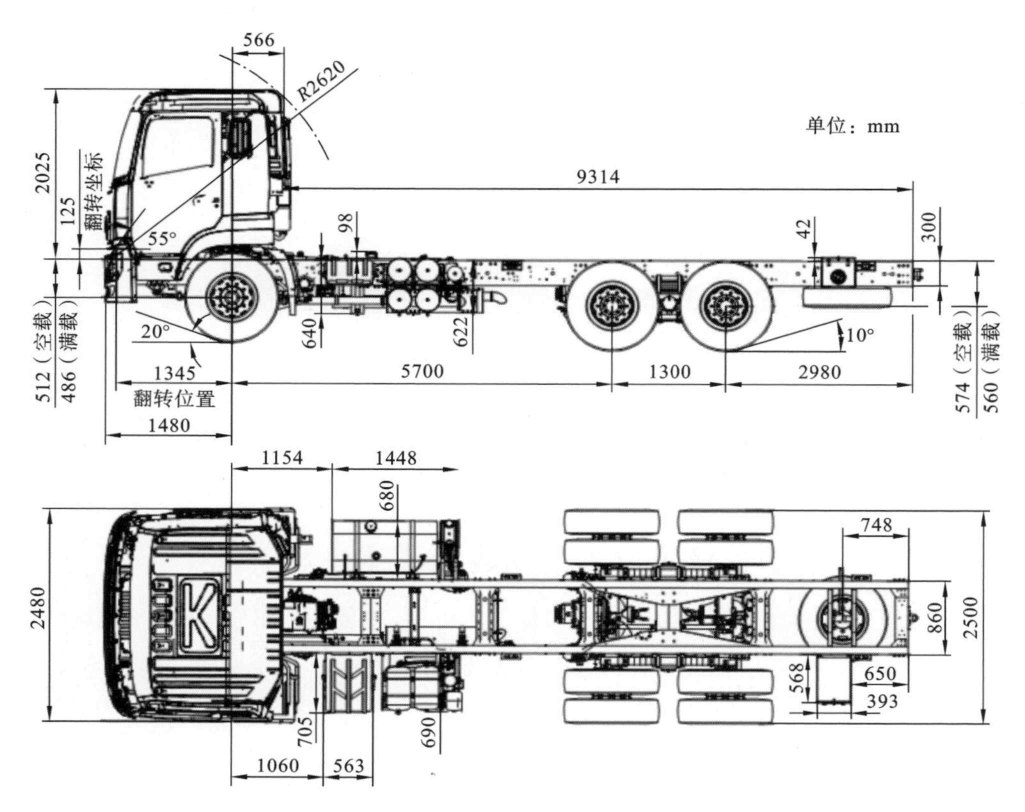

图 4-18　1000 kV 车载底盘布置示例图

改装车辆的最终目的是为互感器现场校验提供车载试验平台，在相关设备安装完毕后能够在车上独立完成 1000 kV 互感器现场校验试验。滑移舱能够根据试验要求自动滑移，车载平台能够采用液压传动或电机驱动的方式根据试验要求自动/手动展开。

为保证试验设备在长途运输过程中不因道路颠簸而损坏，车辆改装过程中必须对减震系统进行重新设计。机柜内应设有减震垫和固定扎带；工作台下应设有减震器；设备机架应设有专用液压防震系统；附件柜内应加装弹簧、绷带等固定装置；重要仪器柜均应加装限位固定装置；储物柜及抽屉内壁应贴有高密度海绵块用以吸收仪器和箱体之间的冲击，起到一定的保护作用；要求对车内电子设备加装隔震系统，在设备底部安装隔震器。

4.4.4 车载试验平台自动展开机构设计

车载试验平台自动展开主要包括四个步骤：展开液压支撑腿，滑移舱向车头移动打开；承载下级一体化设备和可调电抗器的主滑移小车向车尾移动出舱；同时推动承载上级一体化设备和固定电抗器的副滑移小车一起出舱；副滑移小车由主滑移小车通过电磁铁吸合运动。气动绝缘举升机构将上级一体化设备举升到设定的绝缘位置。

设车厢内部总高度为 2510 mm，但下级一体化设备(装置)本体高度已为 2505 mm，为将设备放进车内，将车厢底板开槽，深度为 160 mm，下级小车在槽内行走。下级一体化设备及小车传动机构总高度不超过 2630 mm，下级主小车承载重量为 5 T，同时需推动上级副小车一起运动，上级副小车总重量为 4.5 T，即理论上小车推动的重量约为 10 T。为减小行走阻力同时保证轴的强度，平衡考虑两者，选定开槽处传动轴直径为 38 mm，则由此推出轮子直径为 184 mm。为防止行走过程中车轮打滑，动力轴设计为三根，通过链条传动。钢与钢之间的滚动摩擦系数为 0.15，则推动小车运动所需动力为 15000 N，每根动力轴所需动力为 5000 N。

设计小车行走时间为 0.5 min，行程为 3000 mm，轮子周长 $C=578$ mm，则走完行程所需圈数 $r=3000/578=5.2$，即电机输出转速为 10 r/min。查电机选型表可得，电机功率为 1.5 kW，输出转速为 9.5 r/min，电机输出转矩为 1438 N·m。

承载下级一体化设备和可调电抗器的主滑移小车结构如图 4-19 所示。

链轮设计同样受高度限制，根据已有尺寸考虑，链条选型最大为 20 A，齿数为 10，电机输出端受力最大，同时空间允许，选用双链轮，其他两根轴为单链轮。链轮传动比为 1∶1。链轮驱动系统如图 4-20 所示。

4.4.5 绝缘举升系统设计

试验平台配备专用的绝缘举升系统，举升平台搭载标准电流互感器和升流器。

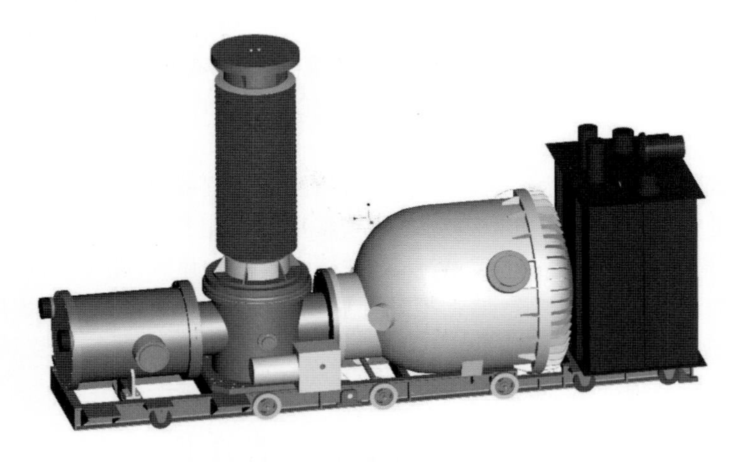

图 4-19　承载下级一体化设备和可调电抗器的主滑移小车结构图

图 4-20　链轮驱动系统

标准电流互感器一次导线一端穿心相应匝数后经升降平台举升扩展至车外顶部引出，另一端与升流器输出端子相接，避免了复杂、繁重的穿心工作，简化了一次接线流程。

车载系统顶部设计有电动天窗，举升平台可通过电动天窗伸出车体外部，具体情况如图 4-21 所示。试验平台展开时，举升平台将标准电流互感器、升流器及粗大沉重的一次电流导线举升至车厢顶部，整个展开时间不超过 35 秒，这有效减小了大电流试验线的长度，从而减小了试验电源的容量，同时，机械化操作可以减轻工作人员的劳动强度。

图 4-21　举升平台

车载绝缘举升平台可同时用于将上级标准电压互感器与升压一体化设备举升至 $500/\sqrt{3}$ kV 电位处，其与下级高压套管出线的累接绕组相连接，使上级一体化设备本体处于 $500/\sqrt{3}$ kV 电位。系统采用气动举升方式对标准电压互感器与升压一体化设备的上级进行举升，从而保证其对地有安全的绝缘距离。气动举升部分主要由无油空压机、绝缘举升杆、可控降压阀、管路、安全保险、支撑底座等主要部件组成。

进行 1000 kV 电压互感器试验时需要将标准电压互感器及升压一体化设备的上级举升：解锁固定装置后开启空压机并利用气压逐节将绝缘举升杆伸展，从而将设备举升到位。举升到位后锁止安全保险，从而防止试验过程中发生意外。

通过三节绝缘举升桶实现的最大举升高度为 2365 mm，缸体材料选用玻璃丝绕环氧桶，设计最大举升压力为 0.3 MPa，上级一体化设备的重量为 4 T，每根管子举升重量为 1000 kg。最上节举升筒管径最小，承受的压强最大。

气泵选用静音无油空压机，功率为 2300 W，流量为 620 L/min，将上级一体化设备举升完毕约需 11 min。为保证举升的平稳性，四根举升桶通过四根供气管路连通以实现同时供气。绝缘举升系统示意图如图 4-22、图 4-23 和图 4-24 所示。

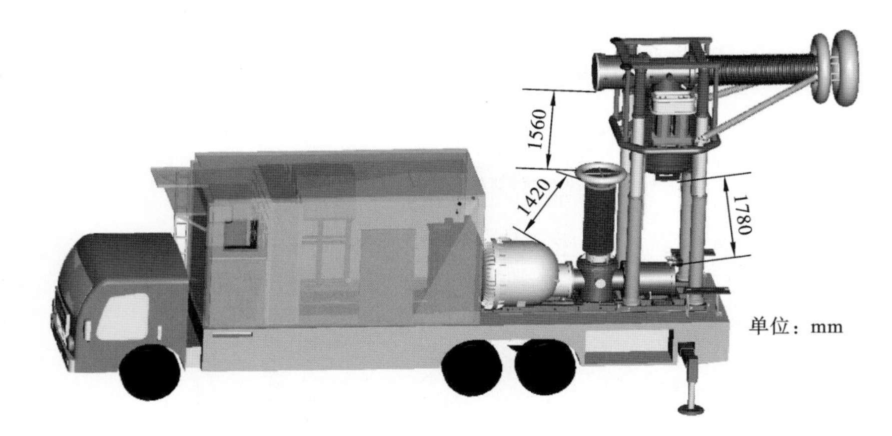

图 4-22 1000 kV 车载试验平台外绝缘距离示意图

图 4-23 气动举升管路系统

4.4.6 车载辅助功能及安全措施

1）辅助支撑系统

车辆在试验工作状态时，采用液压支撑系统承载车辆及车载设备重量。试验平台具有完善的辅助支撑系统，车辆专门设计有四根液压支撑腿及自动调平系统，确保试验平台工作在水平面上，如图 4-25 所示。

图 4-24　三级气动举升系统

图 4-25　液压支撑腿及自动调平系统

2）配电系统

试验车外接三相四线 380 V 的容量不小于 40 kV · A 的交流电源，配电箱装有空气开关、隔离刀闸、电压电流指示表计、指示灯、输入/输出插座、接地桩头、漏电保护器和紧急停止按钮等。试验车配有三相 380 V 和单相 220 V 电源输出端口，以满足试验现场其他设备临时性用电需要。

车内电气布线隐蔽工程符合汽车行业标准 QC/T 413—2002《汽车电气设备基本技术条件》的规定，以保证具有安全性和可靠性。

3）接地及自动保护系统

高压电力互感器车载试验平台应具有完善的接地保护系统，包括整车专用保护接地系统、车载高压试验系统的工作接地系统等。在校验车的转接板上安装有工作接地及保护接地端子，试验车通电前，将接地端子与现场接地网可靠连接，车内仪器供电单元操作面板上设有未接地警示灯，当接地端子与接地体未连接时，未接地警示灯亮，警示试验人员必须立即将接地端子与现场接地体连接，否则，仪器供电单元合闸按钮将不能合闸，仪器不能通电，无法进行试验，这样可确保人员、设备的安全。

车载试验平台供电电源系统应具备过流、过压保护功能，当操作失误或出现异常故障，装置输出电流超过其保护电流值时，装置将会跳开交流接触器，起到保护外部设备及检定台、校验仪的作用。电压互感器用作耐压试验时通常使用 2 A 的保护电流值。若在实际操作中保护电流值设置不当，可重新进行设置。试验电源与检测设备试验回路具备带电闭锁功能(连锁装置)，可确保试验工作开始前回路不带电。

软件过压保护通过操控软件来实现。操控软件在后台实时监控升压过程中电压百分比的变化，并为电压百分比设定安全限值。当软件检测到设备电压超出设定的安全限值时，则自动向调压控制机构发出降压指令，使电压回归安全范围。

进行电压/电流互感器试验时，系统将对电压/电流互感器校验设备及安全系统进行自检，当围栏有人闯入、出现过流/过压保护动作、标准电压互感器与升压一体化设备气压不足、滑移舱及滑移小车运动不到位时，将启动闭锁保护系统，无法进行升压操作。

高压电力互感器车载试验平台设有多种限位开关和定位机构以保证试验平台展开和设备位移时的安全。在试验平台的搭建过程中，当活动构件运动不到位时，试验平台将启动闭锁保护系统，无法继续完成后续操作，从而保证平台搭建过程的安全可靠。

4.5 方案应用

应用一体化车载平台的相关设计成果，研制了交流 1000 kV 互感器一体化校验车载平台，如图 4-26 所示。

应用研制的交流 1000 kV 互感器一体化校验车载平台，在安徽淮南站 1000 kV 特高压变电站对淮南至南京淮盱Ⅱ线电容式电压互感器开展现场校准试验的照片如图 4-27 所示。依据 JJG 1021—2007《电力互感器检定规程》等相关国家标准和规程

图 4-26　交流 1000 kV 互感器一体化校验车载平台

图 4-27　淮南站 1000 kV 电容式电压互感器的误差现场校验

要求，被检电容式电压互感器计量绕组误差应满足 0.2 级要求，即比值差绝对值不大于 0.2%，相位差绝对值不大于 10′。具体试验步骤如下。

(1) 按照校准线路图接线，用标准电压互感器校准电容式电压互感器。经负责人检查线路无误后，开始试验，调压器均匀地升起电压，电压上升到 5%U_N时停下试测，观察测量示值是否正常，若无异常，进入下一步。注意：① 高压引线与标准电压互感器及 CVT 套管的夹角应大于 80°(可利用绝缘绳在附近门形架处将高压引线斜向上拉)；② 计量绕组与测量绕组要同时带负荷，分轻载和满载两次测量。电压上升到 15%U_N时进行调谐操作，使调压器输入/输出电流达到最小。

(2) 轻载下(上限负荷)依次将电压升至校准点(80% U_N、100% U_N、105% U_N)进行 CVT 误差校准，并将测量数据记入原始数据表格；测量完成后降下电压，然后在满载下(下限负荷)测量 80% U_N、100% U_N下的误差。

(3) 试验完成后，将调压器降到零位，跳闸断电，更换下一只互感器进行试验前要对一次回路进行放电。

表 4-11 所示的为淮南站 1000 kV 电容式电压互感器的误差数据。

表 4-11 淮南站 1000 kV 电容式电压互感器的误差数据

二次绕组量限	误差	额定电压百分数/(%)		
		80	100	105
1a1n	比值差/(%)	0.052	0.055	0.056
	相位差/(′)	2.7	2.6	2.5
	比值差/(%)	0.065	0.067	—
	相位差/(′)	1.5	1.4	—
2a2n	比值差/(%)	0.050	0.052	0.054
	相位差/(′)	2.8	2.7	2.7
	比值差/(%)	0.068	0.071	—
	相位差/(′)	1.5	1.4	—
3a3n	比值差/(%)	0.054	0.054	0.058
	相位差/(′)	2.9	2.9	2.8
	比值差/(%)	0.064	0.066	—
	相位差/(′)	1.6	1.5	—

通过现场试验可知，该电容式电压互感器误差结果满足0.2级准确度要求，利用该装置开展1组1000 kV电容式电压互感器现场校准试验工作从进场到离场仅需6人用时1天，其中，现场布局及操作时间仅约为4小时，用传统法在现场完成同样的工作任务需8人用时2天（现场布局及操作时间约为12小时）。经测算，本装备试验效率提高2倍以上，可大大降低劳动强度、减少成本、提高安全性和试验可靠性。

第5章　直流输电系统计量装置误差现场校验技术

与交流输电系统计量装置误差现场校验类似，在现场对直流电压互感器进行直流电压误差试验时，采用高稳定直流电压源对标准直流分压器、被试（也称“被测”或“被检”）直流电压互感器施加试验电压，同步测量标准与试品的输出信号。被试直流电压互感器的输出为模拟量时，误差试验原理如图 5-1 所示。同步时钟控制误差测量装置的通道 A 和通道 B 同时采样，得到时间同步的 u_0 与 u_x，并计算被测直流电压互感器的电压误差。

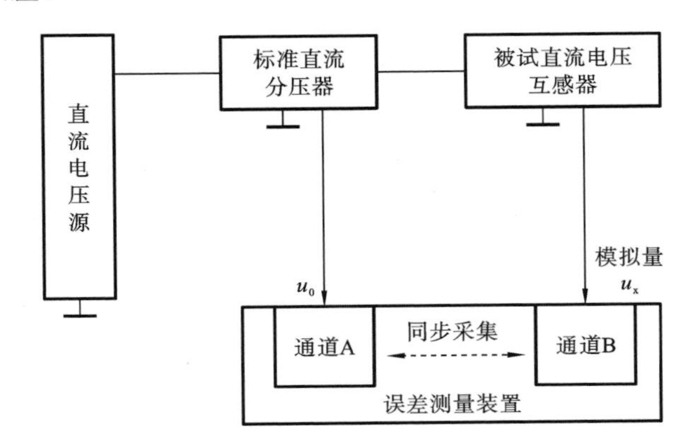

图 5-1　模拟量输出的直流电压互感器误差试验原理图

现场测量直流电流互感器的准确度时，直流电流源给标准直流电流测量装置、被试直流电流互感器施加试验电流，同步测量两者的输出信号，采用图 5-2 所示的原理图。

5.1　校验的环境条件和设备要求

5.1.1　环境条件

对直流电流互感器进行现场校验时使用的电流标准器为零磁通电流比较仪，温度变化对零磁通电流比较仪的影响较小，在 −25～55 ℃的温度范围内使用时，零磁通电流比较仪仍然可以保持准确度不变。对直流电压互感器进行现场校验时使用的

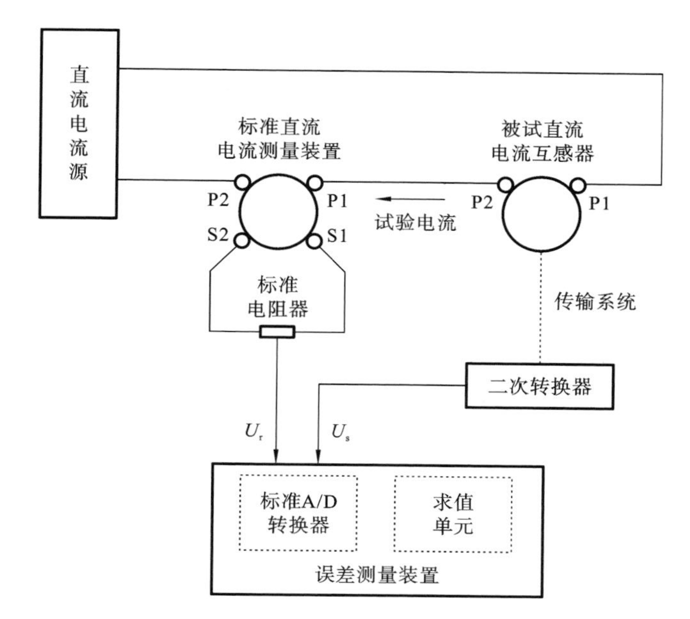

图 5-2　模拟量输出的直流电流互感器误差试验原理图

电压标准器为高准确度电阻分压器，电阻分压器的电阻值易受温度影响，其分压比随温度变化而变化。在研制现场用电压标准器时，一般采用温度系数小的电阻元器件，并通过采取温度系数正负搭配、电压系数与温度系数补偿等措施，将电阻分压器的整体温度系数降低到 10^{-5}/℃以下，使现场用电压标准器在－25～55 ℃的温度范围使用时，仍然可以保持准确度不变。综合考虑直流互感器使用的环境温度，进行直流互感器现场校验时，环境温度应满足－25～55 ℃的要求。

5.1.2　设备要求

1. 直流电流/电压标准器

在现场运行的直流互感器的准确度通常是 0.2 级，直流电流/电压标准器的准确度等级应至少比被检互感器的高两个等级，校验环境条件下的实际误差应不大于被检互感器误差限值的绝对值的 1/5。

2. 误差测量装置

误差测量装置的示值分辨率应不低于被检直流电流/电压互感器误差限值的绝对值的 1/20；由误差测量装置引入的测量误差，应不大于被检直流电流/电压互感器误差限值的绝对值的 1/10。误差测量装置在每个校验点下进行连续 10 次测量，各校验点的基本误差为 10 次测量结果的平均值。其中，在进行直流电压互感器校验时，误差测量装置输入阻抗引入的误差，应不大于被检直流电压互感器误差限值的绝对值的 1/50。

3. 直流电源

直流电流互感器现场校验中使用的直流电流源，纹波系数应小于 1%；由直流电流源稳定性引起的误差应小于被检直流电流互感器允许误差的 1/10；校验中使用的直流电流源的电流调节装置，应能保证输出电流由接近零值平稳地上升至被检直流电流互感器的额定电流的 110%。直流电压互感器现场校验中使用的直流高压电源，稳定性应优于 0.1%/3 min，纹波系数应不大于 0.5%；直流高压电源的电压调节装置，应能保证输出电压由接近零值平稳连续地被调到被检直流电压互感器的额定电压；直流高压电源的调节细度应不低于被检直流电压互感器额定电压值的 0.1%。

与交流互感器现场校验不同，直流互感器现场试验不存在无功功率的问题，对现场试验电源与试验室电源的要求基本相同。需要注意的是，因为现场试验时无法完全拆除与试品连接的滤波电容器、电抗器等设备，所以在现场试验时对电源的容量要求比在试验室时的要高。此外，由于高压电源、标准分压器等设备体积庞大、运输安装困难，有必要设计一体化平台提高现场试验的安全性和工作效率。

5.2 直流特高压现场一体化试验平台设计

5.2.1 高稳定度高压直流电源

高压直流电源按照电路结构及倍压塔输入电压工作频率不同主要可以分为工频输入高压直流电源、中频输入高压直流电源及高频输入高压直流电源，其中，中频输入高压直流电源与高频输入高压直流电源的原理基本相同，因此，仅对工频输入高压直流电源和高频输入高压直流电源进行研究。

1. 工频输入高压直流电源方案

当前直流特高压工程现场测试用电源多为工频输入高压直流电源，工频输入高压直流电源是一种比较传统的高压直流电源，在开关电源出现以前，其应用极为广泛。按照调压方式的不同，其可分为两类，即调幅调压电源和调相调压电源，下面分别对其进行简单介绍。

1）调幅工频输入高压直流电源

调幅工频输入高压直流电源电路结构如图 5-3 所示，该电源采用调压器进行调压来实现输出电压的连续可调。输入的工频交流市电先经自耦调压器进行预调压，然后通过工频变压器进行升压，得到高压交流电，最后经过倍压整流电路输出所需的高压直流。通过调节调压器，即可实现对输出电压的控制，由于此处调压器调节的是工频变压器初级的输入电压幅值，故而称该电源为调幅工频输入高压直流电源。

这种电源是传统高压电源的典型代表，但是其调压器体积比较大，不便于移动，

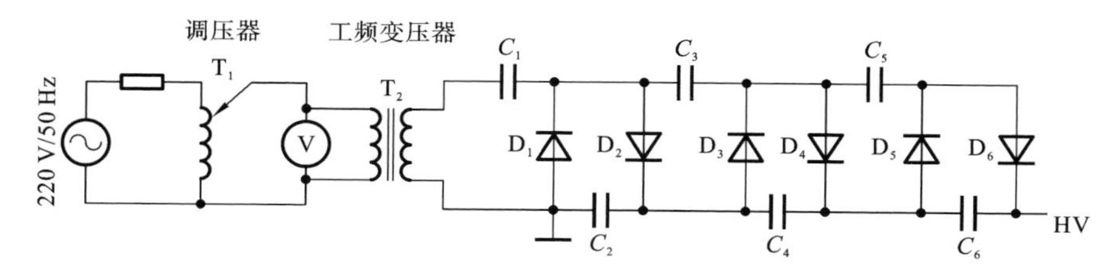

图 5-3　调幅工频输入高压直流电源

这限制了其使用范围。

2）调相工频输入高压直流电源

为了减小传统的调幅工频输入高压直流电源的体积，出现了一种通过调相方式进行调压的工频输入高压直流电源，其电路结构如图 5-4 所示。该类电源采用一对反并联晶闸管进行预调压，改变晶闸管导通角的大小即可使预调压电路部分的输出电压幅值发生改变。相应地，其后续的高压变压器的输入电压也随之变化，最终实现电源输出的高压直流可调，以满足不同负载的需求。该电源的工作原理与调幅工频输入高压直流电源的基本类似，只是调压的方式发生了改变，用晶闸管代替调压器进行调压，有效减小了电源的体积和重量。

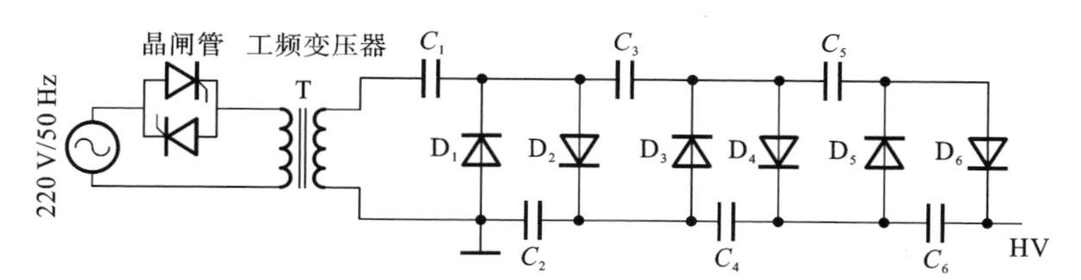

图 5-4　调相工频输入高压直流电源

上述两种工频输入高压直流电源的电路结构比较简单，所用到的器件及电气设备较少，故而比较容易设计，使用也较为方便，这也是该类电源的主要优点，但其存在的缺点也并不少。首先，电源的工作频率为 50 Hz，作为电源主体的工频变压器磁芯较大，变压器的匝数较多，最终导致电源整体体积大，质量大，给设备的搬运和移动带来极大的不便；其次，当输出电压要求较高时，变压器的体积会进一步增加，造价相应提高，而且铁损和铜耗也很严重，使得其效率降低，温升增大；除此之外，由于该类电源工作频率较低，故而整流输出后的直流电压的纹波也较大。由于具有以上缺点，工频输入高压直流电源在很多应用场合中会有比较大的局限。

2. 高频输入高压直流电源方案

随着电力电子器件的发展，高压直流电源正朝着高频化、小型化、高效率方向发展。随着全控型器件的出现，开关频率发展到几十千赫兹，使得高压电源体积大大减小，效率也有所提高。常规的高频输入高压直流电源原理框图如图 5-5 所示，其主要包含工频整流滤波电路、高频逆变电路、高频变压器及倍压整流电路等组成部分。

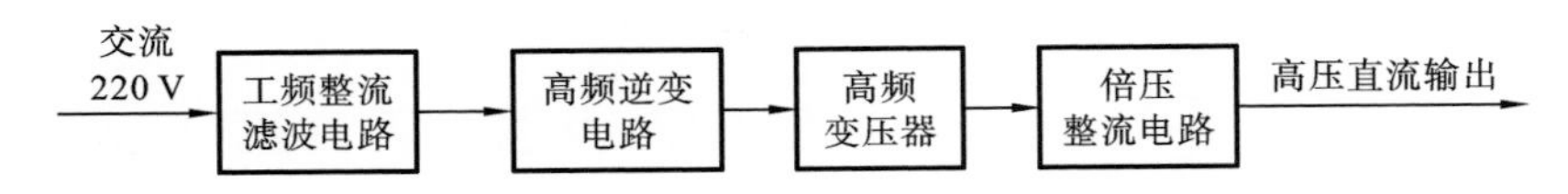

图 5-5　常规的高频输入高压直流电源原理框图

首先对输入的交流市电进行整流得到 300 V 左右的低压直流电，然后通过高频逆变电路对该直流电进行变换，输出高频的交流方波电压，接下来通过高频变压器与倍压整流电路两级升压即可实现高压直流电的输出。常规的高压直流电源实现了工频向高频的转化，并且大幅度减小了电源的体积和重量，提高了电源整体效率，进而成为了高频输入高压直流电源设计的基础形式。

DC/DC 调压的高频输入高压直流电源是一种比较新颖的高压电源，其原理框图如图 5-6 所示，它与常规高频输入高压直流电源相比增加了一个直流斩波电路单元，该斩波电路可以实现对逆变电路输入侧直流电压的幅值的调节，进而通过调幅的手段改变电源高压输出端直流电压的大小。

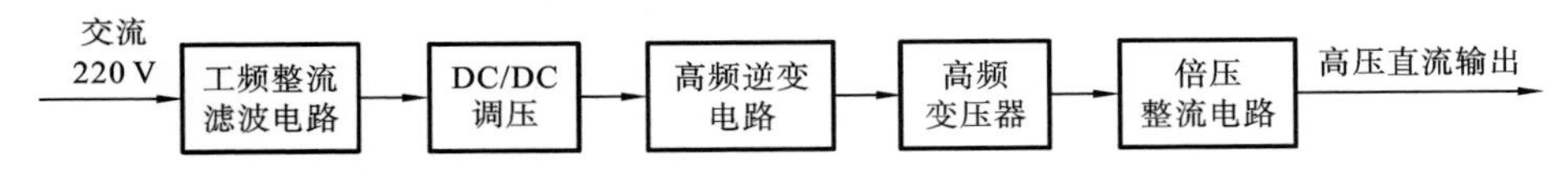

图 5-6　DC/DC 调压的高频输入高压直流电源原理框图

由于该类电源中的直流斩波电路是针对直流电压进行调幅调压的，因此其供电功率因数会比较高，但其缺点也较为明显，其增加了电路结构的复杂性，在一定程度上使电源的体积变大，而且控制电路也随之变得更为复杂，这为电源设计带来困难。

直流特高压工程现场试验用的直流电压源主要用于直流电压互感器的校准试验，不要求其具有大范围的调压幅度，由于需要现场安装设备进行试验，此时更加注重电源的小型化和轻量化。因此，常规的高频输入高压直流电源更符合现场对直流电压源的要求，本章将以该方案为重点进行介绍。

3. 主要组成模块

1）整流滤波模块方案

单相桥式整流电路由于具有电路简单、输出纹波小、不存在变压器直流磁化问题等优点而在实际中得到了广泛应用，其基本电路如图 5-7 所示。

单相桥式不可控整流电路的输入电流为 220 V 交流电，二极管 D_1 和 D_4 组成一对桥臂，二极管 D_2 和 D_3 组成另一对桥臂。在 u_i 的正半周，D_1 和 D_4 导通，电流从 D_1 流向负载，又经过 D_4 流回电源。在 u_i 的负半周，D_2 和 D_3 导通，电流从 D_3 流向负载，又经过 D_2 流回电源。当负载为纯电阻时，整流输出电压 $u_o=0.9u_i$。二极管承受

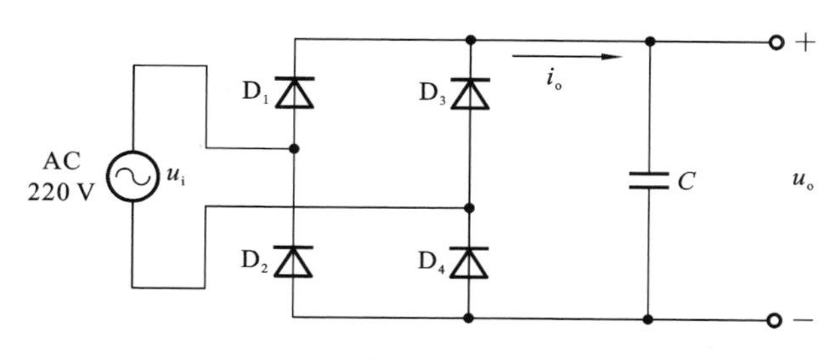

图 5-7　单相桥式整流电路

的最大正反向电压均为 u_i 的峰值$\sqrt{2}U_i$。

为了减小整流输出电压谐波的影响，工程实际中常在负载两端并联一个小电容。这样，电路的基本工作过程是，当 $u_i<u_o$ 时，二极管均不导通，这个阶段电容 C 向负载 R 放电，同时 u_o 下降；当 $u_i>u_o$ 时，二极管导通，交流电源向电容充电，同时向负载 R 供电。这时，输出电压与输出电流具有非线性关系，其具体关系如图 5-8 所示。

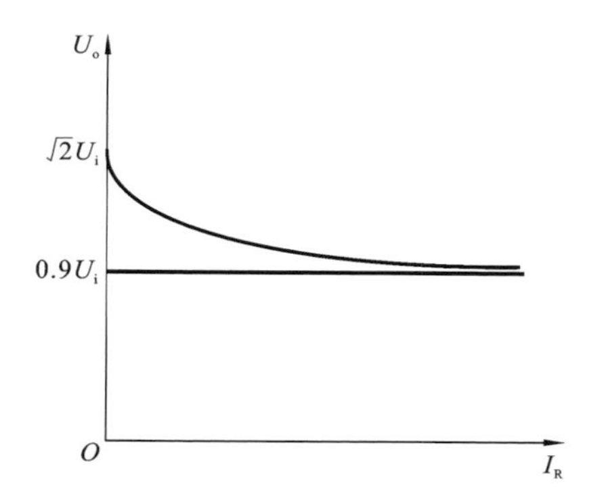

图 5-8　电容滤波的输出电压与输出电流的关系

空载时，放电时间常数为无穷大，输出电压最大，$U_o=\sqrt{2}U_i$；重载时，R 很小，电容放电很快，几乎失去储能作用。随着负载加重，U_o 逐渐趋近于 $0.9U_i$。

2）高频逆变模块方案

高频逆变电路主要用来实现直流电压向高频交流电压的转变，并将输出的高频交流信号输入高频变压器的初级来实现升压。逆变电路有很多种，对于推挽逆变电路，其电路结构简单，可靠性高，但其输出电压波形失真度大且谐波含量较高，变压器原边绕组利用率低，相同功率下电流大，开关管电压应力为两倍的输入电压，整机效率低，其主要应用在低电压与大电流的地方；半桥逆变电路工作频率高，系统响应特性好，控制灵活，可工作在自然换流和负载换流两种模式下，但高的开关频率会导致开关损耗增加，单个器件所承受的电压存在局限，其一般应用在小功率的地方；全桥逆变电路一般适用于中大功率的地方。表 5-1 给出了三种逆变电路的比较。考虑到现场校验设备的高电压和大容量的特点，一般选择全桥逆变电路。

表 5-1　三种逆变电路的比较

电路形式	优　　点	缺　　点	适用场合
推挽逆变电路	电路结构简单，可靠性高	输出电压谐波含量较高	低电压
半桥逆变电路	系统响应特性好，控制灵活	高的开关频率会导致开关损耗增加	小功率
全桥逆变电路	输出电压波形失真小，控制灵活	驱动电路较复杂	中大功率

典型全桥逆变电路如图 5-9 所示，电路中共有四个桥臂，可以分为两组，每一个桥臂上均有一个可控的开关器件，并且通常都会有二极管与之反并联。出于对工作频率、驱动能力、容量和功率等因素的考虑，可控器件一般选择 IGBT。

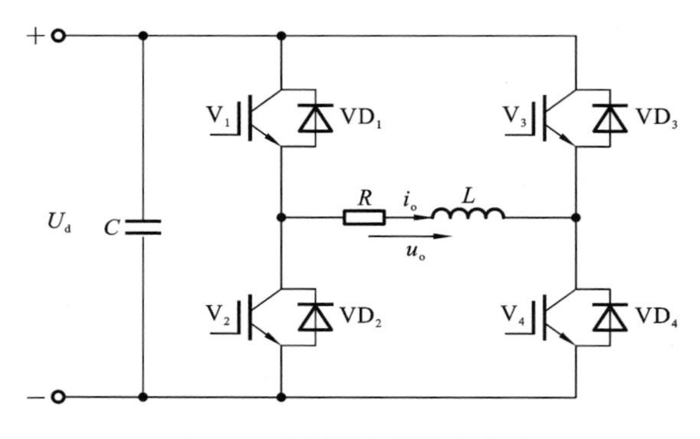

图 5-9　电压型全桥逆变电路

U_d 为直流侧电压，开关器件 V_1、V_2、V_3 和 V_4 在一个周期内的栅极驱动信号通常是互补的，即每半个周期均有一组桥臂导通，另外一组关断。负载部分为变压器原边，故反映出感性特性。输出电压 u_o 为矩形波，其幅值 $U_m = U_d$。输出电流 i_o 的波形随负载的情况而发生变化。全桥逆变电路工作时各个参量的波形如图 5-10 所示，假设 t_2 时刻以前 V_1 和 V_4 为通态，V_2 和 V_3 为断态。在 t_2 时发出驱动信号使 V_1 和 V_4 关断，V_2 和 V_3 导通，由于感性负载中的电流 i_o 并不能够突变，故而电流方向仍为原来的流向，此时 VD_2 和 VD_3 会导通续流。在 t_3 时刻电流 i_o 降为 0 时，VD_2 和 VD_3 截止，V_2 和 V_3 导通，i_o 开始反向。同样，在 t_4 时刻驱动 V_2 和 V_3 关断，驱动 V_1 和 V_4 导通，此时 VD_1 和 VD_4 会率先导通，并进行续流，直到 t_5 时刻 V_1 和 V_4 才会正式导通。

高压直流电源通常在逆变电路后面采用高频谐振变换器来实现低开关损耗、高效率、高功率密度的需求。高频谐振变换器通过电感 L 和电容 C 的谐振来为开关器件提供软开关环境，常用的谐振变换器有两元件谐振器件和三元件谐振器件。典型的两元件谐振器件有串联谐振变换器（series resonant converter，SRC）与并联谐振

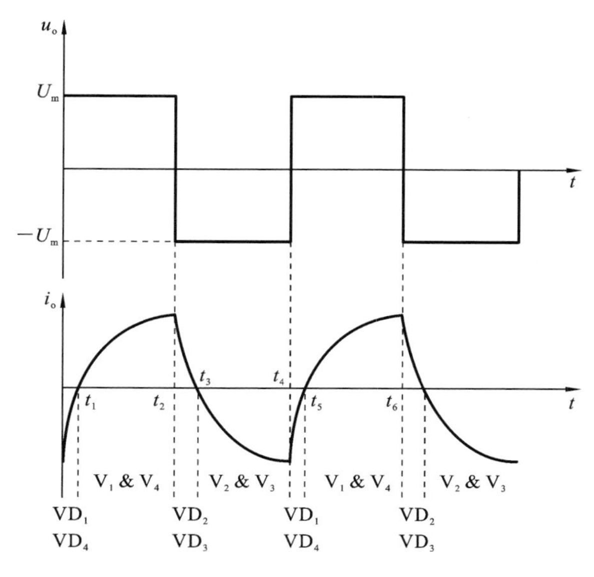

图 5-10　全桥逆变电路工作波形

变换器(parallel resonant converter,PRC);典型的三元件谐振器件有 LLC 谐振变换器与 LCC 谐振变换器。

LC 串联谐振变换器电路图如图 5-11(a)所示,其主要利用串联电感 L_s 和串联电容 C_s 来实现谐振软开关。串联谐振电容 C_s 可以起到隔直电容的作用,可防止变压器直流磁化。串联谐振变换器的缺点是,直流增益总是小于等于 1,空载时无法控制输出电压。

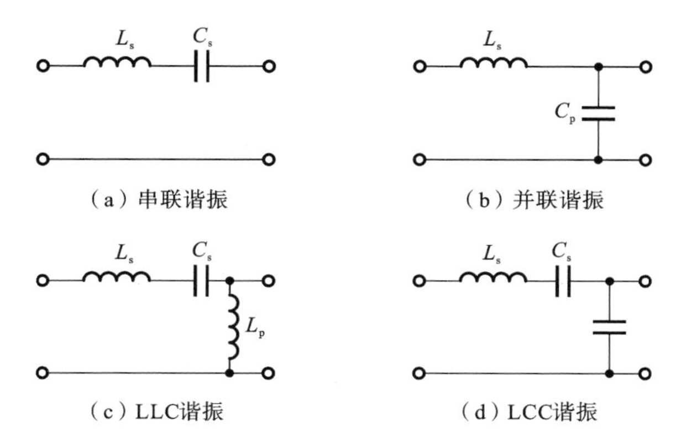

图 5-11　谐振变换器电路图

LC 并联谐振变换器电路图如图 5-11(b)所示,并联谐振变换器的特性不同于串联谐振变换器的,它的电压增益可以大于 1,也可以小于 1。并联谐振变换器在空载时电压依旧容易调节，不存在电压不可调的情况。并联谐振变换器具有短路保护特性。并联谐振变换器的主要缺点是，轻载时，谐振电感电流并不会显著减小，输入侧环流较大，环流大导致轻载时开关管的导通损耗较大，变换器在轻载时效率较低。

LLC 谐振变换器电路图如图 5-11(c)所示，LLC 谐振变换器电路由并联电感 L_p、串联电容 C_s、串联电感 L_s 组成，它对于变压器副边匝数小的电源比较适用，因为此变压器折算到初级侧的分布电容能够忽略。而对于高频高压变压器，其并不适用。

LCC 谐振变换器电路图如图 5-11(d)所示，LCC 谐振变换器结合了串联谐振变换器和并联谐振变换器的优点，同时克服或改善了它们的缺点。LCC 谐振变换器具有良好的软开关性能，系统传输损耗小，能实现高电压输出，能通过变换器实现谐振元件的磁集成，系统功率密度高。它还具有较好的输出电压调节能力，在高压大功率应用场合中，由于高频高压变压器的次级绕组较多，因此折算至原边的电容较大，进而可以将电容作为 LCC 电路的并联谐振电容。

四种谐振变换器的特点如表 5-2 所示。

表 5-2　四种谐振变换器的比较

类　别	优　点	缺　点	效率	适用场合
LC 串联谐振	谐振电容可以起到隔直电容的作用，可防止变压器直流磁化	直流增益小于 1，空载时无法控制输出电压	90%	中压大功率
LC 并联谐振	电压增益可以大于 1；空载时可以控制输出电压	轻载时效率低；需加入隔直电容防止变压器直流磁化	90%	中压大电流
LLC 谐振	兼顾了 SRC 和 PRC 的优点	不太适用于高频高压变压器	95%	中压高频率
LCC 谐振	兼顾了 SRC 和 PRC 的优点；利用谐振元件吸收了变压器的寄生电容参数，体积很小	谐振过程复杂，参数设计不易	96%	高压高频率

比较以上四种谐振变换器可以发现，只有 LCC 谐振变换器能够使高压变压器的寄生参数充分地应用到谐振过程中，因此，LCC 谐振变换器在高电压输出场合非常适用。

谐振变换器一般采用频率调制方法，根据开关频率 f_s 和谐振频率 f_r 的关系，其工作方式可以分为三种。当 $f_s < f_r/2$ 时，谐振单元的谐振周期 T_r 小于半个开关周期 $T_s/2$，因此谐振单元在半个开关周期内可以完成一个完整的谐振周期，变换器工作在电流断续模式，此时，开关管是零电流开通和零电流关断的，即实现了零电流开

关(zero current switch,ZCS)。当 $f_r/2 \leqslant f_s \leqslant f_r$ 时,谐振单元在半个开关周期内无法完成一个完整的谐振周期,此时存在开通损耗和较大的电流尖峰,变换器电流是连续的,谐振单元呈容性。当 $f_s > f_r$ 时,谐振单元在半个开关周期内无法完成半个谐振周期。如果在开关管两端并联电容,那么开关管可以实现零电压关断。当 $f_s > f_r$ 时,谐振单元电流工作在连续模式,谐振单元呈感性,开关管实现了零电压开关(zero voltage switch,ZVS)。

谐振变换器工作的频率范围,需要根据输入电压、输出电压、输出功率等实际情况来选择。

3) 倍压整流模块方案

采用倍压整流电路的原因是考虑到现场用高稳定度直流电压源具有高电压、小电流的特点,而倍压整流电路正适用于此。采用升压变压器和倍压整流电路两级式结构,可以有效降低升压变压器的匝比,在原边输入电压不变的情况下,降低升压变压器副边的电压,降低升压变压器原副边的绝缘要求,提高变压器工作的稳定性。

常用的 Villard 二倍压整流电路如图 5-12 所示,其工作过程为:在变压器输出电压的正半周,二极管 D_1 承受正向压降导通,二极管 D_2 承受反向压降截止,电流流动的回路如图中实线所示,电流经电容 C_1 和二极管 D_1 回到变压器次级的下端,该过程中,电容器(电容)C_1 的电压充电到$\sqrt{2}U_T$的电压幅值。在进入变压器输出电压的负半周后,二极管 D_2 承受正向压降导通,D_1 承受反向压降截止,电流的流向如图中虚线所示,此时电容 C_1 上的电压与变压器的输出电压迭加后一起对电容 C_2 进行充电,最后 C_2 上的电压会达到 $2\sqrt{2}U_T$,即为变压器次级电压的幅值与电容 C_1 上电压的幅值之和。此过程中,二极管承受的最大反向电压为$\sqrt{2}U_T$,电容 C_1 承受$\sqrt{2}U_T$的电压,而电容 C_2 则会承受 $2\sqrt{2}U_T$的电压。

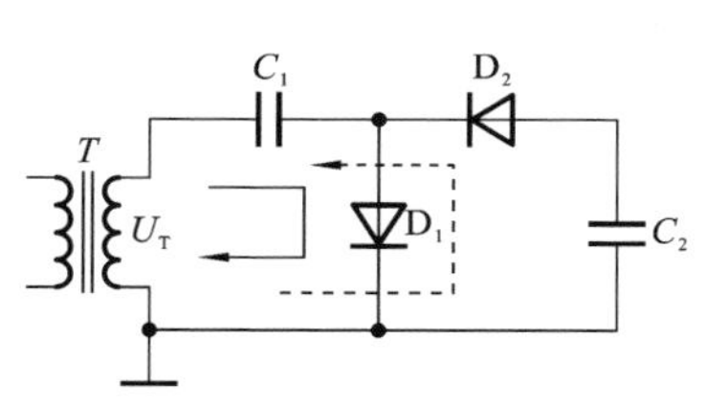

图 5-12　Villard 二倍压整流电路

为了获得更高的电压等级,可以将多个二倍压整流电路级联,从而做成高压硅堆,大大减小装置体积,下面将介绍几种常见的倍压电路。

CW 倍压电路如图 5-13 所示。其工作原理为,当输入交流电压的负半周时,电容 C_1 充电到输入电压的峰值 U;当输入交流电压的正半周时,电容 C_1 和变压器同时给电容 C_2 充电,最终 C_2 电压达到 $2U$,同理,下一周期 C_3 充电到 $2U$,依此类推,经过多个周期最终达到稳态时,C_2、C_4、C_6、C_8 均充电到 $2U$,因此输出电压为 $8U$。

由于电容在充放电的过程中会对负载充电,所以有部分电荷损失,导致输出电压会有跌落。CW 倍压电路输出电压的脉动幅值 δU、电压跌落 ΔU、纹波系数 S 由以下

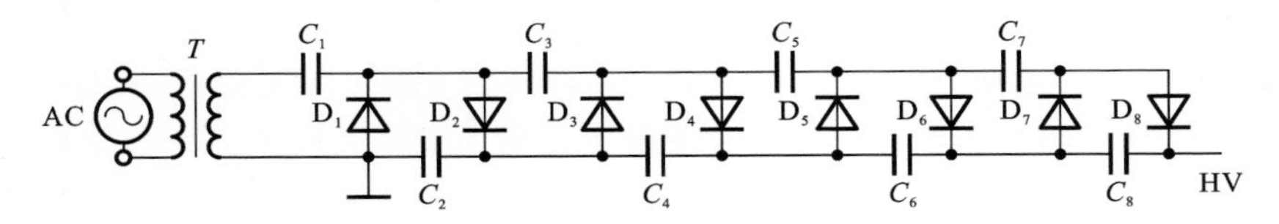

图 5-13　CW 倍压电路

几式给出：

$$\delta U=\frac{n(n+1)I_d}{4fC} \tag{5-1}$$

$$\Delta U=(4n^3+3n^2+2n)\frac{I_d}{6fC} \tag{5-2}$$

$$S=\frac{n(n+1)I_d}{4fCU_d}=\frac{n(n+1)}{4fCR_d} \tag{5-3}$$

式中，n 为串联级数，f 为电源频率，C 为电容值，I_d 为负载电流平均值，R_d 为负载电阻。

CW 倍压电路的优点是结构简单、所需要元器件数量少、对元器件耐压要求较低，缺点是随着倍压级数的增多，电容电压跌落较大，同时纹波也会增大。

对称 CW 倍压电路如图 5-14 所示，其工作原理与 CW 倍压电路的相同，由于变压器副边为双绕组，因此可以有效地减小输出电压纹波，减小电容电压的跌落。对称 CW 倍压电路输出电压的脉动幅值 δU、电压跌落 ΔU、纹波系数 S 由以下几式给出：

$$\delta U=\frac{nI_d}{4fC} \tag{5-4}$$

$$\Delta U=(2n^3+3n^2+2n)\frac{I_d}{12fC} \tag{5-5}$$

$$S=\frac{nI_d}{4fCU_d}=\frac{n}{4fCR_d} \tag{5-6}$$

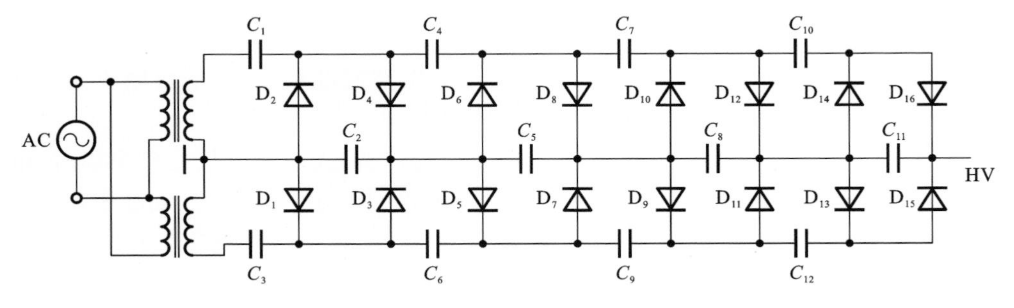

图 5-14　对称 CW 倍压电路

对称CW倍压电路的缺点是电路元器件数量多,要求变压器的两次级输出绕组完全对称,这对变压器提出了很高的要求,大大限制了电路的纹波改进。

正负双向倍压电路如图5-15所示。其工作原理为:当输入交流电压的正半周时,变压器通过D_5向电容C_5充电至输入电压的峰值U;当输入交流电压的负半周时,变压器和电容C_5共同对电容C_6进行充电,电容C_6的电压达到$2U$,同时变压器通过D_1向电容C_1充电至输入电压的峰值U;当输入电压再次为正半周时,电容C_7被充电至$2U$,同时变压器和电容C_1共同对电容C_2进行充电,电容C_2的电压达到$2U$。如此反复充电下去,充电的最终结果是电容C_2、C_4两端的电压达到$2U$,极性为左负右正;电容C_6、C_8两端的电压也达到$2U$,极性为左正右负;输出电压为正负倍压之和,故输出电压可以达到$8U$。

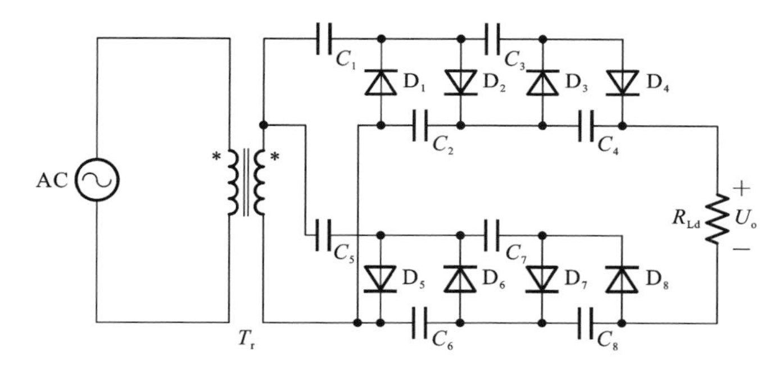

图5-15 正负双向倍压电路

正负双向倍压电路输出电压的脉动幅值δU、电压跌落ΔU、纹波系数S由以下几式给出:

$$\delta U=\frac{nI_d}{2fC} \tag{5-7}$$

$$\Delta U=(n^3+3n^2+8n)\frac{I_d}{24fC} \tag{5-8}$$

$$S=\frac{nI_d}{2fCU_d}=\frac{n}{2fCR_d} \tag{5-9}$$

由于正负双向倍压电路的脉动系数为矢量和,正负脉动值可相互抵消,因而输出电压纹波很小。

为了对上述三种电路进行比较,在Matlab、Simulink中分别建立电路模型进行仿真,仿真参数设置为输入电压幅值$U_{in}=137.5$ kV,频率$f=20$ kHz,电容$C=1$ nF,负载$R_d=220$ MΩ,级数$n=4$。输出电压波形如图5-16所示,输出电压的各项数据如表5-3所示。

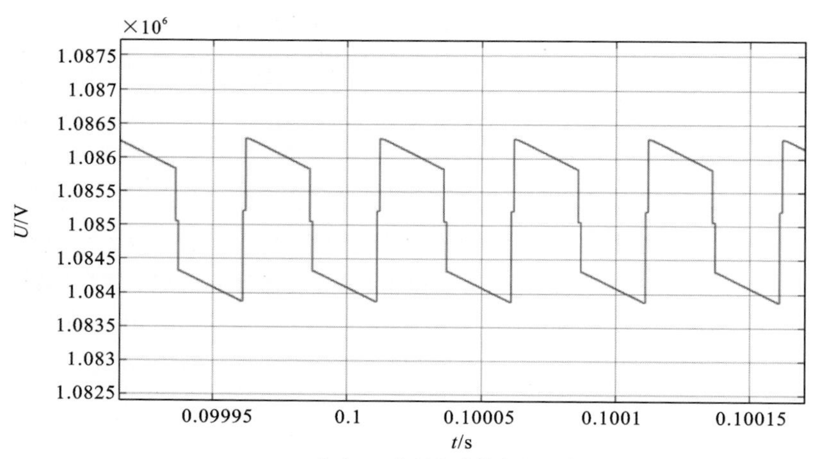

（a）CW倍压电路输出电压波形

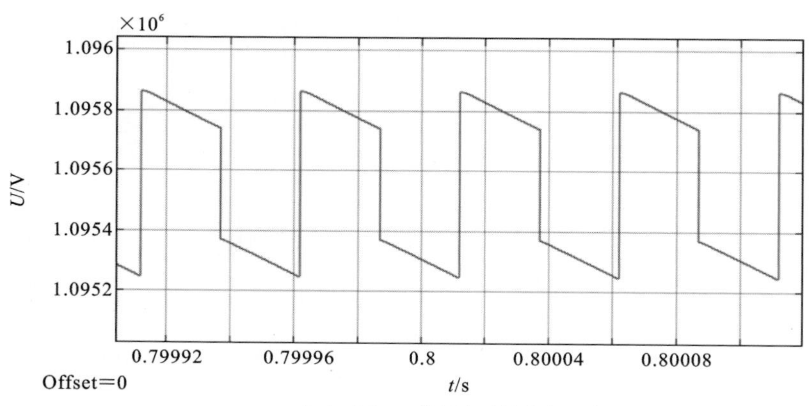

（b）对称CW倍压电路输出电压波形

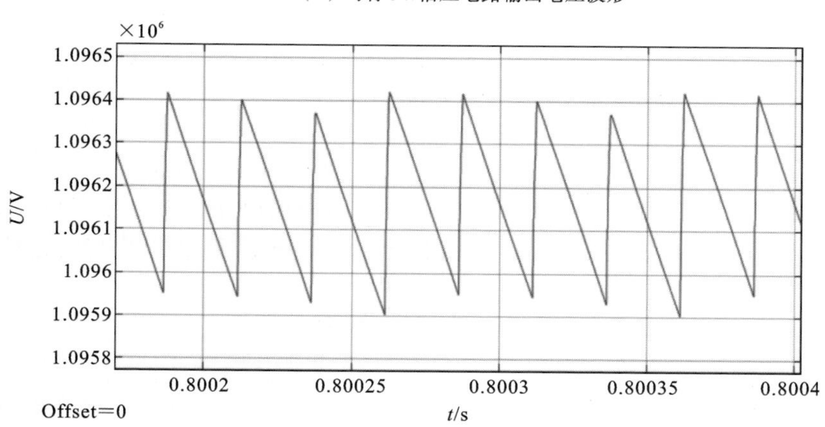

（c）正负双向倍压电路输出电压波形

图 5-16　三种倍压电路输出电压波形对比

表 5-3　三种倍压电路输出电压数据

倍压电路形式	电压跌落/kV	脉动幅值/kV	纹波系数
CW 倍压电路	14.9	1.2	0.109%
对称 CW 倍压电路	4.4	0.3	0.027%
正负双向倍压电路	3.85	0.25	0.023%

从表 5-3 可以看出，对称 CW 倍压电路的电压跌落为 4.4 kV，远小于常规的 CW 倍压电路的，与正负双向倍压电路的相差不大；对称 CW 倍压电路的脉动幅值为 0.3 kV，小于常规的 CW 倍压电路的，与正负双向倍压电路的相差也不大；对称 CW 倍压电路的纹波系数为 0.027%，小于常规的 CW 倍压电路的，与正负双向倍压电路的相差不大。

由上述分析可知，对称 CW 倍压电路与正负双向倍压电路在参数性能上接近。但是正负双向倍压电路在负载端接地，会导致高频变压器绝缘问题变得非常难解决，不适用于特高压场合。

4. 紧凑化高稳定度高压直流电源

目前国内外高稳定度高压直流电源（高压稳定度小于 0.05%，纹波系数小于 0.05%，输出电流小于 5 mA）在低电压等级下已经有成熟的方案和产品，但是在特高电压等级（如 1100 kV 电压等级）下，会受到以下诸多影响：①外部高压电晕影响稳定度；②内部结构均压不好；③超高电压等级需要分节，多节连接均压不可靠；④均压罩的防晕效果不好。以上影响因素导致系统很难做到 0.05%的稳定度，而且由于输出高压等级高，外部对地泄漏大，加上被校验的标准为 2 mA，所以系统的输出电流需要大于 5 mA，本系统按照 1200 kV/10 mA 输出电流配置，同时纹波系数还需满足小于 0.05%的要求。

1）电路设计

为了满足输出功率大、额定电压高、纹波系数小的要求，倍压筒采用三相倍压整流回路。如图 5-17 所示，外部三相工频电源输出的电压经三相全波桥式全控整流器后，被滤波成直流电压，再经斩波调压、三相逆变后输出给中频变压器，最后利用倍压整流电路得到 1200 kV、10 mA 的高压直流；从高压输出端通过分压器取反馈信号，通过特殊设计的 PID 控制电路，控制三相全波桥式全控整流器，达到稳定输出电压的目的。

倍压整流电路是高稳源的关键，具体设计过程如下。

（1）当倍压级数增多时，纹波幅值迅速增大，以至于当级数 n 超过一定值后，输出电压反而增加不多，所以减小纹波和增大输出电流是矛盾的，为减小输出电压纹波，根据额定电压和额定电流及稳定度的要求采取了以下措施：提高每级倍压电容的工作电压以减小倍压级数；电容工作电压增大，容量相对减小；增加每级电容的容量，

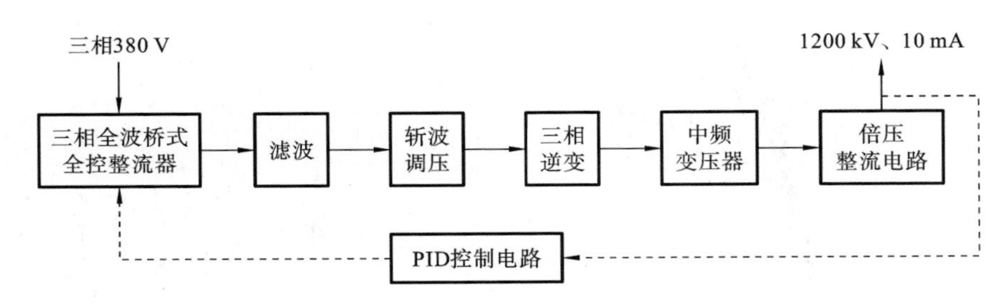

图 5-17 直流高稳电压源原理框图

这会受电容额定电容量和电源结构尺寸的限制；采用对称回路（俗称双桥臂）或三相回路（三桥臂）。

（2）目前倍压电容的最高电压等级为 80 kV，一般倍压整流电路按照 1.5 倍余量设计，则单只倍压电容的工作电压为 80 kV/1.5＝53 kV；取单只电容额定工作电压为 50 kV；所需倍压级数为 1200 kV/50 kV＝24 级，故倍压筒设计为 24 级 32 倍压模式；倍压电路由两节组成，每节为 12 级。

（3）根据电压纹波公式计算电压纹波。

对称回路（双桥臂）升压电压纹波计算公式如下：

$$U_{\mathrm{H}}=nI/(4f_{\mathrm{c}}) \tag{5-10}$$

三相回路（三桥臂）升压电压纹波计算公式如下：

$$U_{\mathrm{H}}=nI/(12f_{\mathrm{c}}) \tag{5-11}$$

按照三相回路升压模式，在额定电流、1200 kV 下，理论计算电压纹波为 333 V，纹波系数为 0.028%，满足纹波系数小于 0.05%。

倍压筒内部安装照片如图 5-18 所示。

2）闭环稳定性研究

特高压直流发生器的输出功率较大，要想令输出电压的鲁棒性好，其必须具有良好的控制性能。反馈检测信号来自高压输出端，控制对象为三相桥式全控整流器。传统的 PID 算法主要适用于线性系统，需要根据控制对象的精确模型来确定 PID 参数，而由升压变压器和倍压整流回路构成的升压电路为非线性时滞系统，很难确定精确的数学模型，因此，传统的 PID 控制算法不能满足高压直流电源的要求。为此建立了基于改进的 BP 神经网络的 PID 控制系统模型，如图 5-19 所示。

BP 神经网络的训练过程为按照设定的网络参数，不断迭代修改各节点的权值和阈值，使得误差符合要求。通过 BP 神经网络的自主学习能力自适应调节 PIN 调节算法对应的 PID 参数，快速得到最佳的 PID 参数，有效调节高压直流发生器。

在图 5-19 所示的控制系统模型中，利用改进的 BP 神经网络对 PID 调节器的参数进行自整定优化，可以弥补 PID 算法在非线性系统中的不足，提升控制输出的鲁棒性，不需要准确知道被控对象的数学模型即可实现优化的 PID 控制效果。选用

图 5-18　倍压筒内部安装照片

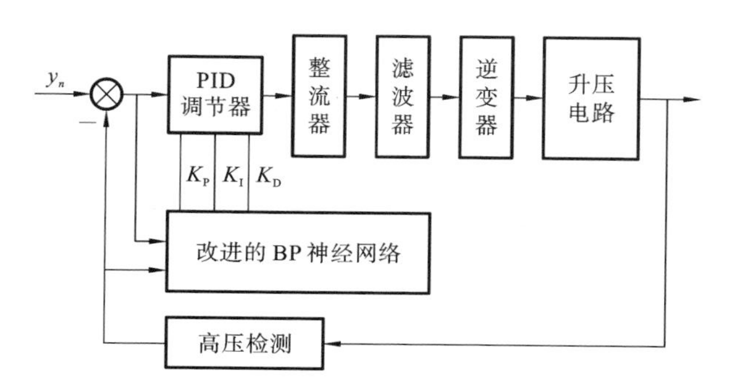

图 5-19　基于改进的 BP 神经网络的 PID 控制系统模型

BP 神经网络对测试仪器模型测得的数据进行人工智能处理，以消除测量值和真实值之间的误差。

BP 神经网络模型的拓扑结构包括一个输入层、一个或多个隐含层和一个输出层，这里采用三层神经网络，只有一个隐含层。BP 神经网络的学习过程是由信号的正向传播与误差的反向传播两个阶段组成的。正向传播时，输入样本值到输入层，经隐含层逐层处理后传向输出层，若输出层的实际输出值与期望输出值不符，则进入误差的反向传播阶段。反向传播误差，是指将输出误差通过隐含层向输入层逐层反传，将误差分摊到各层的所有节点，并获得各层节点的误差信号，作为修正各节点权值的依据。信号的正向传播与误差的反向传播循环地进行，期间各层权值不断得到调整，就是网络的学习过程。学习过程进行到网络输出的误差可以接受，或者进行到预先设定的循环学习次数。

BP 神经网络存在收敛速度慢、易陷入局部最小值等不足，为改善 BP 网络的性能，采用惯性校正法对 BP 神经网络的学习过程进行改进。下面采用惯性校正法对 BP 神经网络的学习过程进行改进，惯性校正法利用前次校正量修改本次校正量：

$$\Delta\omega(N)=\Delta\omega(N)+\rho\Delta\omega(N-1) \tag{5-12}$$

式中，N 为迭代次数，ρ 为惯性系数，取 $0<\rho<1$，$\Delta\omega(N-1)$ 为前次校正量，$\Delta\omega(N)$ 为本次校正量；由于惯性项与本次误差校正符号相反，当前一次校正量过调时，可以使本次实际校正量减小，起到抑制振荡的作用；欠调时则校正量增加，起到加速的作用。

本项目设计了基于 BP 神经网络的特高压直流发生器，并在 Matlab/Simulink 环境下搭建了电路的仿真模型，其中，BP 神经网络的 PID 控制器（调节器）由两部分构成，分别是传统 PID 控制器和用 S-Function 写成的 BP 神经网络控制器。BP 神经网络算法设置为 4-8-3 三层结构，输入为四个状态变量，分别是 $e(k)$、$e(k-1)$、$e(k-2)$ 和 $u(k-1)$，隐含层有 8 个神经元，输出分别为 PID 控制器的三个参数，分别是比例系数 K_P、积分系数 K_I、微分系数 K_D，这样可以通过神经网络的自主学习能力自适应调节 PID 参数。倍压电路封装在 Multivoltage 模块中，本模型的倍压器采用对称式 36 级 72 倍压电路产生 1200 kV 高压直流。

基于传统的 PID 控制算法和本项目提供的改进 BP 神经网络 PID 控制算法分别建立电路模型，并进行仿真，可得到两种控制算法下的特高压直流发生器的输出电压波形。BP 神经网络 PID 控制器可以动态调整 PID 控制参数，快速得到最佳的 K_P、K_I、K_D，而且由于 BP 神经网络可以自己学习调整参数，因此，系统不会出现超调现象，从而可有效控制特高压直流发生器。为了研究神经网络 PID 控制器在有故障发生时的恢复能力，在 0.5 s 时，加入一个脉宽为 0.01 s 的脉冲信号作为扰动，可知在 0.03 s 左右系统就可以恢复稳定输出，可见神经网络 PID 控制器响应速度快，具有良好的抗干扰能力，在特高压直流发生器的试品出现击穿、放电现象时具有良好的故障恢复能力。

3）均压环优化设计

根据 Q/GDW 550—2010，按圆管型单圆环的最大表面电位梯度计算公式对倍压筒的最大表面电位梯度进行计算，公式为

$$E_{\max}=\frac{U\left(1+\dfrac{r}{2R}\ln\dfrac{8R}{r}\right)}{r\ln\dfrac{8R}{r}} \tag{5-13}$$

式中，$E_{\max}$为最大表面电位梯度（峰值，最大表面电场强度），kV/cm；U 为相电压（有效值），kV；r 为管半径，cm；R 为圆环外廓半径，cm。

电晕的临界电位梯度（峰值，临界场强）计算公式为

$$E=30.3m\delta\left(1+\frac{0.3}{\sqrt{r}}\right) \tag{5-14}$$

式中，m 为表面粗糙系数，取 0.82 或大于 0.82 的值；δ 为相对空气密度，在海拔 0 m 处，取值为 1。

倍压筒几何尺寸图如图 5-20 所示。

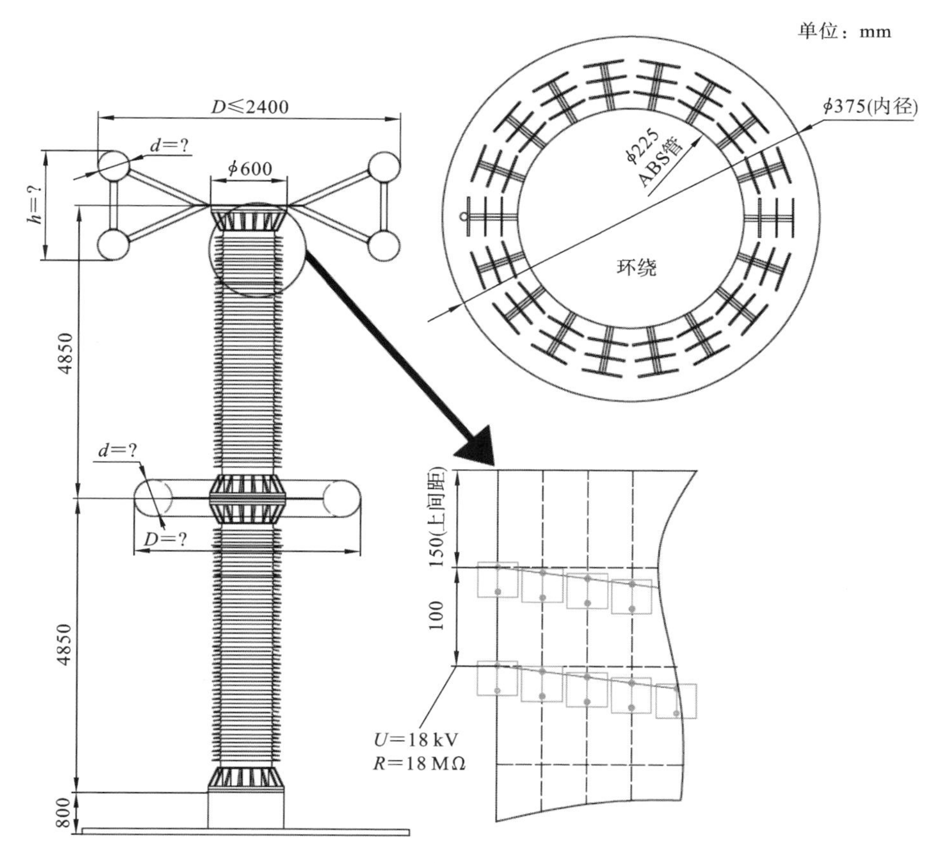

图 5-20　倍压筒几何尺寸图

由于均压环环径 $D\leqslant 2400$ mm，倍压筒本体外径为 600 mm，故均压环管直径 d

$\leqslant$900 mm。且根据公式可知 $E_{max} \propto 1/D$,故减小环径将使均压环最大表面电场强度增强;也可知电晕的临界场强 $E \propto 1/d$,但 d 减小时,E 变化不大。

根据式(5-13)、式(5-14),可得表 5-4。

表 5-4 顶环处不同管半径和环径下的 E_{max} 和 E 的值

均压环环径/mm	均压环管半径/mm	E_{max}/(kV/cm)	E/(kV/cm)
2400	400	19.25	26.02
	300	22.03	26.19
2200	400	20.21	26.02
	300	23.15	26.19

若保留 1.3 倍裕度,则均压环管半径 $d/2$ 不宜小于 400 mm,环径 D 宜大于 2200 mm,建议 D 取 2400 mm,d 取 800 mm。

取两顶环间距为 800 mm,则双环高度 h=2400 mm;参考实验室用的两节串联的电抗器,E_{max}=9.128 kV/cm,临界电位梯度 E=19.32 kV/cm,腰环与顶环保持一致。

为保证分压器周围电场分布均匀,腰环的管径和环径不宜取得过小,通过式(5-14)计算可知,当 $r \geqslant 75$ mm 时,随着 r 的减小,电晕的临界场强 E 变化不大,当 r=75 mm 时,E=27.5727.12 kV/cm,而 E_{max} 快速增大,当 r=200 mm 时,有 E_{max}=17.00 kV/cm;当 r=400 mm 时,E_{max}=9.73 kV/cm。为保证倍压筒局部电场分布均匀,并保留一定裕度,腰环的管径取 400 mm,环径取 2400 mm。

根据计算的参数与确定的均压环尺寸,建立二维轴对称模型如图 5-21 所示。

为便于计算,加入空气域后,将均压环实体剖空,得到倍压筒电场纵向和横向仿真模型,如图 5-22 和图 5-23 所示。

设置空气的相对介电常数为 1 后,进行网格剖分,再进行稳态计算,得到图 5-24 和图 5-25 所示的倍压筒周围的电势分布仿真结果。

图 5-24 给出了倍压筒周围的电势分布二维情况,从图中可观察出电势最大值出现在顶部均压环区域,周围电势呈多层环状逐级递减。

图 5-25 所示的为倍压筒周围电势分布三维图,从图中可看出倍压筒从顶环到腰环区域电势较大,从顶环到腰环周围的电势呈灯泡形状,从均压环往外快速衰减。

由图 5-26 和图 5-27 所示的倍压筒周围电场分布可知,仿真得到的倍压筒最大表面电场强度出现在顶部均压环上,其值为 17.9228 kV/cm,公式计算值为 19.25 kV/cm,且由于仿真中顶部为双环结构,所得结果应比单环的计算结果偏小,故仿真与计算相符。

考虑到最终安装和运输方便,均压罩直径应小于汽车宽段,高度应不使汽车超高,所以顶环的实际尺寸为:管径为 800 mm,环径为 2400 mm,外管采用 D 型结构,

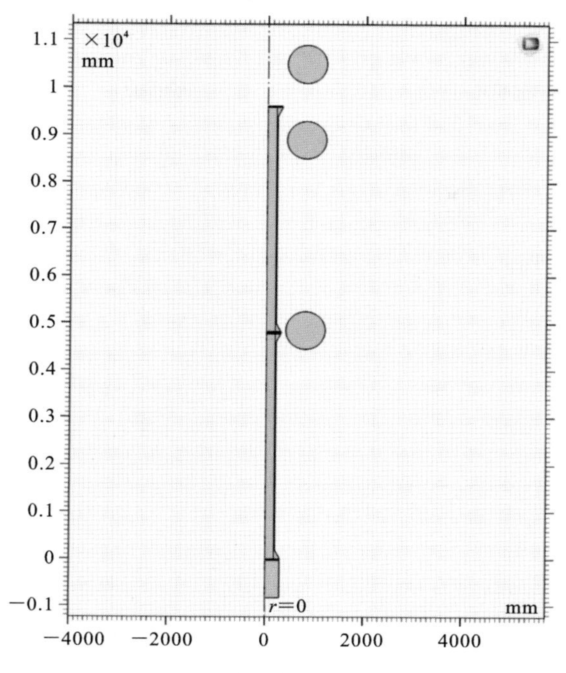

图 5-21 均压环模型

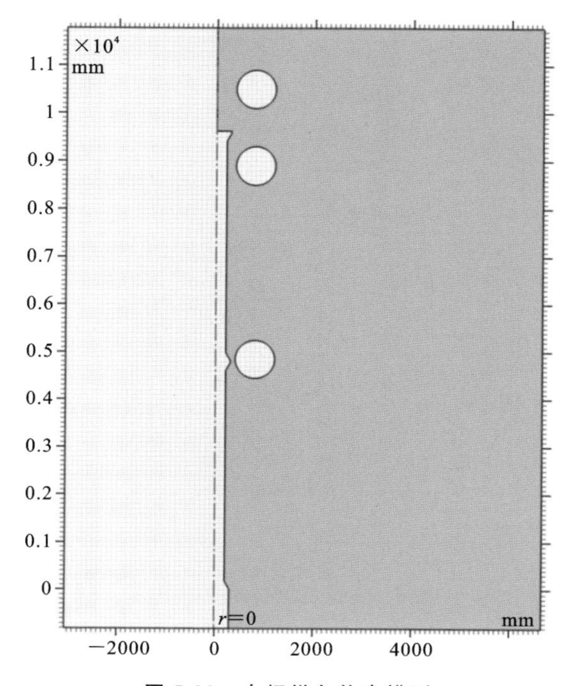

图 5-22 电场纵向仿真模型

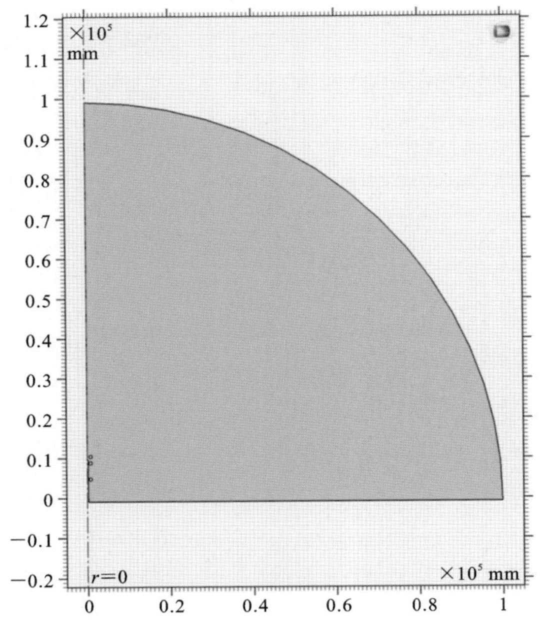

图 5-23 电场横向仿真模型

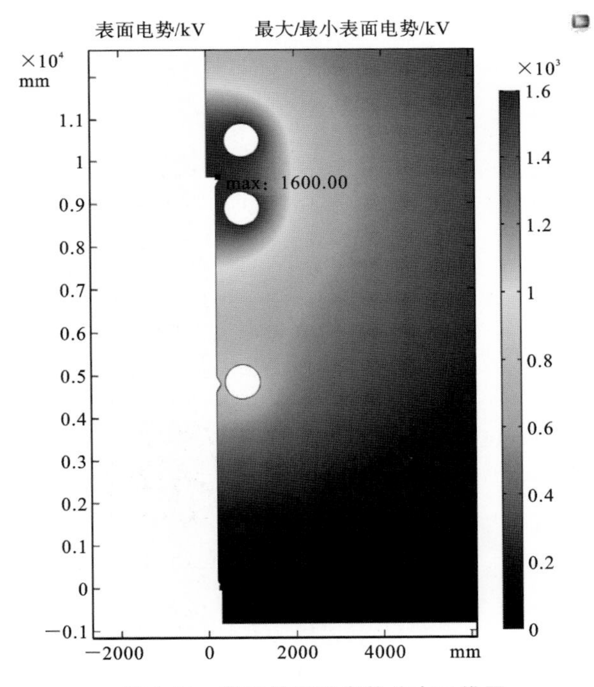

图 5-24 倍压筒周围电势分布二维图

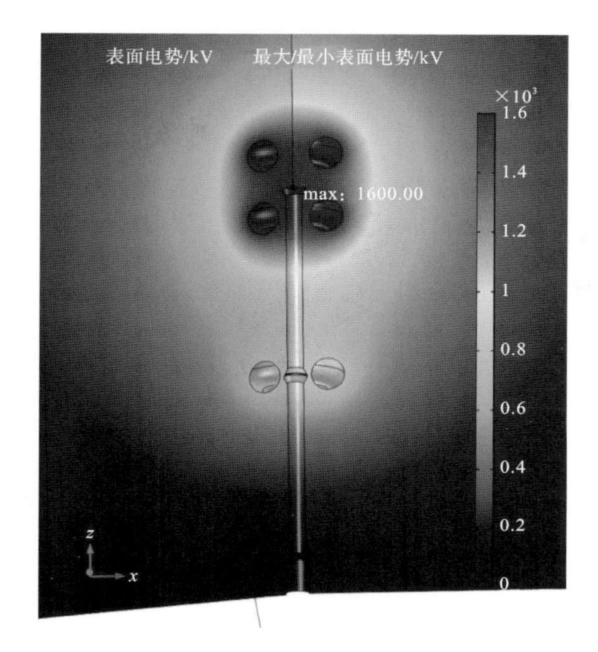

图 5-25　倍压筒周围电势分布三维图

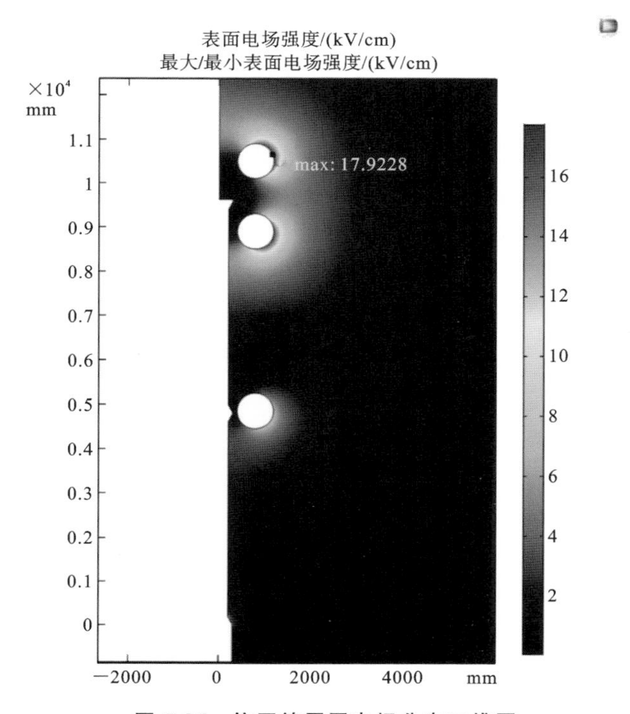

图 5-26　倍压筒周围电场分布二维图

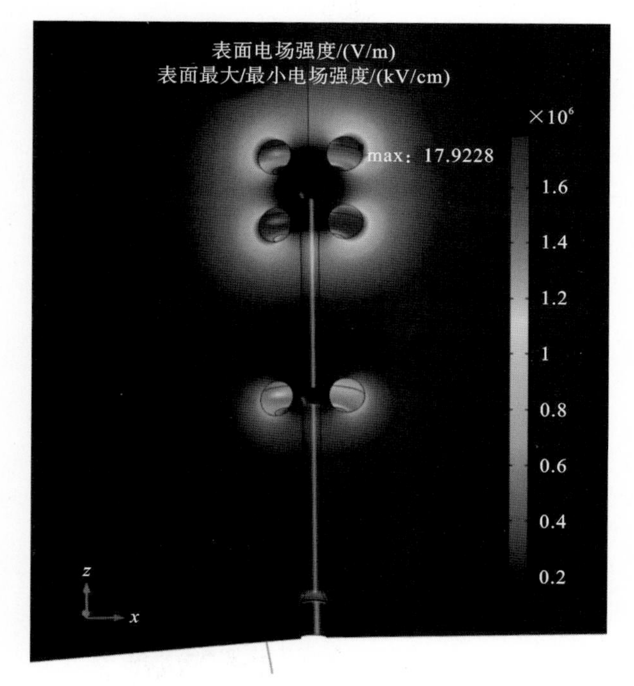

图 5-27 倍压筒周围电场分布三维图

增大外部管径，减小内部直径，顶环二维设计图如图 5-28 所示。

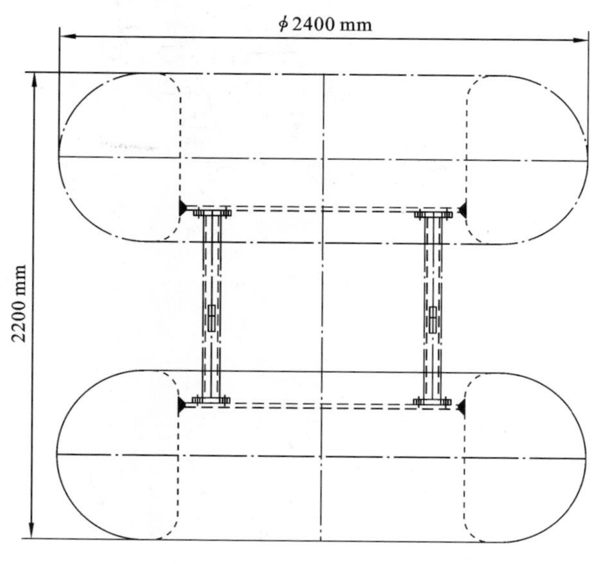

图 5-28 顶环二维设计图

腰环同顶环设计方法一致，设计图如图5-29所示。

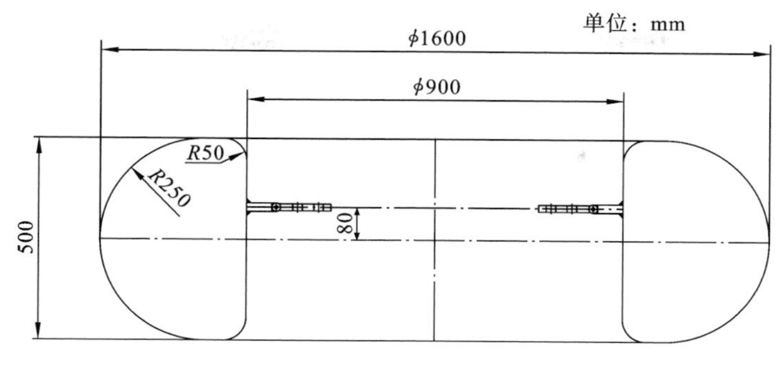

图5-29　腰环二维设计图

4）性能测试

在直流高稳源（高稳定度直流电源）输出端连接负载，开始逐点进行测试。每测试点连续测试1 min。采用Agilent 34401A数字万用表自动连续测量和记录电源输出的电压值，万用表测量方式设定为高阻方式。用Tektronix TDS1002数字示波器测量记录波形及纹波峰峰值，试验结果如表5-5所示。

表5-5　恒定负载1200 kV/10 mA条件下的试验结果

输出电压/kV	计次	最高电压/V	最低电压/V	30 s稳定度/(%)	最高电压/V	最低电压/V	1 min稳定度/(%)
200	1	200313.9	200284.6	0.015	200358	200320.7	0.019
	2	200699.6	200672.4	0.014	200746.2	200706.4	0.020
	3	200204.6	200175.6	0.015	200415.9	200364.1	0.026
400	1	400722.3	400680.6	0.010	400792.7	400720.3	0.018
	2	401468.8	401426.7	0.011	401544.4	401467.5	0.019
	3	400487.6	400436.7	0.013	400415.9	400339.4	0.019
600	1	600321.6	600156.6	0.028	600381.3	600247.8	0.022
	2	601430.1	601326.1	0.017	601503.8	601371.9	0.022
	3	600045.1	599898.5	0.024	601756.4	601558.4	0.033
800	1	800562.8	800454.8	0.014	800583.7	800449.3	0.017
	2	802081.4	801972.9	0.018	802139.2	801968.4	0.021
	3	801548.7	801384.5	0.021	800903.5	800626.8	0.034

续表

输出高压/kV	计次	最高电压/V	最低电压/V	30 s稳定度/(%)	最高电压/V	最低电压/V	1 min稳定度/(%)
1000	1	999252	999043.8	0.021	999322.8	998938.9	0.038
	2	1001224	1000943	0.028	1002061	1001654	0.040
	3	1001846	1001577	0.027	1001352	1000992	0.036
1200	1	1200143	1199821	0.027	1200223	1199802	0.035
	2	1200023	1199751	0.023	1200182	1199676	0.042
	3	1201192	1200876	0.026	1201986	1201428	0.046

由表5-5可知,30 s内各点稳定度均小于0.03%;1 min内各点稳定度均小于0.05%。试验测得电源电压调整率小于0.05%,各种保护功能均能正常动作。

5.2.2 现场用直流电压标准器

标准分压器的设计步骤如下:①确定均压罩和腰环,设计方法同倍压筒的基本一致;②测量电阻选型、屏蔽电阻选型;③确定安装结构;④测压电阻的筛选和屏蔽电阻的筛选;⑤分压器的温升仿真和实际温升测量。

考虑到1200 kV的绝缘要求,分压器长度将在10 m以上,为了方便运输,将分压器设计为两节串联结构。

1. 测量电阻和屏蔽电阻的选型

标准分压器指标需求如下:①1200 kV/0.1级;②整体线性度小于0.02%;③使用环境温度为(20±20) ℃。

设计电阻精度为0.01%,电阻元件温度系数为5 ppm/℃。考虑到元件的多只串联和散热等,整个系统理论温度系数为10 ppm/℃。在(20±20) ℃范围内,分压器分压比的理论最大变化为0.02%。

首先利用该电阻设计一个50 kV的试验分压器,并进行分压器整体温度系数试验(置于恒温箱中,从20℃到60℃分4点做温度系数试验),试验结果表明分压器的温度系数不超过5 ppm/℃。

为减小发热造成的阻值变化,除了根据分压器不确定度的要求选用温度系数小的电阻元件外,理论上可采取以下措施:①令元件的容量大于分压器所需的额定功率,以减小温升;②电阻的温度系数在不同温度下常常有正有负,在串联使用时可适当地加以搭配,使电阻整体的温度系数最小;③分压器内充变压器油以增强散热或通以循环的绝缘气体控制分压器的温度。

按照以上要求设计标准分压器时,实际采取的措施如下。①对选取的电阻进行温度系数测量，由于电阻的温度系数有正有负，需对每只电阻进行编号及温度系数正负标定，在装配过程中，将温度系数相近、符号相反的电阻串联搭配，以提高分压器分压臂的整体稳定性。②为了保持其长期稳定性，前期对所选电阻进行热老练处理，即将电阻放置到高温箱中，加热至 100 ℃，并保持 24 小时，然后将其从高温箱中取出，并使温度降至常温。③高压臂电阻与低压臂电阻选用同种材料的，这样可以保持高、低压臂温度变化的一致性，另外，低压臂电阻安装在筒内，应尽量保证在同一个温度环境下，分压比值受温度的影响最小。④电阻阻值会由于施加电压不同而改变，不同结构的电阻有不同的电压系数。对选用的精密电阻，其在各种电压水平的电路中阻值的变化率极小。另外，考虑到电阻的标称工作电压为 1400 V，在设计中选择额定电压为 800 V，使电压系数的影响降到最小。⑤环境湿度上升和电阻表面存在脏污都可能使电阻表面的绝缘程度下降，增大泄漏电流会影响分压比误差，所以采用等电位屏蔽措施，在电路上增加一路屏蔽电阻，在分压电阻表面两端人为地建立等电位点，使这段等效电阻为无穷大；安装方式采用等距的螺旋形式，螺距的变化使电阻柱的电位分布大致等于静电场的分布。

2. 分压器的温升仿真

分压器的温升将造成分压电阻阻值发生变化，进而影响标准分压器的准确度。本节将介绍分压器的温升仿真研究。

若标准分压器均压环内充 SF_6 气体，总电阻值为 528 MΩ，承受电压为 800 kV，试计算其 30 min 的发热量。由于均压环对发热影响很小，在计算发热时可忽略均压环，取单节分压器的本体作为仿真对象，如图 5-30 所示。

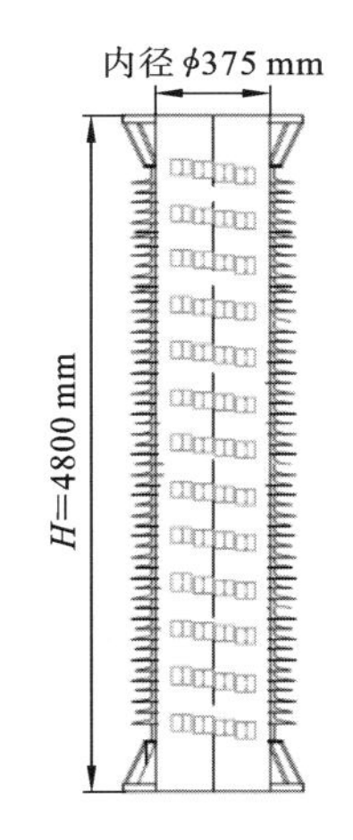

图 5-30 单节分压器本体结构图

在运行过程中，分压器电阻为主要热源。通过计算分压器的电阻损耗可得到分压器的热耗率，在分压器内部，主要通过热对流传热，在绝缘桶外表面，热与空气自然对流。温升计算采用的材料参数如表 5-6 所示，建立二维轴对称热分析模型如图 5-31 所示。

表 5-6 材料参数表

材料	SF_6 气体	电阻(康铜)	环氧树脂	钢	氮气
密度/(kg/m³)	8.9	8900	1673	7800	1
导热率/(W/(m·℃))	0.04	480	0.2	70	0.02
恒压热容/[J/(kg·℃)]	655	386	1511	490	1038
表面辐射率	—	0.09	0.8	—	—
比热率	1.33	—	—	—	1.4

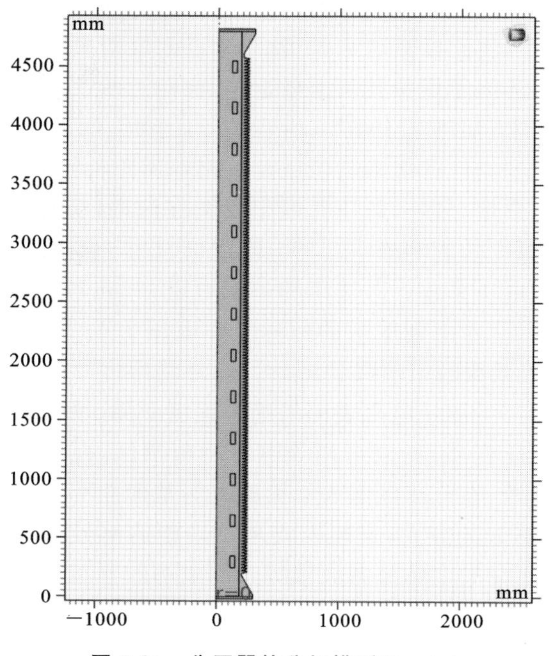

图 5-31　分压器热分析模型(0 min)

将整个阻容电路所在部分作为等效热源处理，认为各单元体积热功率相等。有限元分析中，总热源的热生成率，即发热功率为

$$P = 1212.1212\ \mathrm{W} \tag{5-15}$$

传热方式上，考虑热源与 SF_6 气体的传导，通过设置热通量和漫反射表面来实现气体本身对流、热源与环氧桶壁的辐射、环氧桶外表面与环境的对流和辐射，此外，新模型在外壳外部增加了裙边，在上下两端增加了法兰盖板，使模型更接近实际。

根据上述条件进行计算，模型初始温度设定为 20 ℃，图 5-32 所示的为运行过程中的温度分布云图。

仿真时取室温为 20 ℃，运行时间设为 30 min，每 3 min 读取一个温度值，结果显示 21 min 时，热点温度约为 29.48 ℃，30 min 时，热点温度约为 33.48 ℃，主要热点为分压器中的电阻，30 min 热点温升约为 13.48 ℃。

修改分压器内气体为氮气，运行时间设为 30 min，每 3 min 读取一个温度值，仿真结果如图 5-33 所示，显示 21 min 时，热点温度约为 29.47 ℃，30 min 时，热点温度约为 33.45 ℃，主要热点为分压器中的电阻，30 min 热点温升约为 13.45 ℃。

以上仿真表明，充 N_2 与充 SF_6 气体，在运行时间为 30 min 的条件下，控制分压器热点温度的效果相当，但由于 N_2 导热率更大，从仿真图像中可明显看出，充 N_2 时的高温气体区域明显多于充 SF_6 气体时的。

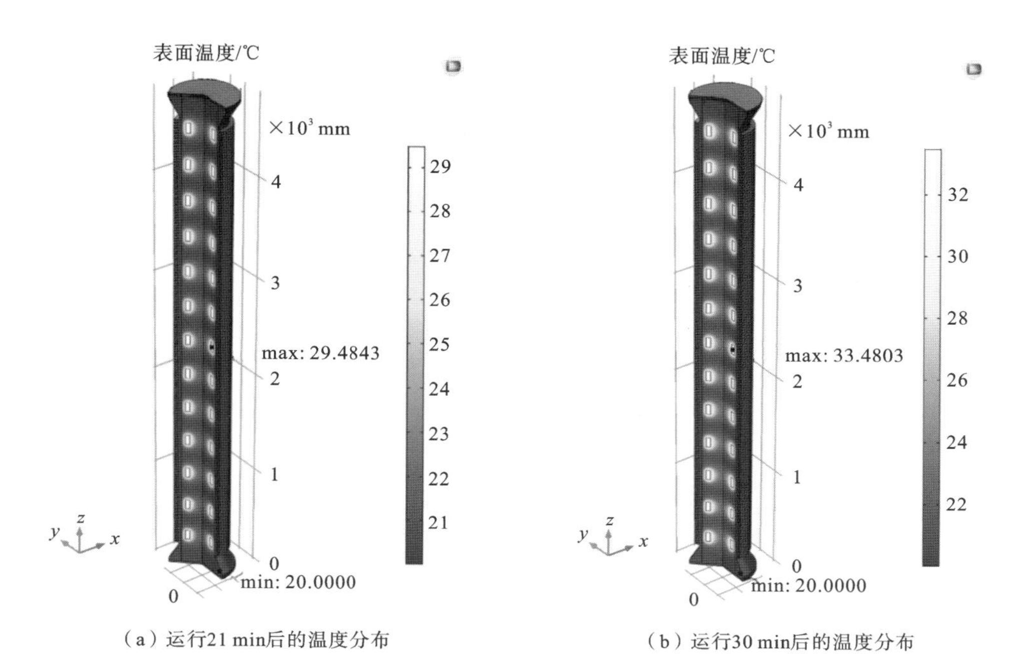

图 5-32　运行过程中的温度分布云图(SF_6 气体)

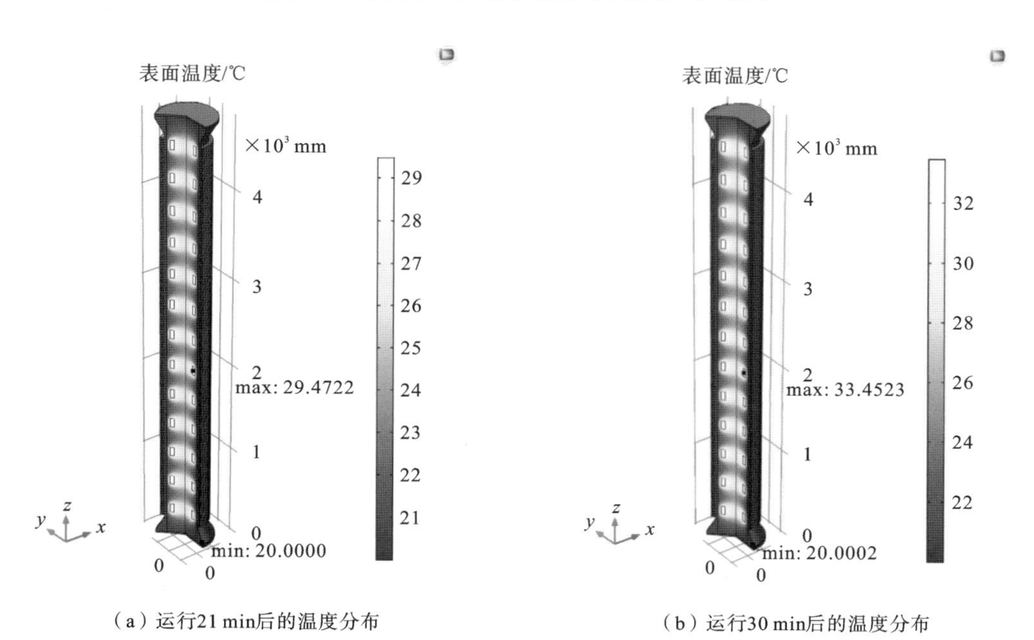

图 5-33　运行过程中的温度分布云图(氮气)

现场实际运用过程中，在额定电压下工作的持续时间不长，一般不超过 3 min，所以整体按照 12 min 作为极限参数，最大温升为 5 ℃。

现场试验时，温度使用范围为 0～40 ℃，按照(20±20) ℃计算，以 20 ℃作为标准校验值，则最大温升为 20℃＋5℃＝25 ℃，按照电阻的温度系数为 5 ppm/℃计算，可得 5 ppm/℃×25 ℃＝125 ppm，即由环境温度变化和分压器自身工作发热造成的最大变化为 0.0125%。

3. 直流标准分压器的装配

将选出的电阻器(电阻)装配到分压器上时，先把电阻器固定在绝缘支架上，再把引线沿螺旋的圆周方向理顺并拢，将 0.6 mm 镀银裸铜线螺旋均匀缠绕在引线上，最后用低熔点焊锡将其焊牢。焊点要光滑，剩余的焊剂应用无水酒精清洗干净。

精密分压器的元件焊接工艺对分压器的稳定性有重要影响。焊接是金属与金属的电接触，在接触的界面既有原子级的过渡，也有分子级的过渡，也可能有非金属夹层，形成膜接触。根据电接触理论，在界面存在热效应、电动斥力效应、电容吸力效应、隧道效应、汤姆孙效应、珀耳帖效应、塞贝克效应(热电效应)等。其中，热电效应对分压器的影响最大。热电效应的产生机理是不同金属的电子逸离能与自由电子浓度不同，在接触面会产生接触电势，大小在 1 V 数量级。同一种结构的触点在不同温度下，接触电势差也不同。这样，当电路中的两个触点处于不同的温度时，由于接触电势差不相等，就会产生温差电势，或者称为热电势。温差电势大小在 10^{-5} V/K 数量级。

对于有上百个焊点的分压器来说，每个焊点产生的一点点微弱的热电势会叠加成相当可观的干扰电势。为了保证分压比的稳定，应该尽量让电阻元件的引线靠紧，减小温度差，焊接表面要清洁，保证焊料可靠吸附。

在高电压作用下，分压器绝缘支架也有泄漏电流流过，如果这个电流不影响分压比，其大小要限制在 10^{-9} A 数量级。分压器支架采用了表面状态特性很好的有机玻璃和聚四氟乙烯材料，表面电阻足以保证以上要求。但绝缘表面容易产生静电，易吸附灰尘和水汽，因此分压器内部要保持高度清洁，不得有灰尘及杂质。

4. 直流标准分压器的校准

为了分别对 1200 kV 分压器的两节进行校验，采用 800 kV、线性度为 0.01%的标准器做比对试验，在未充气的状态下数据如表 5-7 所示。

表 5-7 1200 kV 分压器试验数据

测量点/kV	标准输出/V	试品输出/V	标准、试品输出之比	归一化线性度
20	0.20102	0.33528	0.5995586	1.00000
	0.20101	0.33526	0.5995645	1.00001
	0.20101	0.33526	0.5995645	1.00001

续表

测量点/kV	标准输出/V	试品输出/V	标准、试品输出之比	归一化线性度
40	0.40476	0.67509	0.5995645	1.00001
	0.40478	0.67512	0.5995675	1.00001
	0.40476	0.67508	0.5995734	1.00002
60	0.60528	1.00935	0.5996731	1.00019
	0.60525	1.00934	0.5996493	1.00015
	0.60526	1.00936	0.5996473	1.00015
80	0.802	1.3376	0.5995813	1.00004
	0.80201	1.3376	0.5995888	1.00005
	0.802	1.3376	0.5995813	1.00004
100	1.02298	1.7065	0.5994609	0.99984
	1.023	1.7064	0.5995077	0.99992
	1.02288	1.7063	0.5994725	0.99986
200	2.0223	3.3732	0.5995197	0.99994
	2.0223	3.3732	0.5995197	0.99994
	2.0222	3.3732	0.5994901	0.99989
300	3.0058	5.0136	0.5995293	0.99995
	3.0058	5.0136	0.5995293	0.99995
	3.0059	5.0137	0.5995373	0.99996
400	4.0484	6.7519	0.5995942	1.00006
	4.0484	6.7523	0.5995587	1.00000
500	5.0076	8.3525	0.5995331	0.99996
	5.0078	8.3525	0.599557	1.00000
	5.0079	8.3528	0.5995475	0.99998
600	6.0122	10.0235	0.5998104	1.00042
	6.0124	10.0239	0.5998065	1.00041
	6.0125	10.0241	0.5998045	1.00041

从表 5-7 中可以看出，在 600 kV 下误差最大，由于还未抽真空和充气，在整体 20～500 kV 范围内线性度小于 0.05%；将分压器抽真空后，充氮气进行试验，记录

试验数据；再抽真空，充 SF_6 气体进行试验，并记录数据。

整体组装后，如图 5-34 所示，进行校准试验，数据如表 5-8 所示。

图 5-34　标准直流分压器的组装

表 5-8　1200 kV 标准直流分压器校准数据

实测电压/kV	被检示值/V	分　压　比
124.451	1.03712	119997/1
243.887	2.03247	119995/1
364.579	3.03827	119996/1
482.504	4.02103	119995/1
605.213	5.04366	119995/1
724.036	6.03391	119994/1
843.331	7.02816	119993/1
963.053	8.02589	119993/1
1081.022	9.00784	120009/1
1200.801	10.00596	120009/1

可以看出，标准分压器的分压比线性度优于 0.02%。

5.2.3　一体化试验平台

为了便于现场用 1100 kV 高稳定度直流电压源的运输(运载)、现场快速组装和拆解,设计采用一体化车载平台方案。考虑目前常用运输车辆运载长度约为 9.6 m,一体化车载平台在车辆运载状态的外部尺寸设计为:长 9.5 m、宽 2.3 m、高 2.7 m。

一体化车载平台使用液压升降装置实现卧倒运输,之后再在现场竖起。平台支架具有较高的机械强度,可以有效承载机械竖立机构、液压支撑腿及举升托架机构的机械载荷,在运输状态时举升支架处于接近水平状态,配备的固定机械竖立机构、液压支撑腿、举升托架等机构都处于固定闭锁状态。一体化车载平台效果图如图 5-35 所示。

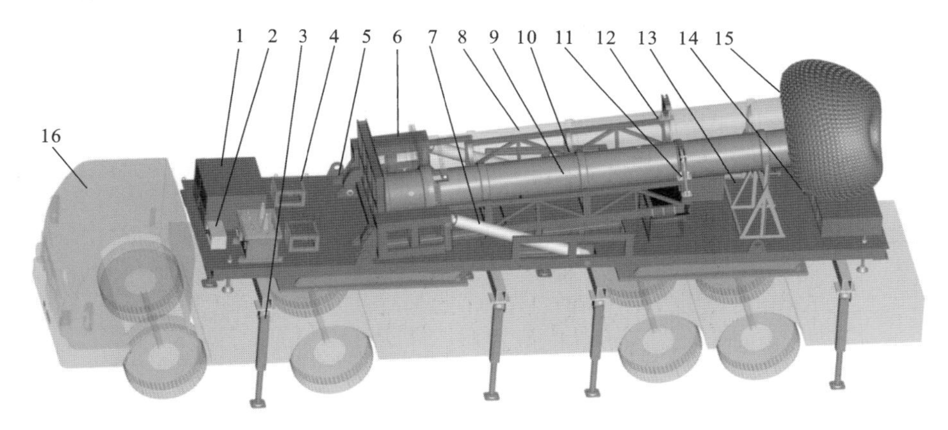

(a) 液压支撑腿撑开状态

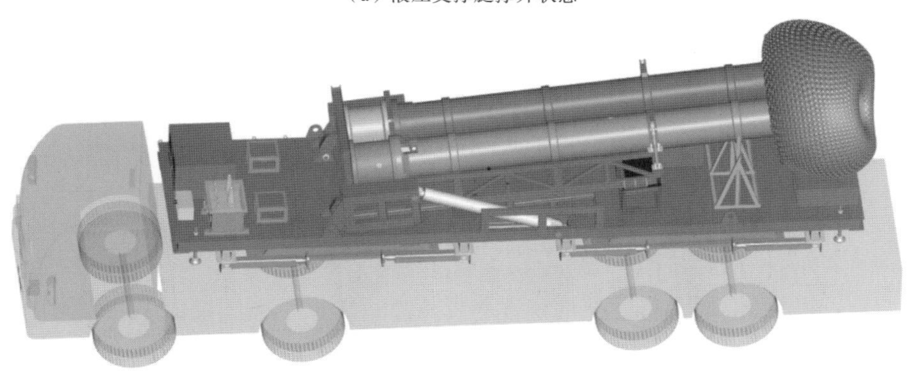

(b) 液压支撑腿收拢状态

图 5-35　一体化车载平台效果图

图 5-35 中所示的运输车辆(运载车辆)只用于显示车辆运载效果,图中引线对应的实物如下。1 为 1100 kV 现场用高稳定度直流电压源的控制柜;2 为线缆箱,用于收

纳现场试验中所用测量线缆;3 为液压支撑腿;4 为平台支撑座;5 为可调液压缓冲座;6 为直流标准分压器绝缘底座;7 为液压支撑杆;8 为直流标准分压器;9 为 1100 kV 现场用高稳定度直流电压源;10 为举升托架;11 为液压抱紧手臂;12 为运输支撑托架;13 为气囊式金属鳞片均压罩;14 为附件储物箱;15 为液压工作站;16 为运输车辆。

一体化车载平台的举升托架中预留了标准分压器安装位,因此,一体化车载平台可以作为单电源使用,也可以作为电源配套标准器使用。

5.2.4 液压支撑单元

一体化车载平台在运输状态时,举升托架处于接近水平状态,配备的固定机械竖立机构、液压支撑腿、举升托架等机构都处于固定闭锁状态,从而保证现场用高稳定度直流电压源和直流电压标准器在运输过程中不会由于运输车辆长途运输过程中的颠簸及振动而损坏。

运输车辆将一体化车载平台运输到试验现场后,一体化车载平台可以实现“自主下车”,完成现场试验后,一体化车载平台可以实现“自主上车”,如图 5-36 所示。一体化车载平台配备的多个液压支撑腿安装于平台的底部,可进行液压驱动翻转至与平台垂直并做好支撑。将一体化车载平台举升,运输车辆可驶离一体化车载平台的底部,实现一体化车载平台的“自主下车”,运输车辆也可倒入一体化车载平台的底部,实现一体化车载平台的“自主上车”。

图 5-36 一体化车载平台“自主上下车”示意图

当一体化车载平台处于试验工作状态时,可使用液压支撑腿承载平台的重量并进行平台的调平工作,可以保证竖立机构及其上的高压试验设备始终处于水平状态,使一体化车载平台在竖立状态时不易发生倾倒。

用液压举升方式对举升托架完成“导弹竖立”作业,从而保证举升托架上的高压试验设备对地有安全的绝缘距离。举升托架上配备有两个相同尺寸的高压设备固定位,可用于安装现场用高稳定度直流电压源和直流电压标准器等现场校验时所需的高压试验设备。

在解锁固定装置后，利用一体化车载平台操控软件及 PLC 控制器进行举升托架的“导弹竖立”作业。举升托架的“导弹竖立”作业过程如图 5-37 所示。

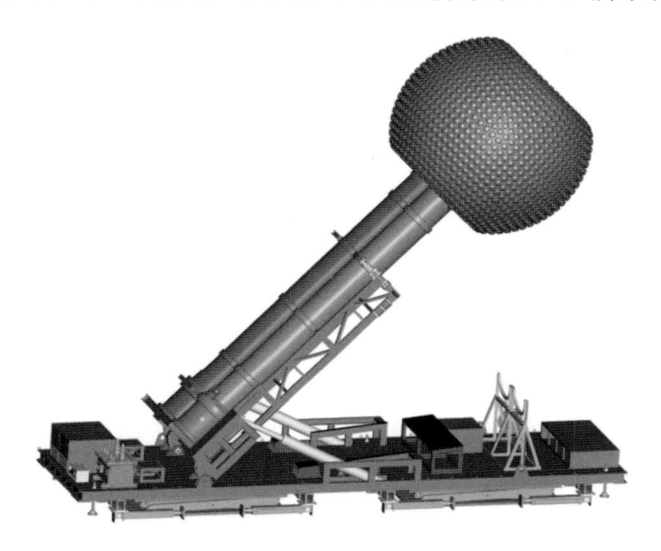

（a）举升过程中

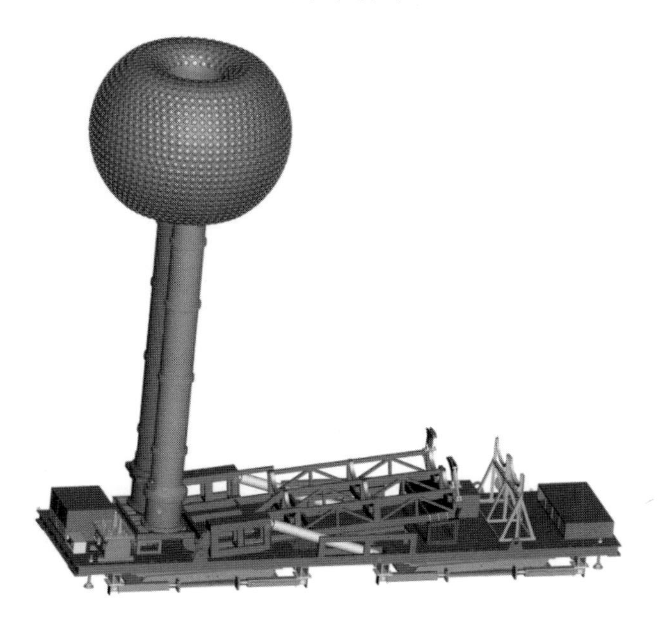

（b）举升完成后

图 5-37　举升托架的“导弹竖立”作业过程

液压支撑杆从竖立机构的两侧面推动其沿轴旋转，实现 0°～100°范围内的旋转，直至竖立机构与地面完全垂直，此时现场用高稳定度直流电压源和直流电压标准器从开始的水平状态转换为工作的竖直状态。在竖立的过程中，可以通过程序及控制机构不断改变液压支撑杆的倾角，让其以最大效率竖立至工作状态。在举升过程中，举升托架上配备的两个液压抱紧手臂处于闭合状态，用于固定安装在举升托架上的现场用高稳定度直流电压源和直流电压标准器，防止它们在“导弹竖立”过程中晃动。举升完成后，固定现场用高稳定度直流电压源和直流电压标准器的底座，并将两个液压抱紧手臂打开，缓慢放下举升托架至水平位置。

5.2.5 气囊式金属鳞片均压罩

如果 1100 kV 现场用高稳定度直流电压源和 1100 kV 直流电压标准器在均压环安装之后，被放在一体化车载平台上运输，将导致 1100 kV 现场用高稳定度直流电压源和 1100 kV 直流电压标准器的绝缘筒与支架的水平夹角较大，使得平台高度超高，受道路限高影响，很难对它们实现车载运输。如果不安装均压环，则需要在现场安装均压环，影响工作效率。

采用气囊式金属鳞片均压罩，可以实现 1100 kV 现场用高稳定度直流电压源和 1100 kV 直流电压标准器的均压罩不拆卸、不解体运输，以及现场设备免安装。气囊式金属鳞片均压罩是一种由充气内胆与外表鳞状不锈钢片组成的均压罩，各鳞中间相互电联接，形成均压环结构，气囊式金属鳞片均压罩 3D 效果图如图 5-38 所示。

图 5-38　气囊式金属鳞片均压罩 3D 效果图

气囊式金属鳞片均压罩的具体结构如图 5-39 所示，球体总重约 200 kg。

图 5-39 中，1 为 PVC 软体充气内胆，采用高强 PVC 带网格夹层材质，充气压力为 0.1 MPa；2 为不锈钢均压元件；3 为金属支架；4 为安装脚；5 为充/放气嘴；6 为自动泄压阀。

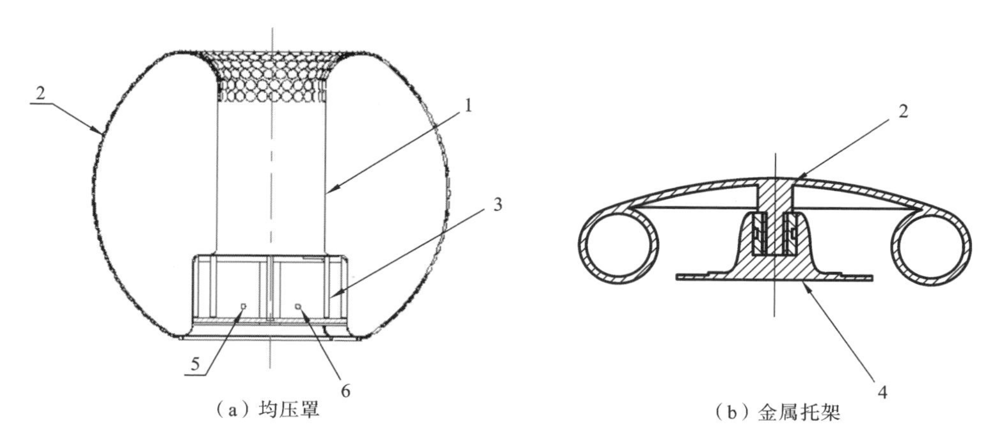

图5-39 气囊式金属鳞片均压罩的具体结构

如图5-39(a)所示,均压罩中轴通孔内设置有两个电极连接柱,一个用于和电气设备高压输出端相连,另一个用于连接输出高压引出管。如图5-39(b)所示,金属托架使用高强度轻质铝合金材料制成,通过安装脚与均压罩连接,整个均压罩组件由金属托架与高压设备通过螺栓固定连接。为保证内胆快速充/放气,配套有大功率、高流量的电动充/排气机,能在较短时间内将均压罩充气至工作状态或排气收缩至储运状态。

5.2.6 远程控制及辅助系统

现场用高稳定度直流电压源的电源柜与电源控制箱之间采用光纤连接或无线联接,可实现控制单元与高压单元的完全隔离。控制箱内部采用了多种电磁兼容屏蔽措施和多重保护,在试品闪络瞬间,可确保控制箱本身不因放电而损坏,并可靠保障操作人员的人身安全。

具体操作控制功能如下:① 设有启动、停止和紧急分闸按钮;② 设有升压和降压粗/细调功能,调节速率可设定;③ 调节速率可调节;④ 可自动或手动选择试验,自动进行升压和降压等;⑤ 具有自动、手动试验模式,可设定试验电压、试验时间;⑥ 具有试验时间设定功能,在时间段末可提供声音提示试验人员。

1. 试验接地保护

自检报警与输出闭锁:具备不接地检测和不接地报警指示功能,并且可与上电控制部分实现闭锁,即当没有接地或接地不良时仪器无法上电,从而保证了试验人员和试验仪器的安全。

导电接地检测:一体化平台本身为导体,因此会引起接地自检的误判,从而存在安全隐患。为保障操作人员及试验仪器的安全,采用如图5-40所示的安全接地自动检测装置,其能够区分小电阻接地导通和接地线导通,从而防止误判误报。

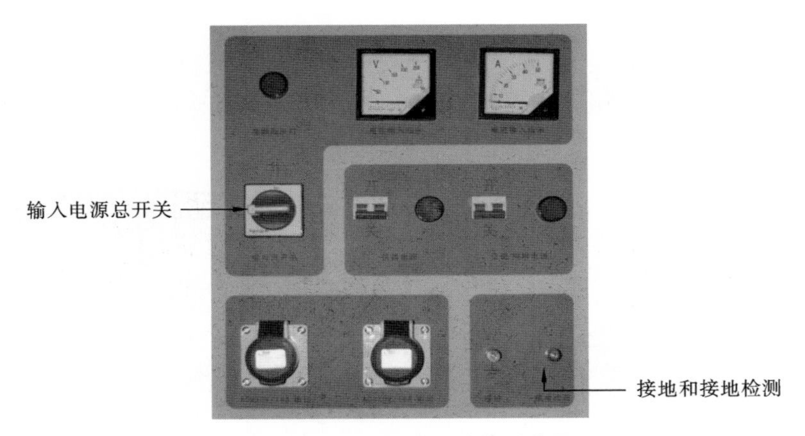

图 5-40 安全接地自动检测装置

2. 电源系统

一体化平台(一体化车载平台)的电源系统由专用的仪器供电箱进行管理及安全保护。一体化平台的总电源由转接板上的总电源插座接入,并配套隔离开关作为明显的断开点。仪器供电箱将输入的总电源分配至液压支撑单元、直流高稳定电源、二次测控单元及其他配电单元,并为各条配电支路提供过流、过压等保护。由于其对液压支撑单元提供了相序自动切换装置,因此无须进行人工倒相。

电源系统提供最大容量为 30 kV·A 的电源,电源线用 $3\times 6\ mm^2$ 的三芯护套线,并配备手动线盘。

安全防护及警示:一体化平台配备了警报灯、安全警示带等安全防护设施。警报灯安装于一体化平台上,高压通电时用红色高光进行警示。

一体化平台展开操作按 PLC 编辑程序执行,采用"一键式"操作。按下"液压举升"开始举升操作至平台完全展开的时间设计为 120 s。可按用户需求调节 PLC 内的程序,控制液压工作站驱动电机的转速、流量及压力等参数,将平台展开时间控制在 60～180 s 范围内。

一体化平台展开操作流程如下。① 接通电源:连接地线,接通外接电源通电,并对平台周边范围清场;② 支撑调平:液压支腿到位并对一体化平台进行调平;③ 解除限位:解除一体化平台运输所有限位、锁止装置;④ 液压举升:确认液压抱紧手臂状态、平台四周无人,进行液压举升工作直至平台竖立;⑤ 限位:将底托架与平台上的支承垫块紧固;⑥ 回收托架:松开液压抱紧手臂,收回举升托架。

5.3 方案应用

应用一体化车载平台的相关设计成果,研制了直流 1100 kV 一体化车载平台,如图 5-41 所示。

（a）平放状态

（b）试验状态

图 5-41　直流 1100 kV 一体化车载平台

图 5-42 所示的为研制的 1100 kV 现场用高稳定度直流电压源试验照片。

表 5-9 和表 5-10 所示的为现场用高稳定度直流电压源输出电压纹波测试和稳定度测试结果。试验数据表明，研制的 1100 kV 现场用高稳定度直流电压源一次输出电压能够达到 1100 kV，纹波系数小于 0.1%，电压输出稳定度优于 0.05%/1 h。

图 5-42 高稳定度直流电压源试验照片

表 5-9 现场用高稳定度直流电压源输出电压纹波测试结果

试验电压设定值	交流分压器标称分压比	交流分压器输出电压峰峰值	标准直流分压器标称分压比	标准直流分压器输出电压	电压纹波系数
1100 kV	5000/1	200mV	120000/1	9.20965V	0.045%
试验环境：温度 20 ℃，相对湿度 59%					

表 5-10 现场用高稳定度直流电压源输出电压稳定度测试结果

试验电压设定值/kV	输出电压最大值/V	输出电压最小值/V	电压输出稳定度/($\times10^{-4}$/h)
100	0.87113	0.87084	3.3
500	4.17442	4.17301	3.4
1100	9.21248	9.20939	3.4
试验环境：温度 20 ℃，相对湿度 59%（试验持续 1 h）			

应用研制的 1100 kV 直流电压互感器一体化试验平台，在 400 kV 拉萨换流站开展直流电压互感器现场校准试验的照片如图 5-43 所示。表 5-11 所示的为拉萨换流站 400 kV 极线直流电压互感器修正后的误差数据。

图 5-43　400 kV 拉萨换流站直流电压互感器现场校准试验

表 5-11　拉萨换流站 400 kV 极线直流电压互感器修正后的误差数据

试　　品	百分比/(%)	标准电压/kV	试品电压/kV	比差/(%)
极Ⅰ母线 A 柜	10	−41.390	−41.400	0.024
	20	−80.822	−80.824	0.002
	50	−199.115	−199.119	0.002
	81	−323.033	−323.022	−0.003
	100	−401.204	−401.229	0.006
极Ⅰ母线 B 柜	10	−40.416	−40.431	0.037
	20	−79.861	−79.860	−0.001
	50	−200.557	−200.575	0.009
	80	−321.402	−321.445	0.013
	100	−400.476	−400.353	−0.031
极Ⅱ母线 A 柜	10	−40.330	−40.255	−0.186
	20	−80.089	−79.951	−0.172
	50	−200.207	−199.885	−0.161
	80	−320.334	−319.815	−0.162
	100	−398.724	−398.073	−0.163

续表

试　　品	百分比/(%)	标准电压/kV	试品电压/kV	比差/(%)
极Ⅱ母线 B 柜	10	−40.663	−40.669	0.015
	20	−80.226	−80.211	−0.019
	50	−201.337	−201.265	−0.036
	81	−322.029	−321.844	−0.057
	99	−397.611	−397.407	−0.051

通过现场试验，成功甄别出拉萨换流站直流电压互感器存在误差超差。对超差的直流电压互感器进行修正后重新校准，结果满足 0.2 级准确度要求。由此可见，对系统中使用的直流互感器进行安装前校准和周期校准是保证直流输电系统安全可靠运行不可缺少的工作，这对我国直流输电工程安全和经济运行具有重要意义。

第6章　互感器误差带电校准和在线监测技术

互感器在电力系统中应用广泛，我国互感器保有量约为8000万台，年增量超300万台，其计量性能直接影响电能贸易的公平公正，关乎国计民生。依据《中华人民共和国计量法》和国家市场监督管理总局发布的《实施强制管理的计量器具目录》，互感器作为国家依法实施强制管理的计量器具之一，须进行强制周期性检定。为了使互感器计量性能受控，国家和电力行业制定了相关技术标准，用于指导互感器的周期性检定和抽检。国家计量检定规程JJG 1021—2007《电力互感器检定规程》要求电磁式电流、电压互感器的检定周期不得超过10年，电容式电压互感器的检定周期不得超过4年；电力行业标准DL/T 448—2016《电能计量装置技术管理规程》要求互感器从运行的第20年起，每年应抽取1%～5%进行轮换和检定，统计合格率应不低于98%，否则应加倍抽取、检定、统计合格率，直至全部轮换。

然而现实情况下，受多种因素影响，长期以来难以有效开展投运后互感器计量性能的定期检定。一是新形势下的供电可靠性要求提升到了新的高度，全国平均供电可靠性要求达到99.9%，全国年平均停电时间为6小时以下，上海、深圳等一线城市甚至达到1小时以下，难以采用传统技术在停电期间对互感器开展校准；二是即便可以停电并将互感器拆下校准，但由于涉及现场设备管理、互感器拆装、物流运输、仓储管理、实验室样品管理、实验室校准等诸多环节，流程长、经济和时间成本高。因此需要研究互感器误差带电校准和在线监测技术。

国内外带电校准技术一般针对高压互感器，1998年开始，美国及西欧几家大型电气公司开始进行变电站互感器带电校准技术研究。2000年初，加拿大魁北克电力局在一座220 kV变电站接入绝缘水平不低于被校互感器水平的组合式标准电压电流互感器，通过改变一次接线方式，第一次实现电压电流互感器的带电校准；2005年，德国研制出420 kV带电校准用标准电压互感器、标准电流互感器及成套检测装备；2007年，意大利在两座420 kV变电站开展了带电校准电压互感器和电流互感器的尝试。加拿大NxtPhase公司研制出500 kV电压互感器在线校准装置，其具有耐受1800 kV雷电冲击电压的绝缘水平，可以用于145 kV、245 kV和550 kV的系统。如今，互感器带电校准技术将互感器标准装置及其他相关辅助设备集中于成套装置，采用数字通信技术、计算机处理系统对设备进行二次数据采集、传输，能够以自动化试验方式方便、灵活地完成互感器的带电校准。

本章针对变电站高压互感器计量误差的带电校准和在线监测问题，首先开展互感器运行误差特性研究，然后介绍了互感器带电校准装置的结构、原理和实现，在此基础上研究互感器运行误差在线评估技术，最后实现了变电站互感器的在线监测。相关成果的应用可以令相关人员及时发现设备超差，减少突发性事故损失，减少停电试验工作量和维护费用，提高设备维护效率和系统供电可靠性。

6.1 互感器运行误差特性分析

互感器的计量准确度与其电路结构密切相关，会受到环境温度、湿度、电磁场等环境因素和二次负载、运行电压/电流等电气参数的影响，准确度受影响将造成测量值的偏移，出现误差超差的问题。本节从电流互感器(CT)、电磁式电压互感器(PT)和电容式电压互感器(CVT)的内部结构出发，结合变电站工作条件获得互感器等效模型，通过时域-频域转换的方法获得互感器传递函数及互感器比差、角差表达公式，进而分析各信息量对互感器的影响机理。

6.1.1 互感器误差计算原理

1. 电流互感器的误差计算

在电网工作频率 50 Hz 下，电流互感器(CT)的等效模型如图 6-1 所示。

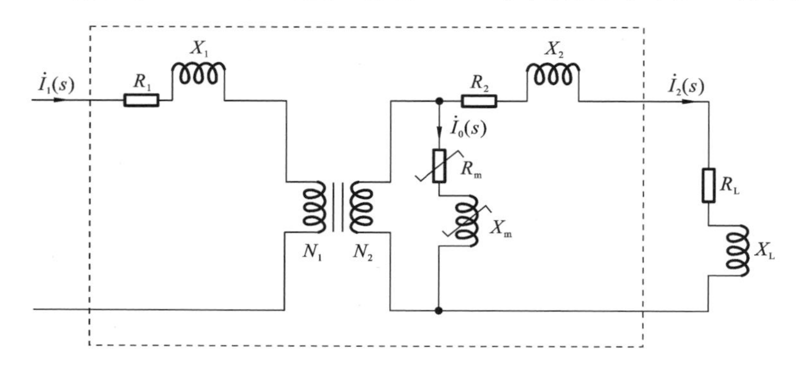

图 6-1 工频下 CT 等效模型

其中，$Z_1=R_1+j\omega X_1$、$Z_2=R_2+j\omega X_2$ 分别为一、二次侧等效阻抗，$Z_m=R_m+j\omega X_m$ 和 $Z_L=R_L+j\omega X_L$ 分别为励磁阻抗和负载阻抗，$\dot{I}_0(s)$、$\dot{I}_1(s)$、$\dot{I}_2(s)$分别表示励磁电流、一次侧电流和二次侧电流。

由机理分析可知：

$$\dot{I}_2(s)=\frac{(R_m+sX_m)}{k[(R_m+R_2+R_L)+s(X_m+X_2+X_L)]}\dot{I}_1(s) \tag{6-1}$$

将式(6-1)代入互感器误差定义公式，则电流互感器的比差、角差可分别表示为

$$f=\sqrt{\frac{R_{\mathrm{m}}^2+X_{\mathrm{m}}^2\omega^2}{(R_{\mathrm{m}}+R_2+R_{\mathrm{L}})^2+(X_{\mathrm{m}}+X_2+X_{\mathrm{L}})^2\omega^2}}-1 \tag{6-2}$$

$$\delta=\arctan\frac{X_{\mathrm{m}}}{R_{\mathrm{m}}}\omega-\arctan\frac{X_{\mathrm{m}}+X_2+X_{\mathrm{L}}}{R_{\mathrm{m}}+R_2+R_{\mathrm{L}}}\omega \tag{6-3}$$

2. 电磁式电压互感器的误差计算

工作频率下电磁式电压互感器(PT)的等效电路图如图 6-2 所示。

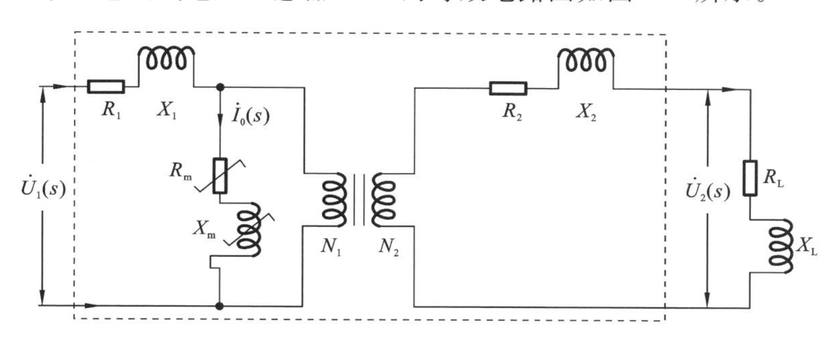

图 6-2　工频下 PT 等效电路图

其中,$Z_1=R_1+\mathrm{j}\omega X_1$、$Z_2=R_2+\mathrm{j}\omega X_2$ 分别为一、二次侧等效阻抗,$Z_{\mathrm{m}}=R_{\mathrm{m}}+\mathrm{j}\omega X_{\mathrm{m}}$ 和 $Z_{\mathrm{L}}=R_{\mathrm{L}}+\mathrm{j}\omega X_{\mathrm{L}}$ 分别为励磁阻抗和负载阻抗,$\dot{I}_0(s)$表示励磁电流,$\dot{U}_1(s)$、$\dot{U}_2(s)$分别表示一次侧电压和二次侧电压。

由机理分析可知:

$$\dot{U}_2(s)=\frac{(R_{\mathrm{L}}+sX_{\mathrm{L}})(R_{\mathrm{m}}+sX_{\mathrm{m}})}{k[(R_2+R_{\mathrm{L}})+s(X_2+X_{\mathrm{L}})][(R_{\mathrm{m}}+R_1)+s(X_{\mathrm{m}}+X_1)]}\dot{U}_1(s) \tag{6-4}$$

将式(6-4)代入互感器误差定义公式,则 PT 的比差、角差可分别表示为

$$f=\sqrt{\frac{(R_{\mathrm{L}}^2+X_{\mathrm{L}}^2\omega^2)(R_{\mathrm{m}}^2+X_{\mathrm{m}}^2\omega^2)}{[(R_2+R_{\mathrm{L}})^2+(X_2+X_{\mathrm{L}})^2\omega^2][(R_1+R_{\mathrm{m}})^2+(X_1+X_{\mathrm{m}})^2\omega^2]}}-1 \tag{6-5}$$

$$\delta=\arctan\frac{X_{\mathrm{m}}}{R_{\mathrm{m}}}\omega+\arctan\frac{X_{\mathrm{L}}}{R_{\mathrm{L}}}\omega-\arctan\frac{X_2+X_{\mathrm{L}}}{R_2+R_{\mathrm{L}}}\omega-\arctan\frac{X_{\mathrm{m}}+X_1}{R_{\mathrm{m}}+R_1}\omega \tag{6-6}$$

3. 电容式电压互感器的误差计算

电容式电压互感器(CVT)由电容分压单元和电磁单元两部分组成,高压电容 C_1 和低压电容 C_2 串联组成电容分压单元,补偿电抗器、中间变压器等组成电磁单元,等效于通过电容分压器将一次电压进行分压后,再接入一个电磁式电压互感器,基本结构如图 6-3 所示。

理想状态下,将中间变压器的二次侧折算到一次侧,获得 CVT 的等效电路如图 6-4 所示。其中,I_1、I_2 和 I_3 分别表示流经高压电容 C_1、补偿电抗器 L_2 和低压电容 C_2 的电流,中间变压器和二次负载的输入阻抗等效于串联的等效电阻 R_0 和电感 L_0。

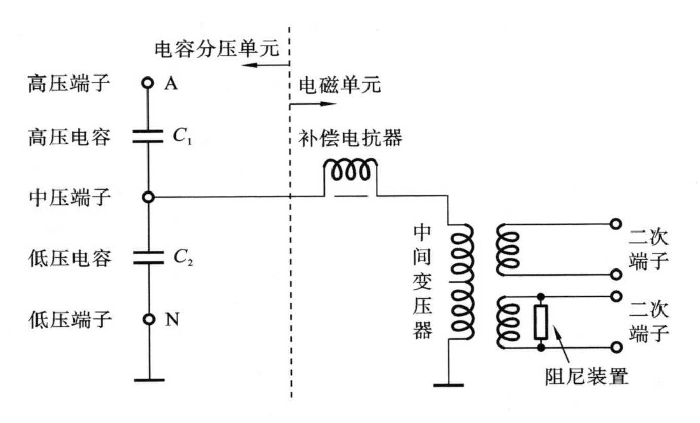

图 6-3 CVT 基本结构

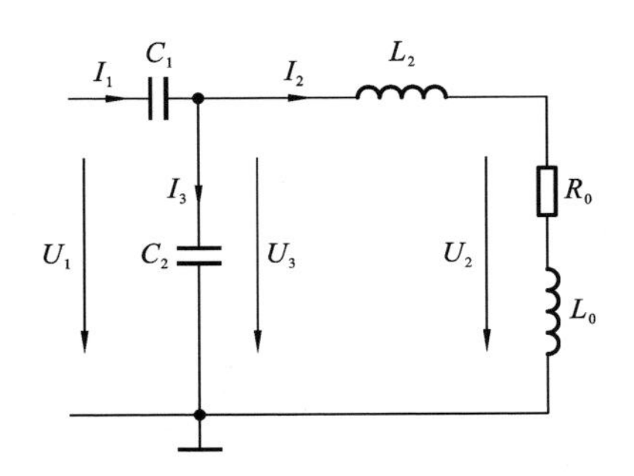

图 6-4 理想状态下的 CVT 等效电路

由电路原理得知：

$$I_1 = I_2 + I_3 \tag{6-7}$$

$$U_1 = \frac{I_1}{\mathrm{j}\omega C_1} + I_2 \mathrm{j}\omega L_2 + U_2 \tag{6-8}$$

$$I_3 = \mathrm{j}\omega C_2 (I_2 \mathrm{j}\omega L_2 + U_2) \tag{6-9}$$

联立得：

$$U_1 = \mathrm{j} I_2 \left(\mathrm{j}\omega \frac{C_2 + C_1}{C_1} - \frac{1}{\mathrm{j}\omega C_1} \right) + \frac{C_2 + C_1}{C_1} U_2 \tag{6-10}$$

观察可知，当满足条件

$$\mathrm{j}\omega L_2 = \frac{1}{\mathrm{j}\omega (C_1 + C_2)} \tag{6-11}$$

时，补偿电抗器与电容分压单元发生并联谐振，输出的电压 U'_2 是对一次电压 U_1 的线性分压，即电容分压单元的分压比 k_1 为

$$k_1 = \frac{U_1}{U'_2} = \frac{C_1 + C_2}{C_1} \tag{6-12}$$

令 k_2 为中间变压器的分压比，CVT 的理想总分压比 k_n 为

$$k_n=\frac{U_1}{U_2}=\frac{C_1+C_2}{C_1}k_2 \tag{6-13}$$

在实际运行中，受环境工况和运行方式的影响，实际分压比 k_{real} 偏离额定分压比 k_n，产生比值误差；长期运行导致电容分压单元的介质损耗增大，引起二次输出电压相位偏移，产生相角误差。由等效电路和以上分析可得 CVT 的比值误差（比差）和相角误差（角差）的计算公式分别为

$$f=\left[\frac{\sqrt{(\omega^2C_1L_0)^2+(\omega C_1R_0)^2}}{\sqrt{[\omega^2(L_2+L_0)(C_1+C_2)-1]^2+[\omega(C_1+C_2)R_0]^2}}-\frac{C_1}{C_1+C_2}\right]\Big/\frac{C_1}{C_1+C_2} \tag{6-14}$$

$$\delta=\tan^{-1}\left(-\frac{R_0}{\omega L_0}\right)-\tan^{-1}\left(\frac{-\omega(C_1+C_2)R_0}{a^2(L_k+L_0)(C_1+C_2)-1}\right) \tag{6-15}$$

6.1.2　互感器运行误差成因分析

互感器安装在电力系统中，在电网运行的环境条件下进行电流/电压的计量，运行工况对实际误差有相当大的影响。运行工况如果与互感器实验室检定的参比条件不符，则互感器的误差就难以保证。在这种情况下，电力互感器检定时的误差与使用中的误差并不相同。由于很难对运行中的电力互感器的误差进行实际测量，因此互感器的误差值只能在检定时确定，检定时得到的误差是互感器误差分量中可以控制的部分，也就是互感器误差分量中可以参比的部分，把这部分误差定义为基本误差。对基本误差进行测量需要满足一定的环境条件，即参比条件。电力互感器在超出参比条件时的误差在一般情况下不可能在检定结果中得到反映，因此实际运行时可能出现超出控制范围的电能计量误差。例如电力线路中开关的操作会使电流互感器铁芯产生剩磁；互感器安装在大电流母线附近，环境磁场会在绕组中感应出电压和电流，并改变铁芯中的磁场分布，严重时使铁芯局部饱和；互感器附近带电和不带电的物体产生的电场会影响其误差；检定高压电流互感器时使用低压测量线路，没有考虑运行状态下高低压绕组间的电容电流；电容式电压互感器误差受电源频率变化的干扰，但在试验时只能在当时的电网频率下试验等，这些都会对运行中的互感器的误差造成一定影响，具体分析如下。

1. 环境温度对互感器误差的影响

铁芯磁导率的温度特性会影响互感器的误差。根据互感器的等效电路分析，如果互感器原来的误差为 ε，磁导率变化 $\beta\%$ 时，互感器误差将发生 $\varepsilon\beta\%$ 的变化。冷轧硅钢片的居里温度约为 1000 ℃，温度变化 25 ℃，磁导率变化约 0.3%，励磁导纳变化 0.3%，可能影响 1/30 个化整单位。铁镍合金的居里温度约为 340 ℃，温度变化 25 ℃，磁导率变化约 5%，励磁导纳变化 5%，可能影响 1/2 个化整单位。由此可见，

对于用硅钢片铁芯和铁镍合金铁芯制造的电流互感器，温度特性对误差的影响是不大的。1971 年，美国研制出由铁、硼、硅、碳元素组成的非晶合金，也就是所谓的金属玻璃，铁芯损耗可低到 0.17 W/kg。20 世纪 80 年代，在铁基非晶基体中加入少量的铜和稀土，经适当温度晶化退火后，可获得一种性能优异的具有超细晶粒（直径约为 10 nm）的软磁合金，称为微晶材料。非晶和微晶材料的磁性能接近铁镍合金材料的，制造成本只相当于铁镍合金的 1/5，用来制造精密互感器和性能要求高的电力互感器。非晶和微晶材料不遵循晶体的铁磁性方程，温度对误差的影响需要用试验方法测量。试验数据表明，多数非晶和微晶材料在低温下的磁导率有很大的下降，用这些材料制造的互感器不适合在北方地区或户外使用。

温度对电流和电压互感器的另一个影响是改变绕组的电阻值。铜电阻的温度系数为 0.004/℃，则温度变化 25 ℃，电阻改变 10%，互感器的理论误差变化 10%。因此，在误差的临界点，要注意温度对互感器误差的不利影响。

电容式电压互感器使用膜纸或全膜电容，电容量的温度系数大至为 $-(1\sim2)\times10^{-4}$/℃，变化 25 ℃可能使电容量发生 0.25%～0.5%的变化。设计时使用了相同的材料制作高压臂和低压臂电容，通过补偿作用可以使误差变化减小一个数量级，相当于 1 至 2 个化整单位。

阻尼器由调谐到 50 Hz 的电容器和电感元件并联组成，电容器的电容量一般具有负的温度系数，电感线圈的电感量则具有正的温度系数，运行中谐振回路频率参数变化的数量级接近 10^{-2}。阻尼器在 50 Hz 下的失谐度明显增加，会产生相当大的附加二次负荷，这使电容式电压互感器的误差发生变化。而阻尼器的温度特性对误差有多大影响，需要通过试验才能确定，不同厂家生产的阻尼器由于材料、结构与工艺不同会有较大区别。有试验结果表明，阻尼器的温度系数对误差的影响可达 0.3%之多，因此必须加以重视。

电容式电压互感器的补偿电抗器需要调节到与分压电容器谐振，这种电感元件使用带气隙的铁芯，气隙的大小受温度影响，气隙大小的变化对电感量的影响可以达到 10^{-3}数量级。

2. 剩磁对互感器误差的影响

根据铁磁物质的磁化理论，铁芯磁化过程是磁畴取向的过程，当外部磁场取消后，磁畴并不能回到完全的无序状态，使得平均磁化强度不能降为零。磁畴取向后要使它转向需要输入能量，这种现象称为磁滞效应。对于结构均匀的晶体，磁滞现象只在施加外界磁场时发生，当外界磁场消失后，晶格的热运动会使磁畴很快达到无序状态，不存在剩磁。但实际加工得到的晶体总是不均匀的，在内部应力作用下，部分磁畴可以沿应力取向，如果外部磁场的作用力不能超过内部应力，这部分磁畴将不随外部磁场翻转，这时就有剩磁产生。一般地，剩磁小的硅钢片，磁畴取向能小，磁导率高，品质好；剩磁大的硅钢片，磁畴取向能大，磁导率低，品质不好。存在剩磁相当于有一个恒定的直流磁化强度 H_{dc} 作用在铁磁材料上。对于电流互感器，剩磁对误差的影响相当于在一次电流上叠加一个直流电流 I_{dc}。

对于不同厂家生产的不同型号和不同批次的电流互感器，铁芯的磁性能不完全相同，剩磁对电流互感器误差的影响也不相同。试验数据显示，有的电流互感器退磁后的误差与退磁前的误差相比，差别可以达到0.4%。在强磁化及电流中存在显著直流分量的情况下，差别可以达到20%以上，对运行中的电力互感器是不可能进行退磁处理的，铁芯剩磁产生的附加误差长期存在，这影响到计费的公正性。

运行中的电流互感器出现强剩磁的一种可能是一次电流中有直流分量，直流分量一般是由用电设备(特别是直流用电设备和可控硅设备)的非线性引起的。所以，电气化铁路、电镀厂、炼钢厂、铝厂等的用户的电网中，一次电流可能会存在比较大的直流分量。如果不使用多相整流平衡线路及线路滤波器，很可能直流分量产生的磁化强度 H_0 比交流分量产生的磁化强度 H 大。例如，对于0.5级的电流互感器，励磁电流在正常情况下不大于一次电流的0.5%，而直流分量占到一次电流1%的情况很可能发生，导致铁芯的等效磁导率减小，比值误差将显著向负方向变化。

电压线路中的直流分量主要来自半波不对称电流负荷在供电变压器铁芯上发生的直流磁化过程。供电变压器一次绕组时间常数比较大，当磁化电流释放时会在电压线路上感应出直流电压。在电气化铁路和地铁供电线路中，直流分量相当严重。铁道部曾组织科研单位对电气化铁路接触网的直流分量进行实测，测得的结果表明，直流电压的最大值能达到4 kV，这一结果与欧洲的电气化铁路标准中给出的可能出现的最高直流电压相同。在直流电压作用下，电压互感器一次绕组会流过直流电流，由于一次绕组匝数达数万匝，10 mA左右的直流电流就会使铁芯发生磁饱和，导致一次电流急剧增加，实测最大电流可超过1 A。在直流电压作用下，电压互感器很容易发热烧毁。即使直流电压很小，电压互感器没有损坏，电压互感器也会出现很大的测量误差。

3. 邻近一次导体对电流互感器误差的影响

电流互感器可以用改变一次导体匝数的方法变换电流比，一次返回导体可能使互感器铁芯中的磁通分布不均匀。电容屏型电流互感器的U型一次导体也可能使安装在一次导体上的电流互感器铁芯产生不均匀磁场。在大多数情况下，载流导体在无屏蔽的铁芯中产生的磁场不会达到影响互感器误差的程度。但在大电流场合，磁场的影响会十分严重。这时需要使用平衡绕组施加偏置磁场，使两个对边磁通接近相等，避免一侧磁路先饱和。必须指出，平衡绕组只是使一侧磁通增加，使另一侧磁通减小，两侧铁芯磁通的总值仍保持不变，当外磁场很大致使总值接近饱和场强时，就必须使用导电材料及铁磁材料对铁芯进行磁屏蔽。

4. 高压泄漏电流对电流互感器误差的影响

在实验室检定高压电流互感器时一般都采用低压下测量误差的方法。对于有等电位电容屏的电流互感器,低压下测量误差与高压下测量误差在结果上并无显著不同,因为从高压侧一次导体流到低压侧二次绕组的电流都被电容屏隔断流入接地端子了,不会进入二次绕组。但对于没有电容屏的电流互感器情况就不同了,这时从高压侧一次导体流出的极间电流会通过主绝缘进入低压侧二次绕组,与通过电磁感应变换得到的二次电流叠加在一起成为被测量的电流,从而产生附加误差。试验表明,这一影响在 10^{-4} 数量级。

电流互感器高压泄漏电流影响量定义为从高压导体流向二次绕组的电流与5%的额定二次电流之比(对于S级电流互感器为1%的额定二次电流)。试验时电流互感器二次侧接入额定负荷,S_2 端接地。一次侧按 GB/T 20840.2—2014 规定的额定电压因数施加试验电压,用交流有效值电压表测量二次电压 U_2,泄漏电流影响量按下式计算:

$$\Delta\varepsilon_{\mathrm{U}}=\frac{8U_2}{I_2Z_{\mathrm{B}}} \tag{6-16}$$

式中,I_2 为额定二次电流,Z_{B} 为额定二次负荷,系数8是由5%到100%的电流倍数20除以基本误差倍数2.5得到的。

5. 等安匝母线对电流互感器误差的影响

电流导体可以在邻近的电流互感器和电压互感器铁芯上产生磁场。电力互感器准确度等级最高为0.1级,大多数铁磁材料在运行磁密范围内(0.01～1.5 T)的磁导率变化并不大,磁密略有变化对误差不会产生实质性影响。因此,只要外磁场对铁芯内磁场的扰动不明显,例如使铁芯磁路两侧磁通的变化小于10%,则可认为互感器的误差基本不变。但是,如果外磁场使铁芯磁路两侧磁通差别超过30%,则误差的变化就会明显。特别是如果一侧磁通增加到接近饱和磁密,误差就会失去控制,甚至使互感器绕组过热损坏。电流导体会对互感器产生影响的情况有两种,一种是穿心母线偏离铁芯轴线,另一种是返回导体与互感器铁芯过于靠近。其中,等安匝母线产生的不均匀磁场可以用偏心母线等效。

在小电流百分数下,偏心母线对误差产生的影响可以忽略。若一次电流继续增加,则铁芯的磁化曲线进入非线性区,偏心母线在铁芯中产生的磁场沿圆周分布得是不均匀的,使得合成的磁场沿铁芯圆周分布得也不均匀。研究结果表明,当电流互感器的一次电流不大于4000 A时,误差基本上不受偏心母线的影响。

6. 一次导体磁场对电压互感器误差的影响

电压互感器的铁芯会受到安装在附近的电流导体的磁场的影响,其中,组合互感器中电流互感器的一次导体磁场对电压互感器误差的影响比较显著,需要进行控制。试验时,被试电压互感器一次侧不加电压,二次侧接入1/4额定二次负荷,互感器一次侧的端子按运行状态连接。加载电流互感器的一次电流至额定值,然后测量电压互感器二次负荷上铁芯感应电势产生的二次电流压降 U_2。一次导体磁场影响量按下式计算：

$$\Delta\varepsilon_{\mathrm{I}}=\frac{4U_2}{U_{2N}} \tag{6-17}$$

式中，U_{2N}为二次侧额定电压，系数4用来将影响量折算到额定负荷时。

7. 外界电场对电容式电压互感器误差的影响

安装在现场的电容式电压互感器与邻近不带电的金属构架及电力设备之间会形成空间电容，则耦合电容中会流过杂散电容电流。试验表明，三相一组的电容式电压互感器即使用同一型号规格的产品，由于产品安装在不同位置，在进行检验时会得到不同的误差值，原因就是周边物体与三台互感器有不同的电容耦合，会产生不同的干扰。以上这些干扰对误差的影响与电容式电压互感器的主电容量有关。由于杂散电容在10 pF以下，因此干扰量一般不超过0.1%。为了控制该项影响量，电容式电压互感器的电容值不宜随便减小。

8. 频率变化对电容式电压互感器误差的影响

电容式电压互感器的分压电容和电磁单元组成串联谐振回路。当电源激励频率变化时，回路失谐度发生变化，引起的比值差和相位差改变量可用下式表示：

$$\Delta f=\frac{100\left(\frac{\omega}{\omega_0}-\frac{\omega_0}{\omega}\right)Q}{\omega_0(C_1+C_2)U^2K^2}\quad(\%) \tag{6-18}$$

$$\Delta\delta=\frac{3438\left(\frac{\omega}{\omega_0}-\frac{\omega_0}{\omega}\right)P}{\omega_0(C_1+C_2)U^2K^2}\quad(') \tag{6-19}$$

式中，P和Q为电磁单元的有功和无功功率，U为二次侧额定电压，K为额定电压比，C_1和C_2为分压电容值。试验表明，在300 V·A的负荷下，电网频率变化1%可能使电容式电压互感器的误差变化0.05%。现在生产的电容式电压互感器，二次侧额定负荷已减小到100 V·A上下，电网频率变化对误差的影响与老产品相比要小得多。

6.2　互感器带电校准技术

20世纪80年代末开始，美国等发达国家开始研制互感器的带电校准（校验）装置，通过改变一次接线等方式实现电压互感器和电流互感器带电校准。国内近年来逐渐开展了高压电能计量装置整体误差和互感器误差带电校准技术方面的研究，中国电力科学研究院于2012年成功研制了0.02级110 kV电容分压式电压互感器带电校准标准装置和0.05级110 kV/1000 A开口式电流互感器带电校准标准装置，并在咸宁朱家湾110 kV变电站进行了现场应用，在国内首次实现了高压互感器的带电校准。2015年，重庆市电力公司开展了10 kV电能计量装置现场整体校验技术的研究，首次实现了在不停电情况下对 10 kV 电能计量装置综合误差的现场校准。2017 年，宁夏电力公司和华中科技大学合作，开发了 220 kV 电子式电压互感器带电校验系统，设计了一套电容标准器全绝缘举升接入装置，通过无线遥控实现标准互感器的带电接入，整套系统比差小于±0.05%，角差小于±2′。

6.2.1 110 kV 以上互感器带电校准

110 kV 以上互感器带电校准现场试验装置主要针对的是安装于变电站内的电压互感器和电流互感器的比差和角差，以及互感器二次负荷的测量，其在不停电的情况下测试，通过试验判别实际负荷情况下电能计量的准确性，以便提高电能计量的准确度，同时减小由于停电试验造成的经济损失。主要试验内容包括电压互感器误差测试、电流互感器误差测试、互感器二次负荷与电压互感器二次压降测量等。带电校准装置整体由电源模块、测试操控单元、误差检测单元和监控警示系统等构成。图 6-5 和图 6-6 分别给出了电流互感器和电压互感器的带电校准原理图。

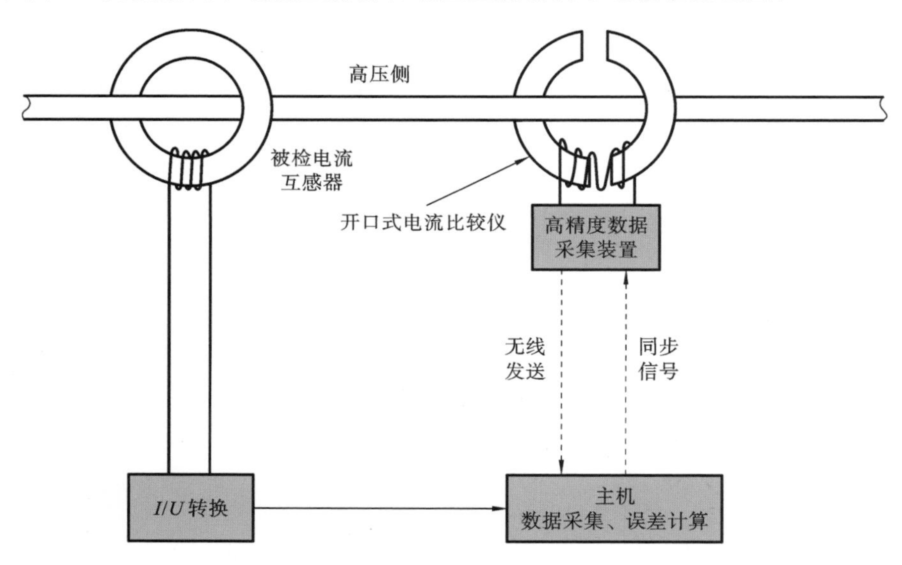

图 6-5 电流互感器带电校准原理

整套系统使用开口式标准电流互感器外壳作为电压接入点，在接入标准电流互感器时需要反复调整其与一次母线的位置，因此要在标准电压装置与标准电流装置之间增设隔离开关，避免接入过程中反复拉弧引起标准电压装置二次电压波动。带电接入时需准确将一次母线卡入开口式 CT 开口内，加上变电站内地形复杂，因此必须配备灵活、可靠的操作平台控制整个装置的接入。为此，装置配备了水平移动、垂直升降平台，使带电接入点可以实现上下、左右、前后三维空间的调节。同时，为保障操作人员的安全，除水平移动平台外，其他控制部分均由远程控制台操作。整套装置

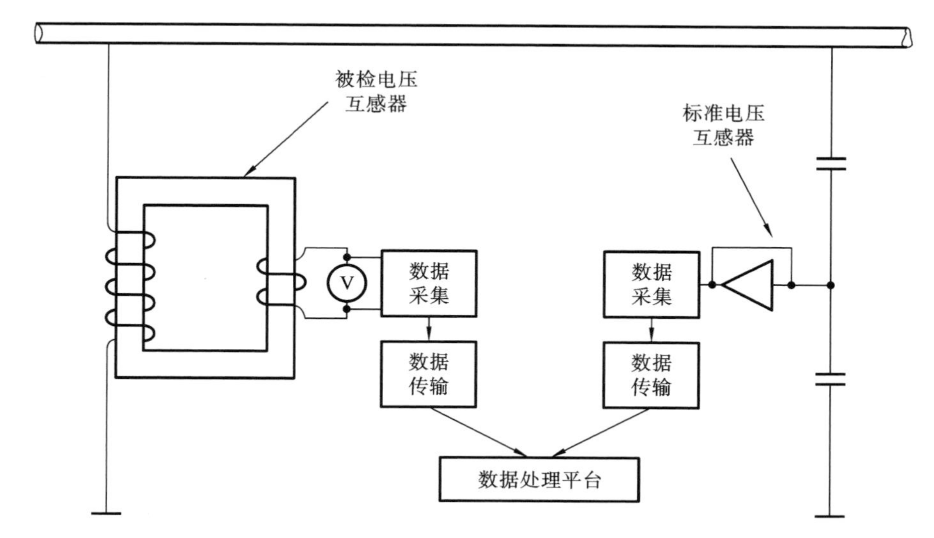

图 6-6 电压互感器带电校准原理

中,开口互感器卡口及隔离开关的动作极为重要,因此,整套系统配备了可对这两个位置进行视频监控的视频监控系统,视频监控系统具有无线和有线两种模式,可根据现场电磁环境切换模式。视频画面最终在远程控制台显示,操作人员可根据视频影像操作。带电校准系统组成框图如图 6-7 所示,装置整体结构示意图如图 6-8 所示。

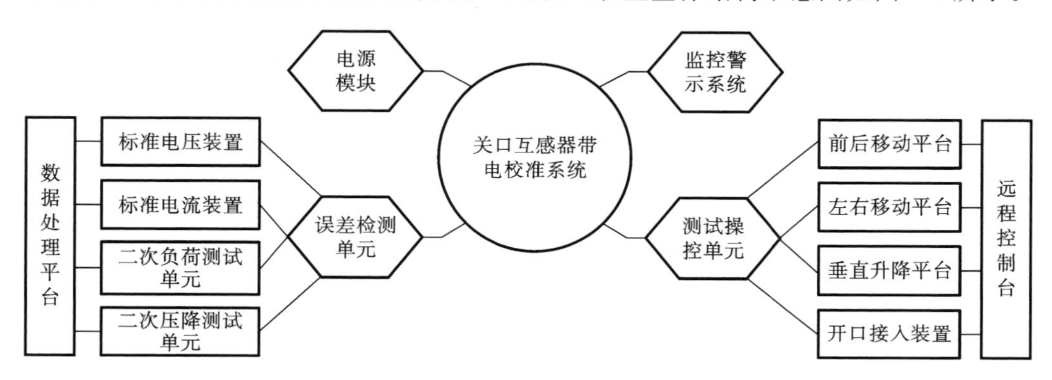

图 6-7 互感器带电校准系统组成框图

1. 电流互感器带电校准装置

电流互感器带电校准装置一般采用开口式有源电流比较仪作为参考标准,原理框图如图 6-9 所示。

开口式有源电流比较仪一次(即一次侧)额定电流最大为 2500 A,二次额定电流为 5 A,它将一次电流按比例转换为二次小电流。二次小电流进入(5 A,1 A)/3.2 V 标准电流转换器,将电流信号转换为可供数据采集装置采集的电压信号。标准电流

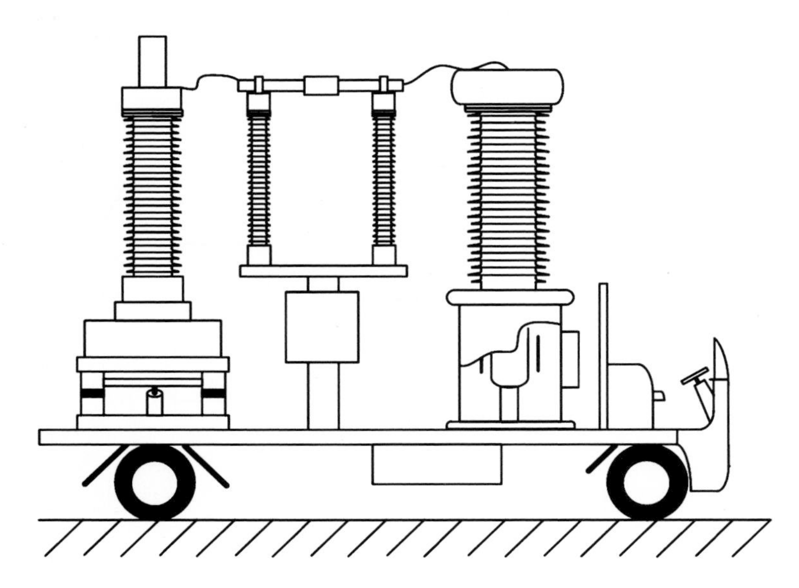

图 6-8　互感器带电校准装置整体结构示意图

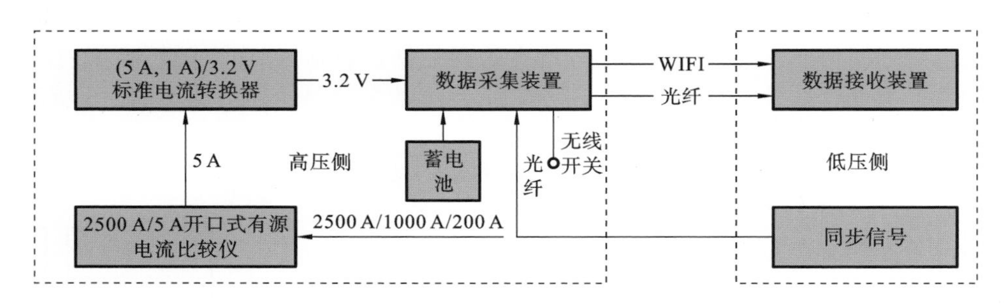

图 6-9　电流互感器带电校准装置原理框图

转换器的变比可调,可以根据一次电流幅值将其输出信号调整至适合数据采集的电压幅值。通信板将采集的电压信号以数字量形式通过 WIFI 或光纤发送至低压侧的数据接收装置。高压侧电路板由蓄电池供电,蓄电池充一次电可供高压侧电路工作约 20 小时。高压侧电路电源的通断用无线开关控制。低压侧通过光纤将一个同步信号传至高压侧,用于校准试验时数据采集的同步。

校准系统各个环节的误差分配如下:开口式有源电流比较仪准确度等级为 0.01 级,标准电流转换器准确度等级为 0.01 级,高压侧数据采集装置的误差优于0.05%,系统经整体校准后误差约为 0.05%。

开口式有源电流比较仪通过无线遥控方式带电自动接入。图 6-10 所示的为开口式有源电流比较仪自动开合机构的示意图。

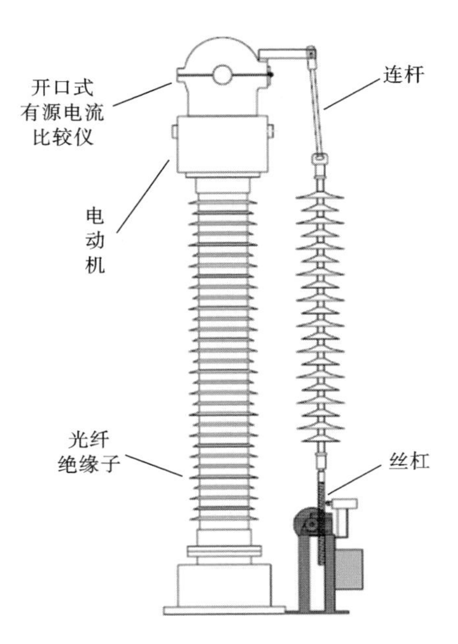

图 6-10 开口式有源电流比较仪自动开合机构的示意图

通过连杆将开口式电流互感器铁芯的开合运动转换为光纤绝缘子的升降运动，这样铁芯的开合就可以通过电动机、丝杠的配合来完成，可以通过无线遥控来实现对机构的控制。

2. 电压互感器带电校准装置

电压互感器带电校准装置以采用分压原理的电压测量装置作为参考标准，依分压元件的不同，主要有电阻分压、电容分压和阻容分压 3 种类型。由于电阻分压器或阻容分压器的电阻对地及电阻间存在杂散电容，有可能使测量电压信号的相位发生漂移而产生相位误差。电阻也会消耗有功功率而发热，随着电压等级的升高，这种现象越明显。而电容分压器的容间杂散电容则可视为与电容并联，不会引起相位偏差，且电容也不消耗有功功率，不用考虑散热问题。同时，如果设计将分压器的高压臂电容取为 pF 级电容，则在将其接入系统时，由于其阻抗极高，只会引起系统内较小的电压波动，这一点在带电作业实际操作中已得到验证。同时，由于其电容量较小，暂态过程短(对于 pF 级电容，暂态过程应该不大于 1 μs)，其对设备的电气绝缘的威胁小。因此，采用电容分压器，设计其绝缘水平不能低于电网绝缘水平，且二次输出信号可与互感器校验仪输入量程相匹配即可实现互感器的带电校准工作。

电容分压器高压臂电容采用同轴结构压缩气体标准电容器，其结构如图 6-11 所示。

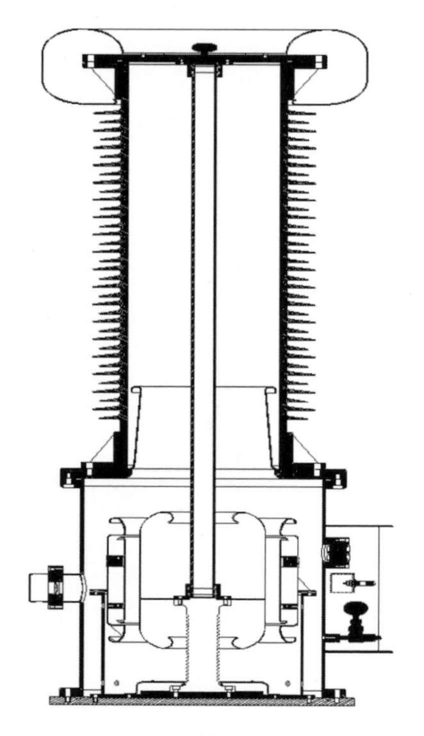

图 6-11　同轴结构压缩气体标准电容器

分压器低压臂使用的电容器必须性能稳定且具有较小的介损，因为低压臂电容值的变化会引起分压器整体分压比的变化，在进行测量时，如不对此进行处理就会引起较大的比值差。而较大的介质损耗角会引起角差。因此，低压臂电容可选择大容量云母电容器，云母电容器稳定性高、可靠性好，可制成高精度电容器，其固有电感小、不易老化、频率特性稳定、绝缘电阻高（一般可达 1000～7500 MΩ）、温度特性好（可在较大温度范围内使用）、温度系数小（可达 50×10^{-6}）。此外，其介质损耗小，损耗角正切值一般为$(5\sim30)\times10^{-4}$。

3. 带电接入过电压分析

电容分压器在接入过程中会在短时间内引起系统内的电压波动，必须对整套装置的接入过程中各电参数的变化进行分析，确保整个接入过程不对变电站造成较大的影响而引起系统继保装置动作，引发停电事故。在实验室进行了模拟接入试验，将电容分压器连接在试验变压器高压输出端，控制隔离开关闭合、断开，测量电容分压器的二次电压波形，结果如图 6-12 和图 6-13 所示。从该波形可以看出，在隔离开关的闭合和断开过程中存在电弧的熄灭和重燃过程，断开过程中电弧存在时间约为

1 s，而闭合过程中电弧存在时间仅为 0.4 s。波形中存在个别毛刺，此应为电弧放电过程中示波器及传输电缆耦合产生的干扰信号造成的。

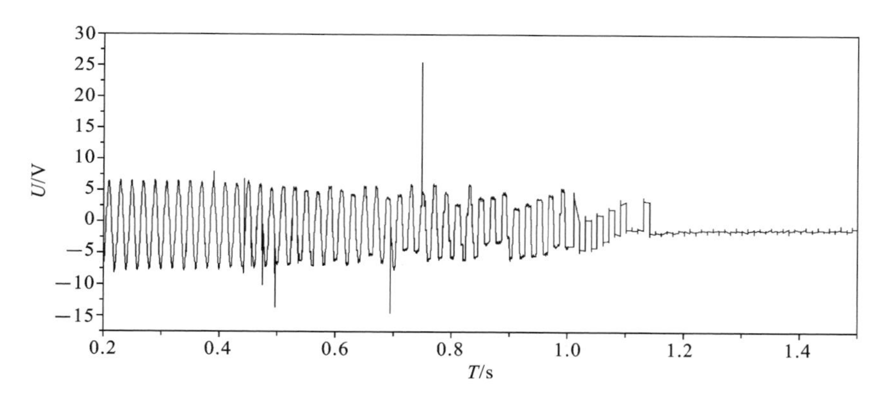

图 6-12　隔离开关断开时电容分压器二次电压波形

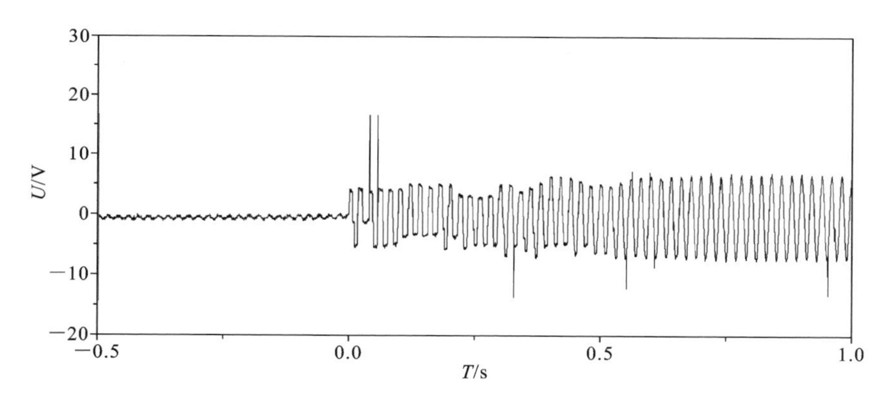

图 6-13　隔离开关闭合时电容分压器二次电压波形

由于实验室内不能切实反映变电站传输线引起的设备间过电压波形折反射的过程，因此，利用电磁暂态仿真软件 ATP 对 110 kV 变电站内接入、切出电容分压器进行暂态仿真。仿真得到闭合和断开车载隔离开关时的系统线路及被测电容分压器的电压波形。闭合隔离开关时电容分压器的电压波形如图 6-14 所示，图 6-15 所示的为接入相的放大波形。可以看出，在接入时，由于电容器两端电压不能突变，电压瞬间降落，而后出现振荡，在约 0.1 ms 后振荡结束。电压降落过程只有数微秒，继电保护设备并不会动作，带电校准系统对变电站影响不大。断开隔离开关时的电压波形如图 6-16 所示，电压波形并未出现明显变化。

4. 互感器现场带电校准试验

应用关口互感器带电校准现场试验装置在朱家湾 110 kV 变电站进行了现场试

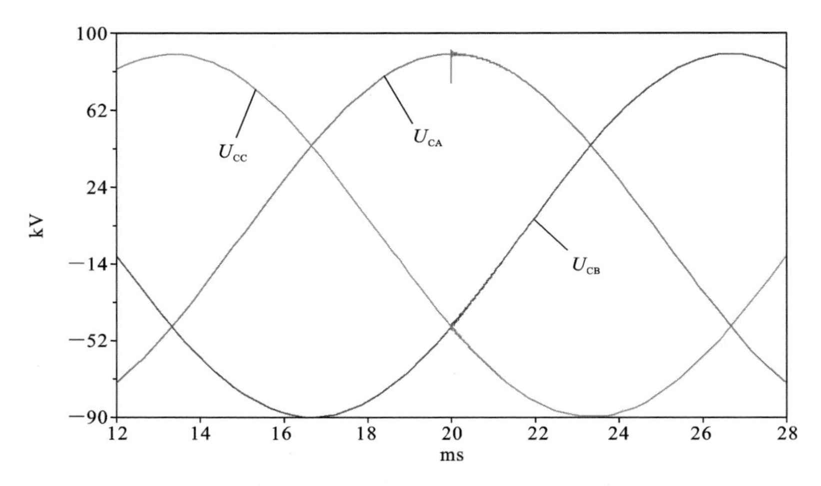

图 6-14　闭合隔离开关时电容分压器的电压波形

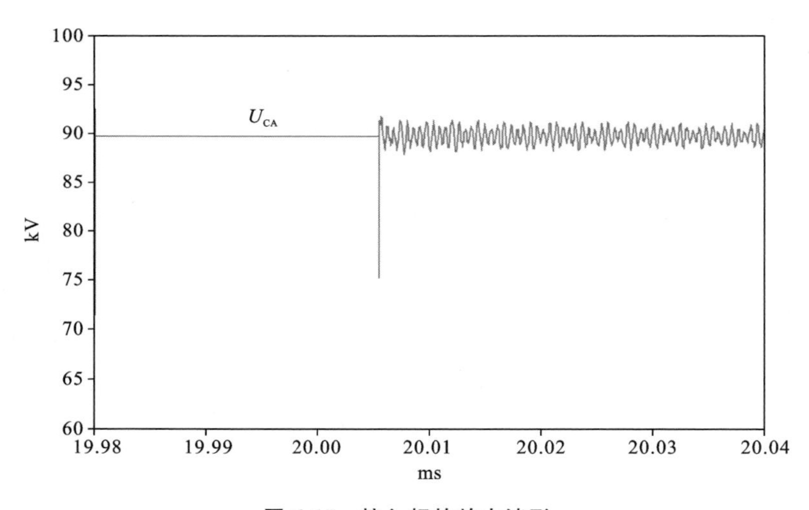

图 6-15　接入相的放大波形

验。考虑到运输过程可能会对标准器的准确度造成影响，校准前进行了标准器具的核查试验，相关数据如表 6-1 和表 6-2 所示。

表 6-1　车载标准分压器现场校准试验数据

电压百分数	20%	50%	80%	100%
比差/($\times 10^{-6}$)	107	64	105	131
角差/($\times 10^{-6}$ rad)	234	120	45	49

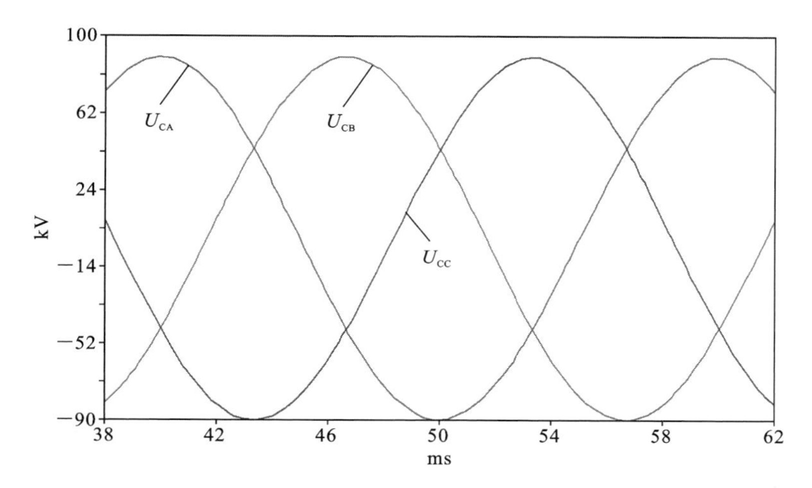

图 6-16　断开隔离开关时的电压波形

表 6-2　车载标准电流互感器现场核查试验数据

测　量　点	比差/(%)	角差/(′)
50 A	−0.005	1.1
100 A	−0.003	1.1
150 A	−0.004	1.2

在变电站带电运行条件下，在被校电容式电压互感器、电流互感器所在相母线处接入带电校准装置，如图 6-17 所示。标准器二次数据通过光纤传输至数据处理平台，通过同步比较该值与被校互感器输出值得到被校互感器误差，试验结果如表 6-3、表 6-4 所示。

表 6-3　电容式电压互感器在线校准试验数据

测量点/kV	被测二次输出值/V	比差/(%)	角差/(′)
$110/\sqrt{3}$	6.634493	−0.0631	0.121
	6.638184	−0.0632	−0.136
	6.637935	−0.0637	−0.116

表 6-4　电流互感器在线校准试验数据

测量点/A	比差/(%)	角差/(′)
99.1	0.0474	1.636
97.9	0.0339	1.715
98.4	0.0497	0.938

图 6-17 变电站现场带电接入校准试验

6.2.2 配电网互感器带电校准

1. 配电网带电作业方式

配电网的停电考核指标越来越严格。2017 年，国家电网公司发布的 Q/GDW 10370—2016《配电网技术导则》标准中明确要求配电线路检修、维护、用户接入（退出）、改造施工等工作优先考虑采取不停电作业方式。为实现高压端线路的电压采样和计算，须将高压导线和高压传感器的采样部分接触。经调研，目前 70%左右的架空配电线路均使用裸导线，但是在大部分市区和有触电隐患的区域已采用绝缘导线或正在进行绝缘化改造，因此，互感器带电校准需要解决向绝缘导线取电的问题，这样就涉及高压带电作业。

在高压带电作业中，电对人体的伤害主要体现在两个方面：一是人的身体不同部位同时接触了不同电位的带电体或接地体而产生的流过人体的电流伤害，包括相与相之间和相与地之间的电位差；另一是人在带电设备附近区域工作时，由于存在空间电场，人会产生针刺等不舒服的感觉。标准表明，高压带电作业必须满足三个技术条件：流经人体的电流不超过人体的感知水平 1 mA；人体体表局部场强不超过人体的感知水平 240 kV/m；人体与带电体（或接地体）保持规定的安全距离。

高压带电作业方法按人体与带电体的位置分类，可分为间接作业法和直接作业法。间接作业法中，操作人员在带电作业的过程中不直接接触带电体，与带电体保持一定的安全距离，通过绝缘工具（如绝缘操作杆等）对高压带电部件进行作业。在这种作业方式中，人借助绝缘工具，以及绝缘手套等辅助绝缘的绝缘穿戴用具对人员及设备进行后备保护。直接作业法中，作业人员穿戴全套绝缘防护用具直接对带电体进行作业，在带电作业过程中，人体与带电体直接接触，此时人体与带电体之间并没有明显间隙。直接作业法对防护用具的绝缘性能要求极高。

为了尽量降低高压带电作业的风险，互感器带电校准试验采用绝缘操作杆配合绝缘斗臂车或绝缘支架进行带电作业。作业时，作业人员通过绝缘斗臂车或绝缘支架登高到适当位置，与带电体保持相应的安全距离，作业人员再通过绝缘操作杆进行作业。这种情况下，流过人体的电流有 2 个回路：带电体—绝缘操作杆（绝缘杆）—人体—绝缘斗臂车（绝缘支架）—大地，此为阻性泄漏电流回路；带电体—空气—人体—绝缘斗臂车（绝缘支架）—大地，此为电容电流回路。这 2 个回路的电流都经过人体。间接作业法等效电路图如图 6-18 所示。

图 6-18 中，通过人体的电流为 $\dot{I}$，绝缘杆和绝缘斗臂车的电阻均超过 1 TΩ，因此，采用间接作业法时流过人体的电流不超过 0.01 μA。

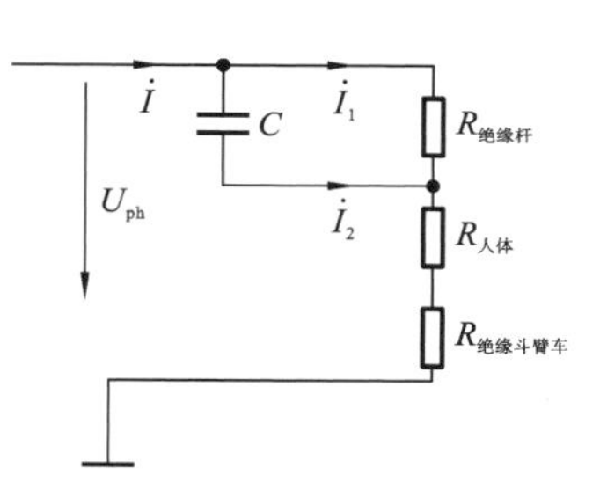

图 6-18　间接作业法等效电路图

2. 配电网标准互感器带电接入设计

绝缘穿刺线夹作为一种电力接续工具，广泛应用于配网架空线路、建筑施工等多个领域，主要用来完成 1 kV、10 kV 和 20 kV 电缆，以及绝缘导线主、支线的接续。与其他接续工具相比较，绝缘穿刺线夹有安装简便、可靠安全，以及性价比高等优越性。现阶段绝缘穿刺线夹的主要问题是接触刀片接触面积小，载流能力达不到抗冲击电流的要求，不适合在大负荷、总线路上使用。但是，标准互感器不需要长期挂网使用，且本身阻抗很大，穿刺刀片上的电流不超过 1 mA，因此，为获取电压信号，可以选用绝缘穿刺线夹。以绝缘穿刺线夹为基础，本书设计了一种高压电动穿刺取电模块，该模块采用无线方式对电机进行控制，通过电机带动穿刺刀片执行穿刺动作，如图 6-19 所示。

电流互感器带电校准一般采用的是开启式标准电流传感器（开启式电流传感

器),如图 6-20 所示。开启式电流传感器的初级线圈就是穿过钳形铁芯的导线,即一次绕组只有 1 匝。二次绕组和采样电阻构成二次回路。当导线有交流电流通过时,初级线圈产生了交变磁场,在二次回路中产生了感应电流,电流的大小和一次电流的比例,相当于一次和二次线圈的匝数的反比。

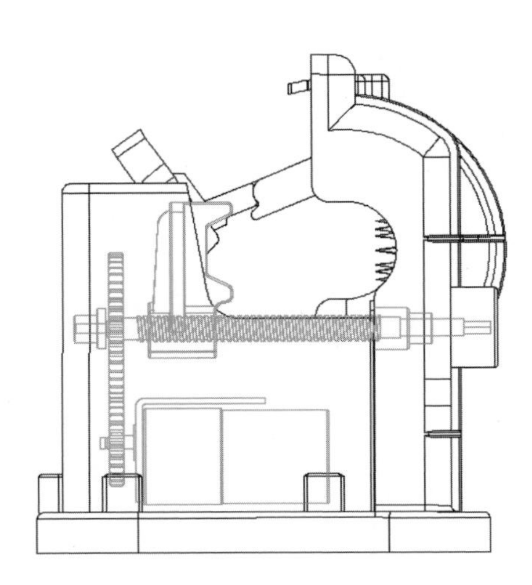

图 6-19 穿刺机构

图 6-20 开启式标准电流传感器图

配网带电校准电压传感器采用的是多级高压电阻串联的形式。电阻分压器的准确度取决于电阻的准确度,或更准确地说,取决于分压比的准确度,其转换误差主要源自电阻温度系数、电阻电压系数、电阻器因电压/温度引起的漂移、杂散电容及相邻相线之间的串扰影响。通常用这种方法可以实现±0.5%的准确度。如果要进一步提高准确度,则必须作其他的特殊处理,如通过使用计算程序对杂散电容和串扰进行计算校正。通过增加高压屏蔽罩和低压屏蔽罩,可以有效抑制杂散电容对测量结果的影响,计算机仿真和实际试验的结论均为可以将测量误差控制在0.3%以下。10/35 kV 带电校准电压传感器如图 6-21 所示。

图 6-22 所示的为实验室模拟架空线穿刺取电演示,通过绝缘操作杆将高压传感器的两端卡入架空线,并通过掌机给绝缘穿刺模块发送穿刺命令,当高压侧传感器接收到穿刺命令之后,控制电路执行穿刺命令,具体包括:控制驱动电机正向转动,使得穿刺刀片组与高压绝缘导线靠近;实时检测驱动电机的初级驱动电流;根据初级驱动电流调节驱动电机的输出电压,使所述穿刺刀片组刺入高压绝缘导线;实时检测穿刺刀片组是否导通,若是,则控制驱动电机停止转动。

带电校准作业流程可以参考 Q/GDW 710—2012《10kV 电缆线路不停电作业技术导则》中的操作导则进行。穿刺后绝缘导线的绝缘层会有很小的破损,存在触电隐患。可以参考配电网裸线绝缘化改造的方法,用绝缘护套管或绝缘喷涂绝缘层的方

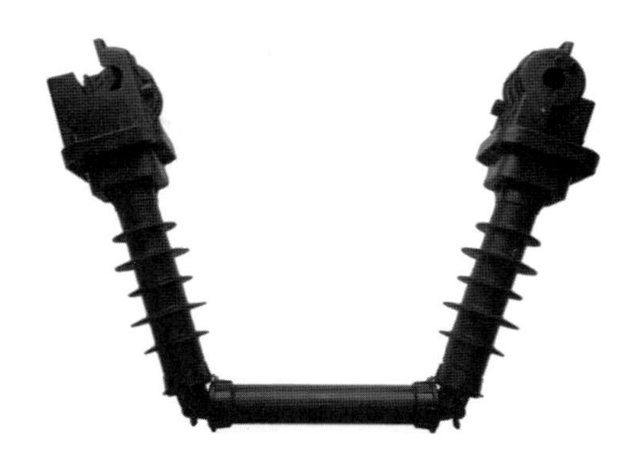

图 6-21　10/35 kV 带电校准电压传感器外形

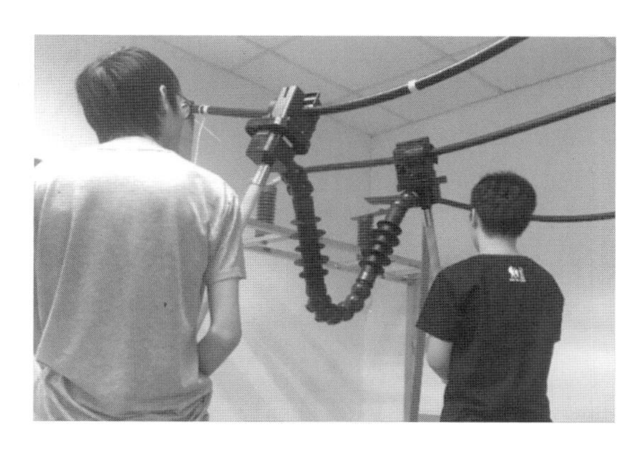

图 6-22　实验室模拟架空线穿刺取电

式消除触电隐患。绝缘喷涂是近年来新兴的技术，采用 3M527-ZW 绝缘涂覆材料，工频耐压大于 25 kV/mm，10 kV 线路涂料厚度约为 2.5 mm，涂覆后现场 40 min 左右自然固化，无须加热处理，此时的绝缘涂覆材料在性能各方面与绝缘导线无差别。长距离裸架空线的处理方式已经发展到用机器人自动处理，2015 年起，其在国网舟山供电公司、国网湘潭供电公司、国网江西分宜县供电公司、国网甘肃平凉供电公司、国网宁东供电公司、国网广元供电公司和南方电网广西玉林供电局等均有应用。

6.3　基于影响量的互感器运行误差在线评估

通过带电接入标准互感器、信号采集电路和时钟同步装置等，将互感器和标准电压互感器的二次输出电压进行比较，可测算出运行工况下互感器的计量误差。然而，带电校准系统仅可获得当前的计量误差，无法长期对互感器计量误差进行跟踪评估。基于此背景，本节将提出基于影响量的互感器运行误差在线评估方法，基于互感器测量数据和多维影响数据，分别采用基于机器学习与基于深度学习的人工智能算法，针对互感器计量误差在线评估模型进行研究，为保障电能准确计量和互感器状态检修提供技术依据。

6.3.1 互感器运行误差在线评估技术概述

可用于互感器计量性能在线评估的主流人工智能算法可分为机器学习算法和深度学习算法两种类型。机器学习算法具有极强的特征提取能力，能够很好地从互感器测量数据中挖掘计量误差波动规律。此外，另一类研究则引入启发式算法，对机器学习在线评估模型进行参数优化或组合模型权重分配，从而提升电网领域在线评估算法的准确性。随着计算机运算能力的提升和人工智能研究的深入，深度学习在线评估算法应运而生，其在多维特征数据的数据处理、特征挖掘和在线评估上有突出优势，但是，其算力需求比机器学习算法的要高，运行时间也更长。

综上所述，基于机器学习(算法)和深度学习(算法)的在线评估技术在特定应用场景内拥有独特优势，接下来将首先针对互感器计量数据进行预处理，而后分别针对两种在线评估技术进行研究。

6.3.2 互感器计量数据预处理

为具体量化各算法模型性能，采用实际数据集进行在线评估效果展示。本节采用的互感器多维计量数据以 1 小时为间隔持续采样，共计 28488 条，包括互感器静态数据、误差监测数据与影响因素监测数据 3 部分。后续算法介绍、实验均以此数据集为基础作展示分析。由于原始数据存在部分缺失、非标准化和多维特征耦合冗余等缺陷，需要对原始数据进行预处理。

1. 缺失值插补

由于停电或者坏值丢弃等因素的存在，互感器数据会存在部分缺失。电力系统内互感器多维时序数据间关系复杂，因此可以利用数据间的关联性进行缺失值插补。缺失数据填充的方法主要有：① 通过缺失值所处位置前后的数据，利用中心度量值(均值、中位值等)进行填充；② 通过缺失值所处位置前后的数据构建插值函数，对缺失值所处位置进行求解；③ 在样本空间中，如果存在和缺失值对应的属性相似的属性，则利用相关系数或者聚类分析算法进行相似性判断，找到相似性最高的属性，利用该属性的值进行替代；④ 在样本空间中，如果存在和缺失值对应的属性相似或者相关的属性，利用回归分析算法，构建回归方程，可对缺失值所处位置进行求解。

因为原数据集包含 10 个维度，不同维度均存在短时缺失，因此，本节选择基于 K-means 聚类的缺失值插补算法，具体操作如下。

第一阶段，可以根据不完备信息系统的定义来区分完备数据对象和不完备数据对象，得出集合 U_W 及集合 U_M，其中，$U_W \cup U_M = U$。

第二阶段，通过 K-means 聚类算法处理集合 U_W，获得聚类结果 $C_W=\{C_W^1, C_W^2, \cdots, C_W^k\}$。

第三阶段，填补集合 U_M 中数据对象的缺失数据。例如，U_M 中的对象 x，通过式(6-20)插补缺失属性值，得到插补后的结果 $x_l=\{x_l^1, x_l^2, \cdots, x_l^k\}$，即 k 种填充结果，填充公式为

$$x_l^i = \frac{1}{|C_W^i|}\sum_{x\in C_W^i} x_l \tag{6-20}$$

式中，x_l^i 为数据对象 x 在 l 维属性上的第 i 种填充结果，$i=1,2,\cdots,k$，$l\in\{1,2,\cdots,m\}$；$|C_W^i|$ 为集合 C_W 中第 i 类的样本个数；x_l 为样本 x 的 l 维属性值。

为了验证填充后的样本对象对各类聚类中心值的影响程度并能获得最佳填充值及该样本所属类，对于样本 x，添加 $|C_W^i|/k$ 个到相应类中，从而均衡各填充结果对各类聚类中心的影响程度。得到新聚类结果 $C_W^{i^*}$，观察聚类中心值的变化。根据式(6-21)重新计算类中心值，观察每类中心值的变化，并将对象 x 划分到聚类中心值变化最小的类中，最终可以确定数据对象 x 的缺失属性值的填充值。计算类中心值的公式为

$$z_i^* = \frac{1}{|C_W^{i^*}|}\left(\sum_{x\in C_W^{i^*}} x\right) \tag{6-21}$$

式中，$|C_W^{i^*}|$ 为第 i^* 类的样本个数。

算法的最后一个阶段，通过第三阶段的处理，不完备数据集 U 转变成完备数据集，使用聚类算法再次处理数据集 U 获得最终聚类结果。本次采用的聚类填充算法相较于其他算法，对变量类型要求低、误差小、拟合效果好，适合用于处理高维数据，可以完成对不同维度缺失数据的填充。

2. 噪声光滑

噪声是指被测变量的随机误差或偏差，当给定一个数值属性时，常用的数据光滑技术有分箱法、回归法和聚类法。

(a) 分箱法：通过考察数据的“近邻”（即周围的数据值）来光滑存储数据的值。存储的值被划分到一些箱中。由于仅考察近邻的值，所以分箱法进行的是局部光滑。

(b) 回归法：使用拟合数据函数来光滑数据（如回归函数）。线性回归涉及找出拟合两个属性的最佳线，使得一个属性能够用于在线评估另一个属性。多元线性回归是线性回归的扩展，涉及多个属性，将数据拟合到一个多维曲面，利用回归方法获得拟合函数，能够帮助平滑数据并消除噪声数据。

(c) 聚类法：使用聚类的方法来检测离群点。将相似的样本归为一个类簇，簇内极其相似而簇间极不相似。则落在簇之外的样本被直观地视为离群点。

3. 数据集成

数据集成需要考虑许多问题，如实体识别问题，主要是匹配来自多个不同信息源

的现实世界实体。冗余是另一个重要问题。如果一个属性能由另一个或另一组属性"导出",则此属性可能是冗余的。属性或维度命名的不一致也可能导致数据冗余,有些冗余可通过相关分析检测到,如给定两个属性,根据可用的数据度量一个属性能在多大程度上蕴含另一个。常用的冗余相关分析方法有皮尔逊积矩相关系数、卡方检验、数值属性的协方差等。

1）皮尔逊积矩相关系数

皮尔逊积矩相关系数广泛用于度量两个变量之间的相关程度,其值介于−1与1之间。对数值属性 A 与 B,估计其相关度 $r_{A,B}$,定义为

$$r_{A,B}=\frac{\sum_{i=1}^{N}(a_i-\overline{A})(b_i-\overline{B})}{N\sigma_A\sigma_B}=\frac{\sum_{i=1}^{N}(a_ib_i)-N\overline{A}\overline{B}}{N\sigma_A\sigma_B}\tag{6-22}$$

式中,N 是样本个数,a_i 和 b_i 分别是样本 i 在属性 A 和 B 的取值,$\overline{A}$ 和 $\overline{B}$ 分别是属性 A 和 B 的均值,σ_A 和 σ_B 是属性 A 和 B 的 N 个样本的标准差,$\sum_{i=1}^{N}(a_ib_i)$是属性 A 和 B 的 N 个样本取值的内积。如果 $r_{A,B}$ 大于0,表明属性 A 的值随属性 B 的值的增加而增加。$r_{A,B}$ 越大,相关性越强,即一个属性蕴含另一个属性的可能性越大。所以,较大的 $r_{A,B}$ 值表明属性 A 或 B 可以作为冗余被去掉。如果 $r_{A,B}$ 等于0,则属性 A 和 B 是独立的、不相关的。如果 $r_{A,B}$ 小于0,则属性 A 和 B 是负相关的,表明一个属性会阻止另一个属性出现。

2）卡方检验

对于离散数据,两个属性 A 和 B 之间的相关性可以用卡方检验来检测。假设属性 A 有 c 个不同取值 $a_1,a_2,\cdots,a_c$;属性 B 有 r 个不同取值 $b_1,b_2,\cdots,b_r$。A 和 B 描述的样本可以用一个相依表表示,其中,A 的 c 个取值构成列,B 的 r 个取值构成行。令(A_i,B_j)表示属性 A 取值 a_i、属性 B 取值 b_j 的事件,即$(A=a_i,B=b_j)$,χ^2 值(皮尔逊 χ^2 统计量)可表示为

$$\chi^2=\sum_{i=1}^{c}\sum_{j=1}^{r}\frac{(o_{ij}-e_{ij})^2}{e_{ij}}\tag{6-23}$$

式中,o_{ij} 是联合事件(A_i,B_j)的观测频度,而 e_{ij} 是(A_i,B_j)的期望频度,由下式计算:

$$e_{ij}=\frac{\text{count}(A=a_i)\times\text{count}(B=b_j)}{N}\tag{6-24}$$

式中,N 是样本个数,$\text{count}(A=a_i)$是属性 A 具有值 a_i 的样本的个数,而 $\text{count}(B=b_j)$是属性 B 具有值 b_j 的样本的个数。卡方检验假设 A 和 B 是独立的,检验基于显著水平,具有$(r-1)\times(c-1)$的自由度,如果拒绝该假设,则 A 和 B 是统计相关的。

3）数值属性的协方差

在概率论和统计学中,协方差用来评估两个属性如何一起变化,考察两个数值属

性 A、B 的 n 次观测的集合{$((a_i,b_j),\cdots,(a_n,b_n))$}，$A$ 和 B 的均值分别称为 A 和 B 的期望值，即

$$E(A)=\overline{A}=\frac{\sum_{i=1}^{n}a_i}{n} \tag{6-25}$$

$$E(B)=\overline{B}=\frac{\sum_{i=1}^{n}b_i}{n} \tag{6-26}$$

A 和 B 的协方差定义为

$$\mathrm{Cov}(A,B)=E((A-\overline{A})(B-\overline{B}))=\frac{\sum_{i=1}^{n}(a_i-\overline{A})(b_i-\overline{B})}{n} \tag{6-27}$$

同时，我们可以得到

$$r_{A,B}=\frac{\mathrm{Cov}(A,B)}{\sigma_A\sigma_B} \tag{6-28}$$

若属性 A 和 B 趋于一起改变，则其协方差为正，反之，协方差为负。若 A 和 B 是独立的，则两者不相关，协方差为 0。

4. 数据规范化

数据规范化是根据数据结构，将数据按某种特征或者属性，统一到一个特定区间或者分布里。规范化能在未设定任何初始权重的基础上，赋予所有属性相等的权重，以防止有较大取值范围的属性与有较小取值范围的属性相比权重过大。

1）最大最小规范化

最大最小规范化是指通过线性变换将原始数据统一到特定区间。设 x_i 为属性 A 的一个取值，属性 A 的最大值为 $\max_A$，最小值为 $\min_A$，其在新映射区间内的最大值为 $\max'_A$，最小值为 $\min'_A$，则完成最大最小规范化后的新取值为

$$x'_i=\frac{x_i-\min_A}{\max_A-\min_A}(\max'_A-\min'_A)+\min'_A \tag{6-29}$$

通常将新的特定区间设置为[0,1]。最大最小规范化仅对原数据的方差与均差进行了倍数缩减，保持了与原始数据的线性关联。该方法必须保证原始数据的最大值和最小值是合理的，如果存在数据超出范围的情况，应该首先将该数据判断为噪声数据筛除，以免将其代入分析中引起错误。

2）z 分数规范化

z 分数规范化基于属性 A 的均值和标准差进行规范化处理，设属性 A 的均值为 μ_A，标准差为 σ_A，则规范化后的新取值为

$$x_i=\frac{x_i-\mu_A}{\sigma_A} \tag{6-30}$$

标准差标准化使标准化的数据方差为零。这对许多算法很有利，其缺点在于，假如原始数据没有呈高斯分布，则标准化的数据分布效果并不好。z 分数规范化能适用于最大值和最小值未知的情况，但是由于互感器大部分属性都已经规定了最大值和最小值，因此在对互感器数据进行分析时，首先选用最大最小规范化方法。

6.3.3 基于机器学习算法的互感器运行误差在线评估

针对低配置的工业现场应用场景，本节首先设计互感器计量误差组合在线评估算法框架；其次建立基于机器学习（算法）的（互感器）误差波动在线评估子模型；之后通过权重分配算法实现误差扰动补偿子模型与误差波动在线评估子模型的有效组合；最后通过实验验证本节组合在线评估算法的有效性。

1. 互感器计量误差组合在线评估算法框架

（1）对于互感器计量误差扰动部分，依据电网领域先验知识的强解释性、无须训练等优势，建立环境温度、二次负载等主导特征量的互感器（计量）误差扰动补偿子模型。

（2）对于互感器计量误差波动部分，考虑到难以通过先验知识对其建模，且机器学习算法、深度学习算法有较强的隐含波动规律挖掘能力，因此，常针对低配置的工业现场应用场景，建立基于机器学习算法的互感器（计量）误差波动在线评估子模型。

（3）对于模型的组合需求，考虑到两个扰动补偿子模型在扰动程度上的差异，以及互感器误差扰动补偿子模型和波动在线评估子模型在研究内容上的差异，如何分配各模型的权重成为组合在线评估的核心内容，应改进权重分配算法以适应互感器计量误差的组合在线评估任务。

由此，提出如图 6-23 所示的互感器计量误差组合在线评估算法框架。其中，$\boldsymbol{x}_i$ 为第 i 条互感器多维计量误差数据的影响参量，ϑ_i、δ_i、$\hat{\vartheta}_i$、$\hat{\delta}_i$ 分别为互感器比值误差、相角误差的真实值和在线评估值，$\vartheta_u(\boldsymbol{x}_i)$、$\delta_u(\boldsymbol{x}_i)$ 和 $\omega_u(u=1,2,3)$ 分别为第 u 个子模型的比值误差在线评估值、相角误差在线评估值及权重分配值。其中，误差波动在线评估采用基于机器学习的互感器误差波动在线评估子模型；模型组合采用改进权重算法的模型权重分配算法，具体算法与流程将在后文展开叙述。

2. 基于机器学习的互感器误差波动在线评估子模型

机器学习在线评估算法通过挖掘互感器计量误差及其影响参量与历史值间的关系，在线评估计量误差的发展趋势，本节将建立基于机器学习的互感器误差波动在线评估子模型。主流机器学习在线评估算法有线性回归（linear regression）算法、支持向量回归（support vector regression，SVR）算法、随机森林（random forest）算法和梯度提升树（gradient boosted decision tree，GBDT）算法等，应根据互感器误差波动在线评估需求选择算法。

1）线性回归算法

线性回归在线评估模型是机器学习在线评估领域最经典的算法，应用于互感器

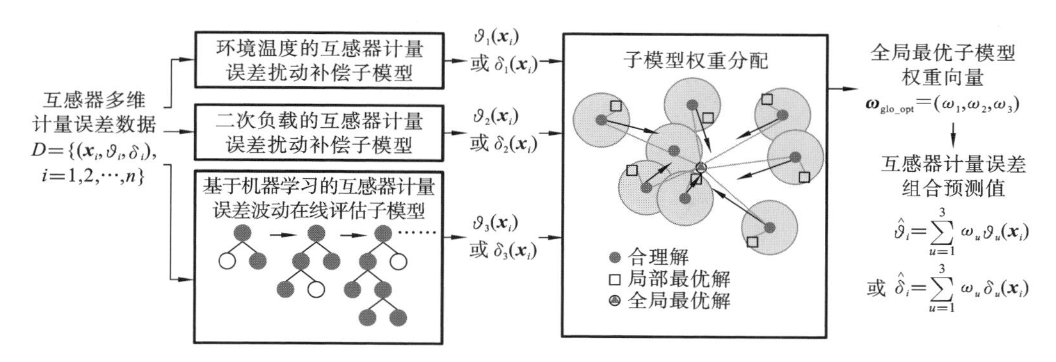

图 6-23　互感器计量误差组合在线评估算法框架

误差波动在线评估任务时，表示为

$$y_i=\omega x_i+e \tag{6-31}$$

其中，x_i 为互感器计量误差及其影响参量的历史值，y_i 为比值误差真值 ϑ_i 或相角误差真值 δ_i，e 为真值与在线评估值间的残差，ω 为回归线斜率等参数。

选取令残差平方和最小的 ω 进行线性回归建模，此时目标函数为

$$\min_{\omega}\sum_{i=1}^{n}\|\omega x_i-y_i\|^2 \tag{6-32}$$

其中，n 为样本量。

由公式可知，此模型具有理解性强、结构简单等优点；但难以处理非线性关系，且计算难度随特征维度的增长而大幅提升。

2) SVR 算法

针对数据的非线性关系，SVR 引入核函数 $k(X_i,X_j)=\varphi(X_i)^{\mathrm{T}}\varphi(X_j)$，实现低维非线性数据 X_i 到高维线性数据 $\varphi(X_i)$ 的映射。此时，基于 SVR 的互感器误差波动在线评估模型可表示为

$$f(x_i)=\operatorname{sgn}\left(\sum_{i=1}^{n}\alpha_i y_i k(X_i,X_j)+b\right) \tag{6-33}$$

其中，$f(x_i)$ 为互感器比值误差在线评估值或相角误差在线评估值，sgn 为阶跃函数，拉格朗日乘子 α_i 满足 $\sum_{i=1}^{n}\alpha_i y_i=0,\alpha_i\geqslant 0,i,j=1,2,\cdots,n$，$b$ 为支持向量机超平面的截距。

选取令支持向量分类边际最大化的参数 α 和 b 进行 SVR 建模，即

$$\begin{cases}y_i\left(\sum_{i=1}^{n}\alpha_i y_i(k(X_i,X_j)+b)\right)-1=0\\ \max_{\alpha}\left(\sum_{i=1}^{n}\alpha_i-\frac{1}{2}\sum_{i,j}^{n}\alpha_i\alpha_j y_i y_j(\varphi(X_i)\varphi(X_j))\right)\end{cases} \tag{6-34}$$

核函数的引入使 SVR 算法能够很好地处理互感器多维计量误差数据的非线性关系；但二次规划带来了大量的矩阵运算，导致运算时间大幅增长。

3）随机森林算法

随机森林算法随机有放回地抽取样本，用获得的训练集并行训练 K 棵回归树，并取树的在线评估均值作为互感器误差波动在线评估结果，即

$$F(x,\omega)=\frac{1}{K}\sum_{k=1}^{K}f_k(x,\omega_k) \tag{6-35}$$

其中，$f_k(x,\omega_k)$ 和 $\omega_k(k=1,2,\cdots,K)$ 为第 k 棵回归树的在线评估值与参数。

每棵回归树的目标函数为

$$\min\frac{1}{n}\sum_{m=1}^{M}\sum_{x_i\in R_m}(c_m-y_i)^2 \tag{6-36}$$

其中，n 和 M 分别为互感器多维计量误差数据的样本数量和回归树叶子数量，R_m 和 c_m 分别为第 m 片叶子划分出的输入空间和在线评估值。

随机森林算法有较强的非线性处理能力，且其并行训练模式提升了训练速度；然而，该算法在噪声数据上易发生过拟合。

4）GBDT 算法

GBDT 算法使用全部样本依次训练 K 棵回归树，且根据前树的在线评估效果调节后续模型的权重。具体地，增加较大残差的特征权重，并调低较大残差的回归树权重，反之亦然。最终求 K 棵回归树的加权平均在线评估值作为互感器误差波动在线评估结果，即

$$F(x,\omega)=\sum_{k=1}^{K}\alpha_k f_k(x,\omega_k) \tag{6-37}$$

其中，α_k 为第 k 棵回归树的权重。

GBDT 的核心思想是采用损失函数的负梯度作为残差估计值，即

$$r_{k,i}=-\left[\frac{\partial \mathrm{Loss}(y_i,F(x_i))}{\partial F(x)}\right]_{F(x)=F_{k-1}(x)} \tag{6-38}$$

其中，$\mathrm{Loss}(y_i,F(x_i))$ 为互感器误差真实值 y_i 与在线评估值 $F(x_i)$ 间的均方差损失函数。

利用信息增益确定回归树的结构，GBDT 算法的信息增益定义为

$$V_j(d)=\frac{1}{n}\left(\frac{\left(\sum_{x_{ij}\leqslant d}g_i\right)^2}{n_{\mathrm{left}}^j(d)}+\frac{\left(\sum_{x_{ij}>d}g_i\right)^2}{n_{\mathrm{right}}^j(d)}\right) \tag{6-39}$$

其中，$n_{\mathrm{left}}^j(d)$ 和 $n_{\mathrm{right}}^j(d)$ 表示互感器多维计量误差数据在第 j 维特征的分割点 d 两侧的样本个数，g_i 为损失函数的负梯度。信息增益计算过程遍历了全部数据样本及特征维度，因此，样本容量和特征维度均成为其计算复杂度的影响因素。

除去样本容量和特征维度带来的计算复杂度问题，GBDT 在线评估算法仍是机器学习在线评估算法中最有优势的，这是因为 GBDT 算法有很好的在线评估精度和非线性映射能力，且相比随机森林算法，其能够更好地处理噪声数据。

综上，针对互感器误差波动在线评估需求，从机器学习算法中选取 GBDT 算法。在 GBDT 算法的基础上，引入梯度单边采样（gradient-based one-side sampling，GOSS）和互斥特征绑定（exclusive feature bundling，EFB）的轻量化策略，形成轻量级梯度提升机（light gradient boosting machine，LightGBM），可以降低样本容量和高维特征带来的计算复杂度。

梯度单边采样的轻量化策略通过在信息增益计算过程中减少样本使用数量实现算法的轻量化。具体地，使用样本负梯度反映样本对信息增益的影响程度，并对梯度最大的前 $a\%$ 样本遍历采样，作为子集 A，对剩余样本随机采样 $b\%$，作为子集 B，在计算信息增益时将 B 子集的系数设置为 $(1-a)/b$，从而将训练重点放在误差很大的样本上。此时的信息增益为

$$\widetilde{V}_j(d)=\frac{\left(\sum_{x_i\in A_{\text{left}}} g_i+\frac{1-a}{b}\sum_{x_i\in B_{\text{left}}} g_i\right)^2}{n\cdot n_{\text{left}}^j(d)}+\frac{\left(\sum_{x_i\in A_{\text{right}}} g_i+\frac{1-a}{b}\sum_{x_i\in B_{\text{right}}} g_i\right)^2}{n\cdot n_{\text{right}}^j(d)} \tag{6-40}$$

其中，A_{left}、B_{left}、A_{right}、B_{right} 分别为子集 A、B 在分割点 d 左右的样本集，将最大化信息增益的特征和叶节点作为最佳分裂特征与最佳分裂叶节点。

在研究该策略的轻量化作用基础上，验证其保持在线评估精度的能力。梯度单边采样带来的近似误差为

$$\varepsilon(d)=|\widetilde{V}_j(d)|-|V_j(d)| \tag{6-41}$$

经推导，有

$$\varepsilon(d)\leqslant c_{ab}^2\ln\left(\frac{1}{\delta}\right)\cdot\max\left\{\frac{1}{n_{\text{left}}^j(d)},\frac{1}{n_{\text{right}}^j(d)}\right\}+2DC_{a,b}\sqrt{\frac{\ln\left(\frac{1}{\delta}\right)}{n}} \tag{6-42}$$

其中，

$$\begin{cases} C_{a,b}=\dfrac{1-a}{\sqrt{b}}\max_{x_i\in A^c}|g_i| \\ D=\max\{\bar{g}_{\text{left}}^j(d),\bar{g}_{\text{right}}^j(d)\}=\left\{\dfrac{\sum_{x_i\in(A\cup A^c)_{\text{left}}}|g_i|}{n_{\text{left}}^j(d)},\dfrac{\sum_{x_i\in(A\cup A^c)_{\text{right}}}|g_i|}{n_{\text{right}}^j(d)}\right\} \end{cases} \tag{6-43}$$

由式(6-42)可知，近似误差主要受 $O(1/\sqrt{n})$ 的影响。而互感器多维计量误差数据量足够大，$O(1/\sqrt{n})$ 趋近于零，此时梯度单边采样的引入几乎不造成在线评估精度的降低。

综上所述，梯度单边采样的轻量化策略大幅减小了互感器多维计量误差数据容

量带来的计算复杂度，在在线评估精度和速度上获得了有效平衡。

针对特征维度带来的计算复杂度，考虑到高维特征空间普遍存在大量互斥特征，造成维度冗余，引入互斥特征绑定的轻量化策略，在不损失信息的前提下实现有效特征的提取，从而降低互感器多维计量误差数据特征维度引起的计算复杂度。

通过引入梯度单边采样和互斥特征绑定的轻量化策略，LightGBM 算法降低了样本容量和高维特征带来的计算复杂度，其具有优越的非线性拟合能力和对高维大样本数据的适应能力，适用于本节互感器多维计量误差波动在线评估任务。

本节以上文研究的 LightGBM 算法为例，提出了互感器误差波动在线评估算法流程。互感器计量误差及其影响参量的历史值 $\boldsymbol{x}_i=\{x_{i1},x_{i2},\cdots,x_{iq}\}$ 作为输入特征矩阵，比值误差 $(\vartheta_1,\vartheta_2,\cdots,\vartheta_n)^{\mathrm{T}}$ 与相角误差 $(\delta_1,\delta_2,\cdots,\delta_n)^{\mathrm{T}}$ 依次作为输出量 y_i，此时互感器多维计量误差数据集可表示为 $D=\{(\boldsymbol{x}_i,y_i),i=1,2,\cdots,n\}$，基于 LightGBM 算法的互感器计量误差波动在线评估算法流程如图 6-24 所示。

3. 基于权重分配的计量误差组合在线评估模型

权重分配算法对计量误差组合在线评估模型至关重要。接下来将对比主流的模型权重分配算法，其中包括等权（equal-weight）分配法、熵权（entropy-weight）分配法、蚁群优化（ant colony optimization，ACO）算法、粒子群优化（particle swarm optimization，PSO）算法等。

1）等权分配法

等权分配法根据子模型数量 U，给各个子模型分配相同的权重 ω_u，即

$$\omega_u=\frac{1}{U},u=1,2,\cdots,U \tag{6-44}$$

互感器计量误差组合在线评估模型包含基于环境温度的误差扰动补偿子模型、基于二次负载的误差扰动补偿子模型和误差波动在线评估子模型，此时，$\omega_u=1/3$，$u=1,2,3$。

等权分配法具有模型简单、理解性强的优点；但忽略了子模型差异，导致其组合在线评估准确性较差。

2）熵权分配法

信息熵可用于表示在线评估模型的偏差程度，熵权分配法在此基础上，对在线评估偏差大的子模型分配较小的权重，从而提升在线评估模型的准确性。

对于无量纲化的子模型评价指标矩阵

$$\boldsymbol{E}=(e_{u,v})_{U\times V}=\begin{bmatrix} e_{1,1} & e_{1,2} & \cdots & e_{1,V} \\ e_{2,1} & e_{2,2} & \cdots & e_{1,V} \\ \cdots & \cdots & \cdots & \cdots \\ e_{U,1} & e_{U,2} & \cdots & e_{U,V} \end{bmatrix} \tag{6-45}$$

第 u 个子模型的信息熵为

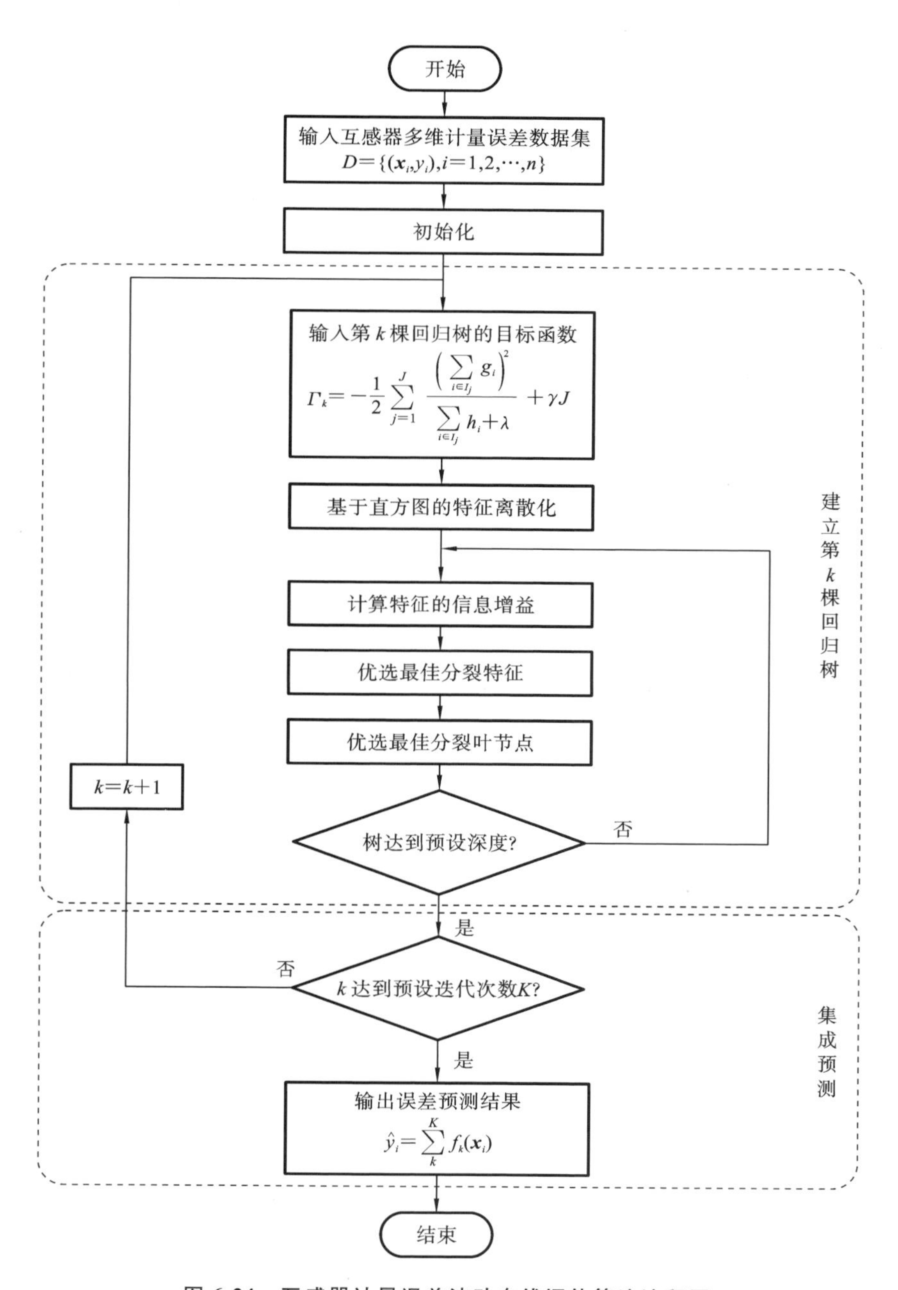

图 6-24 互感器计量误差波动在线评估算法流程图

$$H_u = -\ln (V)^{-1} \sum_{v=1}^{V} p_{u,v} \ln p_{u,v} \tag{6-46}$$

其中，$p_{u,v} = e_{u,v} \Big/ \sum_{v=1}^{V} e_{u,v}$，表示第 u 个子模型在第 v 个评价指标 $e_{u,v}$ 下出现的概率。

由于 H_u 与模型准确性呈负相关，应调高 H_u 小的子模型权重 ω_u，即

$$\omega_u = \frac{1-H_u}{U-\sum_{u=1}^{U} H_u} \tag{6-47}$$

熵权分配法根据子模型的准确性分配权重，获得了较高的准确度；然而其模型评价指标矩阵的建立过度依赖专家先验知识。

3）ACO 算法

ACO 算法仿照蚁群搜寻最短路径的方式，搜寻模型的最优权重分配。

在[0,1]内划分多个权重区间，则子模型从当前区间 z_1 落到区间 Z 的概率为

$$p_z = \begin{cases} \dfrac{(\tau_z)^{\alpha}\ (\eta_z)^{\beta}}{\sum\limits_{z_1 \in Z} (\tau_{z_1})^{\alpha}\ (\eta_{z_1})^{\beta}}, & z \in Z \\ 0, & z \notin Z \end{cases} \tag{6-48}$$

其中，τ_z、η_z、α、β 分别表示信息素量、启发量、信息因子和启发因子。通过轮盘赌(Roulette)可由 p_z 进一步确定模型权重分配值 ω_u。

ACO 算法在每轮迭代后更新信息素量 τ_z，从而对其他蚂蚁的路径搜索提供指导。对该蚂蚁选中的区间和其他区间，信息素量分别更新为

$$\tau_z = \begin{cases} (1-\rho)\tau_{z-1} + \rho\Delta\tau_{z-1}, & \text{selected} \\ (1-\rho)\tau_{z-1}, & \text{unselected} \end{cases} \tag{6-49}$$

其中，ρ 为挥发因子。通过信息素量的更新，在新一轮迭代中，蚁群继续搜索权重，直到达到预设迭代次数，输出此时的模型权重分配向量。

由于引入了信息素思想，ACO 算法具有较强的自适应性，多个“蚂蚁”并行搜索，效率很高；但与熵权分配法相似，ACO 算法同样存在过度依赖专家先验知识的缺陷。

4）PSO 算法

PSO 算法仿照鸟群搜索空间中食物位置的方式，搜寻模型的最优权重分配。第 l 个粒子的位置 $\boldsymbol{\omega}_l(t)$ 和速度 $\boldsymbol{v}_l(t)$ 分别反映当前权重分配向量及其变化趋势，受其他粒子影响，在第 $t+1$ 轮迭代中更新为

$$\boldsymbol{v}_l(t+1) = \text{weight}(t)\boldsymbol{v}_l(t) + c_1 r_1 (\boldsymbol{\omega}_{\text{ind\_opt}}(t) - \boldsymbol{\omega}_l(t)) + c_2 r_2 (\boldsymbol{\omega}_{\text{glo\_opt}}(t) - \boldsymbol{\omega}_l(t)) \tag{6-50}$$

$$\boldsymbol{\omega}_l(t+1) = \boldsymbol{\omega}_l(t) + \boldsymbol{v}_l(t+1) \tag{6-51}$$

其中，weight(t) 为惯性权重，c_1 和 c_2 分别为个体学习因子和群体学习因子，取[0, 4]内的常数，r_1 和 r_2 为[0, 1]内的随机数，$\boldsymbol{\omega}_{\text{ind\_opt}}(t)$ 和 $\boldsymbol{\omega}_{\text{glo\_opt}}(t)$ 分别为个体最优解和

群体(全局)最优解,在互感器误差波动在线评估任务中,分别表示令组合在线评估结果与真实值之间残差最小的个体权重分配向量和群体权重分配向量。

PSO 算法不断更新 $\boldsymbol{\omega}_{\text{ind\_opt}}(t)$ 和 $\boldsymbol{\omega}_{\text{glo\_opt}}(t)$,直至达到预设迭代次数 T,输出此时的 $\boldsymbol{\omega}_{\text{glo\_opt}}(t)$ 作为互感器误差组合在线评估模型的权重分配向量。

惯性权重的传统定义为

$$\text{weight}(t)=\text{weight}_{\max}\cdot\left(1-\frac{t}{T}\right) \tag{6-52}$$

其中,$\text{weight}_{\max}$ 为惯性权重初始值,$\text{weight}(t)$ 随迭代次数减小,从初期的广泛搜索转为后期的精准搜索。然而,该定义忽略了粒子的空间分布,当粒子初始分布不够分散时,极易导致后续粒子移动受限,从而引发早熟收敛,即陷入局部最优解。

除去惯性权重引起的早熟收敛缺陷,PSO 算法仍是权重分配方法中最有优势的,这是因为 PSO 算法通过并行搜索多个粒子获得了较快的收敛速度,同时其不依赖专家领域先验知识,具有很强的鲁棒性。

为缓解早熟收敛缺陷,本节向惯性权重引入粒子空间分散性的考查指标,即距离偏差 σ_{D} 和适应度偏差 σ_{F} 指标。距离偏差指标定义为

$$\sigma_{\text{D}}=\frac{\min(D_l)}{\max(D_l)} \tag{6-53}$$

其中,D_l 表示粒子与全局最优解 $l_{\text{glo\_opt}}$ 间的距离。σ_{D} 越小,各粒子与全局最优解之间的距离越相似,粒子的分散性越好。

此外,与全局最优解之间的距离相似的粒子在适应度上也可能存在巨大差异,因此,考查适应度的偏差也是十分必要的。

与距离偏差指标类似,将适应度偏差指标定义为

$$\sigma_{\text{F}}=\frac{\min(\text{Fitness}_l)}{\max(\text{Fitness}_l)} \tag{6-54}$$

其中,Fitness_l 表示各粒子的适应度。σ_{F} 越小,各粒子的适应度越相近,粒子逼近全局最优解的程度越相似。

将 σ_{D} 和 σ_{F} 反馈作用于惯性权重,实现其自适应调整,即

$$\text{weight}(t,\sigma_{\text{D}},\sigma_{\text{F}})=(\text{weight}_{\max}+\alpha\sigma_{\text{D}}+\beta\sigma_{\text{F}})\cdot\left(1-\frac{t}{T}\right) \tag{6-55}$$

其中,α 和 β 分别表示距离偏差系数与适应度偏差系数,为[0, 1]内的固定值。

对比式(6-52)与式(6-55)可知,本节提出的自适应惯性权重不仅考虑了当前迭代次数 t,还考虑了粒子的空间分散性,当分散性降低时,σ_{D} 和 σ_{F} 增大,从而反馈作用于惯性权重,加速粒子的移动,缓解了 PSO 算法的早熟收敛现象,提高了互感器计量误差组合在线评估模型权重分配的准确性。

基于上文的 PSO 改进算法,本节研究了互感器计量误差组合在线评估模型的适应度函数、模型权重约束条件和算法流程。

（1）适应度函数。

适应度函数是衡量粒子对任务适应能力的指标，在互感器计量误差组合在线评估模型中，定义适应度函数为互感器误差的组合在线评估值与真实值之间的残差，即

$$\text{Fitness}_l = \left\| \sum_{u=1}^{3} \omega_{l,u}(t) F_u(\boldsymbol{X}) - \boldsymbol{Y} \right\|^2 \tag{6-56}$$

其中，$\omega_{l,u}(t)(u=1,\ 2,\ 3)$为位置向量$\boldsymbol{\omega}_l(t)$的元素，分别对应环境温度的误差扰动补偿子模型、二次负载的误差扰动补偿子模型和误差波动在线评估子模型的权重；$F_u(\boldsymbol{X})\ (u=1,\ 2,\ 3)$为子模型的互感器误差在线评估值，在比值误差和相角误差在线评估任务中分别对应$\vartheta_u(\boldsymbol{X})$和$\delta_u(\boldsymbol{X})$；$\boldsymbol{Y}$为互感器（计量）误差真实值，在比值误差和相角误差在线评估任务中分别对应$\boldsymbol{J}$和$\boldsymbol{\delta}$。

（2）模型权重约束条件。

针对互感器计量误差组合在线评估模型权重分配的实际意义，规定约束条件为

$$\begin{cases} \omega_{l,u} \in [0,1],u=1,2,3 \\ \omega_{l,1}+\omega_{l,2}+\omega_{l,3}=1 \end{cases} \tag{6-57}$$

（3）算法流程。

基于改进PSO算法的互感器计量误差组合在线评估改进算法流程如图6-25所示。

根据流程图，整理算法的执行步骤如下。

① 输入子模型在线评估值（预测值）$F_u(\boldsymbol{X})$与互感器计量误差真实值$\boldsymbol{Y}$，并进行模型初始化。

② 计算各粒子的适应度Fitness_l。

③ 将个体和群体中适应度最小的粒子所在位置更新为个体最优解$\boldsymbol{\omega}_{\text{ind_opt}}$和群体最优解$\boldsymbol{\omega}_{\text{glo_opt}}$。

④ 根据式(6-53)至式(6-55)计算距离偏差σ_{D}、适应度偏差σ_{F}和(自适应)惯性权重weight(t)。

⑤ 更新粒子位置$\boldsymbol{\omega}_l(t)$和速度$\boldsymbol{v}_l(t)$。

⑥ 在每次迭代中重复②至⑤步操作，直至达到预设迭代次数T，将此时的全局最优解$\boldsymbol{\omega}_{\text{glo_opt}}$作为权重分配向量，进而输出互感器比值误差组合在线评估值$\hat{\boldsymbol{J}} = \sum_{u=1}^{3} \omega_{\text{glo_opt},u} \vartheta_u(\boldsymbol{X})$（或相角误差组合在线评估值$\hat{\boldsymbol{\delta}} = \sum_{u=1}^{3} \omega_{\text{glo_opt},u} \delta_u(\boldsymbol{X})$）。

至此，本节建立了基于LightGBM算法的互感器计量误差组合在线评估模型。下文将通过实验验证组合在线评估算法的有效性，并分析算法的突出优势。

4. 互感器运行误差在线评估结果分析

为模拟低配置工业现场应用场景，本节实验在Intel(R) Core(TM) i7-8700K

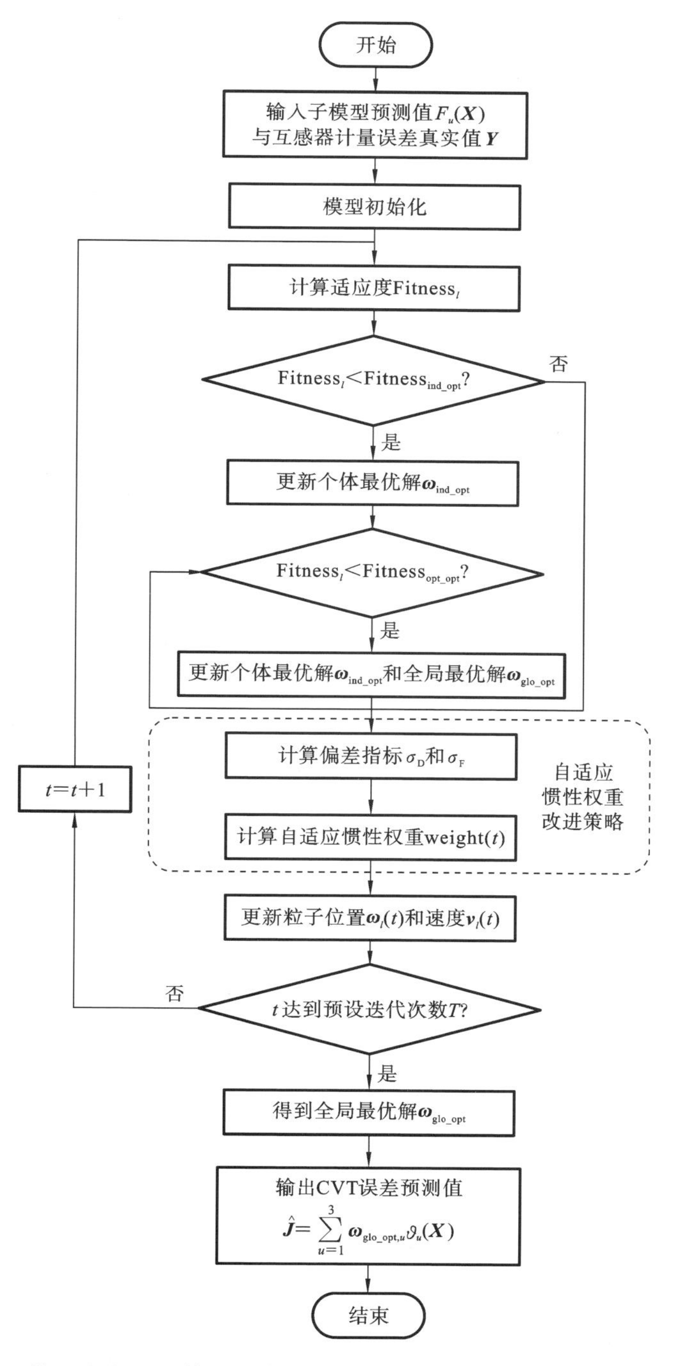

图6-25 基于改进PSO算法的互感器计量误差组合在线评估改进算法流程图

CPU 3.70GHz 的计算机上进行，并使用 Python 3.6 语言和 Keras 深度学习框架。

针对互感器多维计量误差数据的特征量纲差异，通过最小-最大值无量纲化(min-max normalization)处理，将数据映射到[0，1]区间内，即

$$\text{normalization}(x)=\frac{x-\min(x)}{\max(x)-\min(x)} \tag{6-58}$$

将处理后的数据作为数据集，并按照 7∶3 的比例划分为训练集与测试集。

从准确度和运行时长两个角度评价算法性能，其中，为具体地量化扰动补偿模型的准确性，使用均方误差(mean squared error，MSE)、均方根误差(root mean squared error，RMSE)、平均绝对误差(mean absolute error，MAE)衡量 CVT 计量误差扰动量与实际值间的偏差，其定义分别如下。

均方误差：

$$\text{MSE}=\frac{1}{n}\sum_{i=1}^{n}(\hat{y}_i-y_i)^2 \tag{6-59}$$

均方根误差：

$$\text{RMSE}=\sqrt{\frac{1}{n}\sum_{i=1}^{n}(\hat{y}_i-y_i)^2} \tag{6-60}$$

平均绝对误差：

$$\text{MAE}=\frac{1}{n}\sum_{i=1}^{n}|\hat{y}_i-y_i| \tag{6-61}$$

其中，y_i 和 $\hat{y}_i$ 分别表示第 i 个样本上的 CVT 误差真实值和扰动补偿量，n 为样本容量。观察公式可知，上述准确度指标均与扰动补偿模型的准确性成反比，即指标越小，模型准确度越高。

1) 模型参数

LightGBM 在线评估模型的参数如表 6-5 所示。

表 6-5　LightGBM 在线评估模型的参数

参数名称	参数说明	参数取值
boosting	基准 boosting 算法	GBDT
objective	回归或分类任务	regression
learning_rate	学习率	0.1
max_depth	回归树的预设深度	6
num_leaves	回归树的叶子节点数	16
num_iterations	预设迭代次数	200
metric	损失函数	MSE

改进 PSO 权重分配模型的参数如表 6-6 所示。

表 6-6　改进 PSO 权重分配模型的参数

参数名称	参数说明	参数取值
weight	惯性权重的初始值	0.8
c1	个体学习因子	2
c2	群体学习因子	2
population	粒子群体数量	50
dimension	空间维度(子模型个数)	3
max_iterations	预设迭代次数	100
alpha	距离偏差系数	0.5
beta	适应度偏差系数	0.5

2）对比实验

通过对比实验，分析基于 LightGBM 算法的互感器计量误差组合在线评估算法的性能，将主流机器学习在线评估算法作为单模型在线评估算法与本章改进算法进行对比。之后，将互感器误差扰动补偿模型和基于 LightGBM 算法的误差波动在线评估模型作为子模型，根据主流组合方式建立组合在线评估算法，并与本章(本文)改进 PSO 算法进行对比。在互感器比值误差在线评估任务中应用本章算法和上述对比算法，实验结果如表 6-7 所示。

表 6-7　互感器比值误差在线评估算法的对比实验结果

算　法	MSE	RMSE	MAE	运行时长/s
线性回归在线评估	0.0027	0.0522	0.0403	0.0299
支持向量回归在线评估	0.0017	0.0408	0.0340	5.8873
随机森林在线评估	0.0011	0.0333	0.0160	1.9277
梯度提升树在线评估	0.0011	0.0328	0.0180	1.6837
轻量级梯度提升机在线评估	0.0011	0.0336	0.0162	0.2739
等权组合在线评估	0.0010	0.0322	0.0172	0.2769
熵权组合在线评估	0.0010	0.0314	0.0171	0.3522
蚁群组合在线评估	0.0235	0.1533	0.1516	11.8064
本章改进算法	0.0003	0.0177	0.0125	9.2597

类似的，在互感器相角误差在线评估任务中对比各算法，实验结果如表 6-8 所示。

表 6-8 互感器相角误差在线评估算法的对比实验结果

算　　法	MSE	RMSE	MAE	运行时长/s
线性回归在线评估	2.3927	1.5468	1.2312	0.0309
支持向量回归在线评估	1.2399	1.1135	0.8605	5.0230
随机森林在线评估	1.5015	1.2253	0.9684	2.0885
梯度提升树在线评估	1.1013	1.0495	0.8294	1.9944
轻量级梯度提升机在线评估	1.1263	1.0613	0.8190	0.3124
等权组合在线评估	1.1132	1.0551	0.8099	0.2693
熵权组合在线评估	1.1082	1.0527	0.8030	0.3987
蚁群组合在线评估	3.6241	1.9037	1.4702	11.0792
本章改进算法	0.5415	0.7358	0.6133	9.2946

观察实验数据结果，可获得下列结论。

（1）单模型在线评估算法中，LightGBM 算法性能最优。

在单模型在线评估算法中，线性回归算法与 SVR 算法难以平衡准确度和运行速度，前者的准确度较差，后者的运行时间过久；随机森林算法与 GBDT 算法则具有很好的准确度和中等的运行速度；LightGBM 算法则在 GBDT 算法的基础上进一步提升了运行速度，并保持了在线评估准确度，在单模型在线评估算法中获得最优的性能。

（2）组合在线评估算法的性能整体优于单模型在线评估算法的。

在组合在线评估算法中，除了蚁群组合算法明显陷入错误解外，其他算法均提升了在线评估准确度，其中，等权组合算法与熵权组合算法在小幅度提升准确度的同时保持了较快的运行速度，本文改进算法则大幅度提升了在线评估准确度，将误差指标控制在了极小的范围内。这验证了本文改进算法在线评估思路的正确性。

（3）在各机器学习在线评估算法中，改进算法性能最优。

相比主流机器学习在线评估算法，改进算法虽在一定程度上增加了运行时长，但在线评估准确度大大提升，且通过轻量化策略减少了非必要的时耗。考虑到在实际工程应用中，互感器计量误差在线评估任务更加注重准确度指标，而未对在线评估速度提出要求，因此，本文改进算法最适用于互感器计量误差在线评估任务。

综上所述，相比主流机器学习在线评估算法，改进算法在获得最优在线评估准确度的基础上减少了非必要的时耗，在低配置的工业现场应用场景中，最适用于互感器计量误差在线评估任务。

6.3.4 基于深度学习算法的互感器运行误差在线评估

在配置足够高的应用场景，深度学习在线评估算法的硬件需求得到了满足。此时，相比通过专家先验知识获取特征的机器学习算法，深度学习算法能够通过卷积运算提取到更为准确的特征，从而获得更高的在线评估准确性。因此，针对高配置、高精度需求的应用场景，首先应设计互感器计量误差组合在线评估算法框架；其次对互感器计量误差波动量建立基于深度学习（算法）的误差波动在线评估子模型；之后通过权重分配算法实现误差扰动补偿子模型与误差波动在线评估子模型的有效组合；最后通过实验验证本节组合在线评估算法的有效性。

1. 基于深度学习的计量误差组合在线评估算法框架

基于深度学习的（互感器）计量误差组合在线评估算法框架如图 6-26 所示。

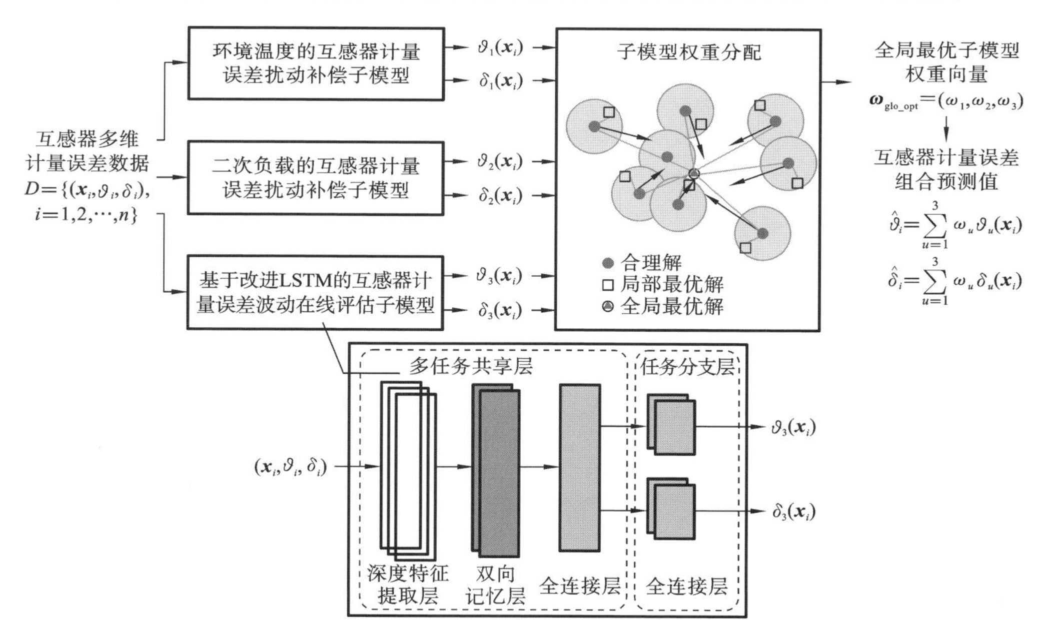

图 6-26　基于深度学习的互感器计量误差组合在线评估算法框架

由图 6-26 可知，在基于深度学习的互感器计量误差组合在线评估算法框架中，互感器误差扰动补偿子模型和子模型权重分配模块与上文保持一致；误差波动在线评估子模型则采用改进 LSTM 神经网络的深度学习模型，其分为多任务共享层、任务分支层两部分，前者又具体包含深度特征提取层、双向记忆层与全连接层等，后者则由全连接层组成。具体的深度学习算法和流程将在后文展开研究。

2. 用于在线评估的深度学习模型优选

针对互感器计量误差波动在线评估需求，本节将优选深度学习模型。用于在线评估的主流深度学习模型有卷积神经网络(convolutional neural network,CNN)、深度置信网络(deep belief network,DBN)和循环神经网络(recurrent neural network,RNN)及其变体,如图 6-27 所示。

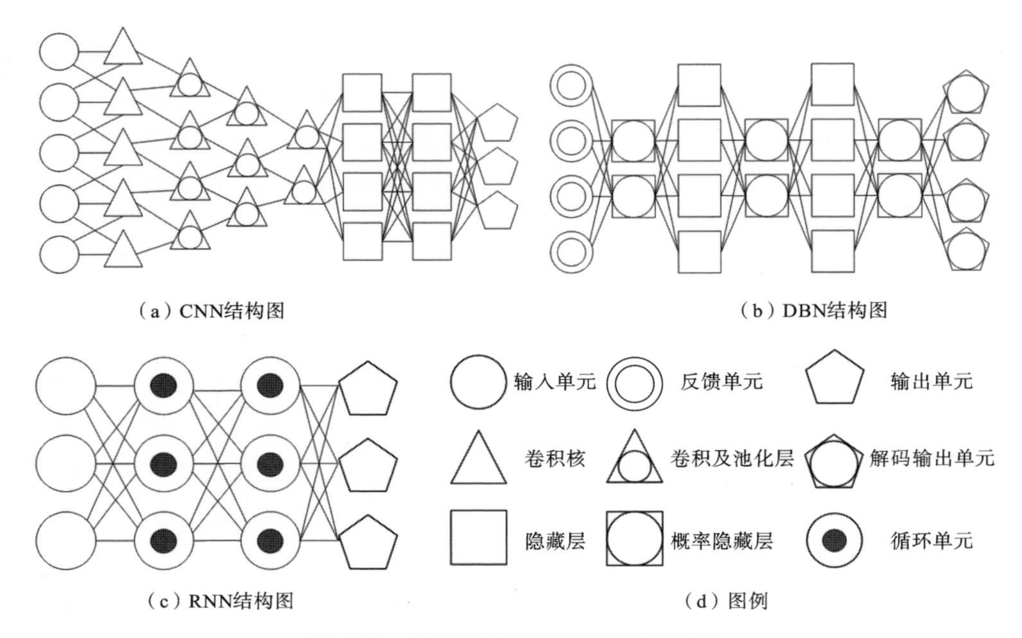

(a) CNN结构图 (b) DBN结构图

(c) RNN结构图 (d) 图例

图 6-27 主流深度学习模型网络结构图

1) 卷积神经网络及其变体

CNN 结构包含输入单元、卷积核、卷积及池化层和输单元等,其最大的特点是引入了卷积运算的特征提取方式。具体的,用核逐步扫描数据并送入卷积层,通过卷积运算关注局部信息,从而实现特征的提取。池化层则对特征信息进行降采样,从而降低特征计算的复杂度。为了提取深层特征信息,CNN 普遍堆叠多个卷积及池化层,从而获得各种变体。

当 CNN 应用于时序在线评估任务时,通常借鉴图像处理的思想,将时间和多元特征值分别作为图像的两个维度,从而将其转化为二维图像的特征提取任务。然而,CNN 及其变体的核大小固定,因此在时序在线评估任务中易忽略早期数据的应用价值。

2) 深度置信网络及其变体

DBN 结构由受限玻尔兹曼机(restricted Boltzmann machine, RBM)堆叠生成。RBM 是由反馈输入层和概率隐藏层组成的神经网络,通过在两层间重复传播训练误差,确定最优模型权重。DBN 则通过逐层训练 RBM 结构,缓解了深层网络在多层训练时常见的梯度消失现象,使各层网络均有很好的参数分布。通常对 DBN 引入集成学习思想以获取其变体。

然而，DBN在特征提取能力和运算成本上存在缺陷。主要表现为，DBN提取局部时空特征的能力较弱；同时，DBN模型结构的复杂性导致其运算成本极高。

3）循环神经网络及其变体

RNN结构包含输入单元、循环单元和输出单元等，其最大特点是引入了循环单元，该单元的输出反作用于输入，从而实现了记忆能力。因此，相比主流深度学习在线评估算法，RNN具有突出的时序趋势捕捉能力。

LSTM算法是最有代表性的RNN变体，通过引入遗忘门、输入门和输出门，实现了长期和短期记忆的平衡，缓解了RNN的梯度消失现象，因此，其在各时序在线评估算法中具有最突出的性能表现，其考虑误差的多种影响因素来使在线评估互感器计量误差准确。然而，受网络结构限制，LSTM存在单向记忆、深度特征提取限制和难以多任务学习的缺陷，因此，将其应用于互感器误差波动在线评估任务时，应做出相应改进。综上所述，LSTM最适用于互感器误差波动在线评估任务，但是存在具有单向性、耗时长等缺点。

3. 基于改进长短期记忆神经网络的计量误差组合在线评估模型

本节首先针对数据的逆向依赖需求，引入双向记忆改进策略；之后，针对LSTM的网络结构限制，提出深度特征提取改进策略；最后，针对互感器比值误差、相角误差的多任务在线评估需求，提出多任务（并行）学习改进策略以加快在线评估速度，并基于上述所有改进策略提出完整的LSTM结构。

1）双向记忆改进策略

LSTM的信息仅由前序数据流向后序，而互感器多维计量误差数据具有完整序列依赖性，因此，本节引入双向记忆改进策略。该策略最初针对自然语言处理（natural language processing，NLP）提出，且其在处理时序在线评估任务时也有优越表现。

双向记忆改进策略在原有的正向记忆结构上引入逆向记忆结构，获得的网络结构如图6-28所示，其中，$\vec{h}(i)$和$\overleftarrow{h}(i)$分别为i时刻的正向记忆层输出（正向输出）和逆向记忆层输出（逆向输出），两者拼接后，可获得完整的隐藏层输出$h(i)$。

根据图6-28，依次研究正向记忆层、逆向记忆层和双向记忆拼接结构。

（1）正向记忆层。

正向记忆过程根据i时刻的输入$x(i)$、$i-1$时刻的正向记忆单元$\vec{c}(i-1)$和正向输出$\vec{h}(i-1)$，在线评估i时刻的$\vec{h}(i)$。正向记忆单元结构如图6-29所示，其中，$\overrightarrow{\text{forget}}(i)$、$\overrightarrow{\text{input}}(i)$、$\overrightarrow{\text{output}}(i)$和$\vec{\tilde{c}}(i)$分别为正向记忆层遗忘门、输入门、输出门和记忆单元备选量，$*$和$+$分别为乘与加运算。

在正向记忆过程中，各门控根据$[\vec{h}(i-1), x(i)]$自适应调控信息的流通程度。此时的遗忘门、输入门和输出门可分别表示为

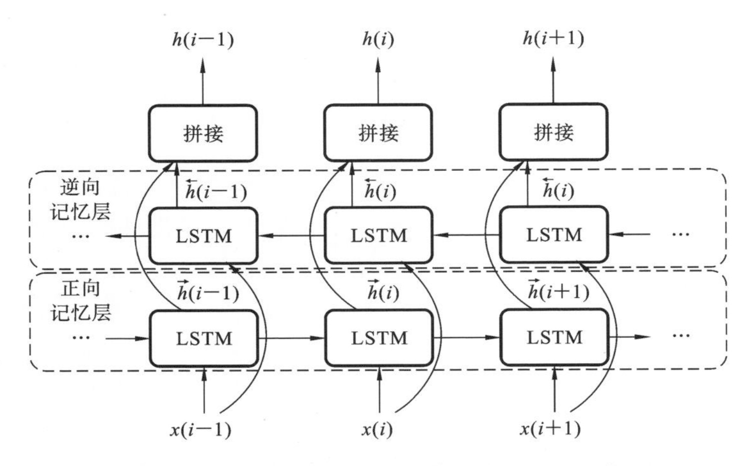

图 6-28　基于双向记忆改进策略的 LSTM 网络

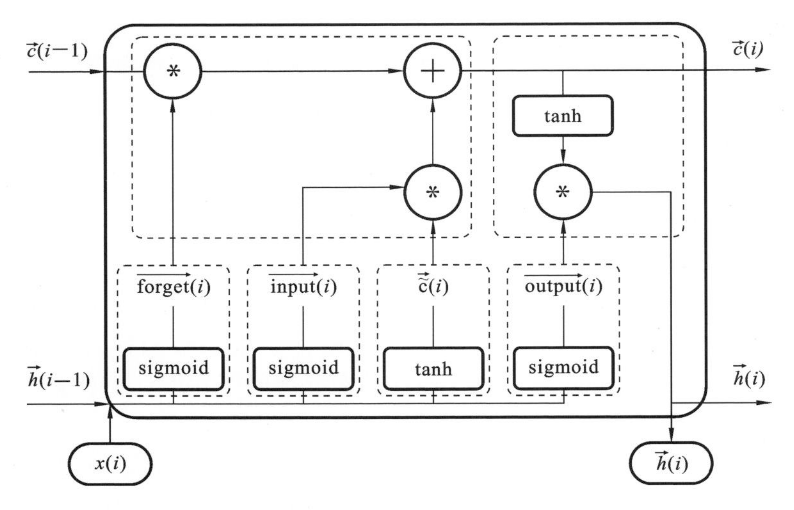

图 6-29　基于双向记忆改进策略的 LSTM 正向记忆单元结构

$$\overrightarrow{\text{forget}}(i)=\text{sigmoid}(\overrightarrow{W}_{\text{f}}[\vec{h}(i-1),x(i)]+\overrightarrow{b}_{\text{f}}) \tag{6-62}$$

$$\overrightarrow{\text{input}}(i)=\text{sigmoid}(\overrightarrow{W}_{\text{in}}[\vec{h}(i-1),x(i)]+\overrightarrow{b}_{\text{in}}) \tag{6-63}$$

$$\overrightarrow{\text{output}}(i)=\text{sigmoid}(\overrightarrow{W}_{\text{o}}[\vec{h}(i-1),x(i)]+\overrightarrow{b}_{\text{o}}) \tag{6-64}$$

其中，$\overrightarrow{W}_{\text{f}}$、$\overrightarrow{W}_{\text{in}}$和$\overrightarrow{W}_{\text{o}}$分别表示遗忘门、输入门和输出门的权重，$\overrightarrow{b}_{\text{f}}$、$\overrightarrow{b}_{\text{in}}$和$\overrightarrow{b}_{\text{o}}$为对应的偏置，sigmoid 为激活函数，表示为

$$\text{sigmoid}(x)=\frac{1}{1+\text{e}^{-x}} \tag{6-65}$$

sigmoid 函数的输出区间为(0,1)，其值越大，门控允许信息流通的程度越高。

与门控结构类似的，记忆单元备选量可表示为

$$\vec{\tilde{c}}(i)=\tanh(\overrightarrow{W_c}[\vec{h}(i-1),x(i)]+\overrightarrow{b_c}) \tag{6-66}$$

其中，$\overrightarrow{W_c}$和$\overrightarrow{b_c}$分别表示记忆单元备选量的权重和偏置，tanh 为激活函数，即

$$\tanh(x)=\frac{e^x-e^{-x}}{e^x+e^{-x}} \tag{6-67}$$

tanh 函数的输出区间为(−1,1)，因此其输出值可用于模拟信息状态。

记忆单元的更新量受遗忘过程和输入过程的影响，如图 6-29 中左上角的虚线框所示，表示为

$$\vec{c}(i)=\overrightarrow{\text{forget}}(i)*\vec{c}(i-1)+\overrightarrow{\text{input}}(i)*\vec{\tilde{c}}(i) \tag{6-68}$$

其中，前项描述了记忆单元的遗忘过程，后项描述了输入过程。可以看出，遗忘门和输出门接近于 1 时分别对应优越的长期记忆和短期在线评估能力；此外，通过调节遗忘门和输出门，可以将原本靠近 0 的递归梯度拉向 1，从而有效抑制层级内的梯度消失现象。

正向输出量受输出门的控制，如图 6-29 中右上角的虚线框所示，表示为

$$\vec{h}(i)=\overrightarrow{\text{output}}(i)*\tanh[\vec{c}(i)] \tag{6-69}$$

(2) 逆向记忆层。

逆向记忆层的工作原理与正向记忆层的类似，仅方向发生变化，根据 i 时刻的输入 $x(i)$及 $i-1$ 时刻的逆向记忆单元 $\overleftarrow{c}(i+1)$和逆向输出 $\overleftarrow{h}(i+1)$，在线评估 i 时刻的 $\overleftarrow{h}(i)$。此过程可表示为

$$\overleftarrow{\text{forget}}(i)=\text{sigmoid}(\overleftarrow{W_f}[\overleftarrow{h}(i-1),x(i)]+\overleftarrow{b_f}) \tag{6-70}$$

$$\overleftarrow{\text{input}}(i)=\text{sigmoid}(\overleftarrow{W_{in}}[\overleftarrow{h}(i-1),x(i)]+\overleftarrow{b_{in}}) \tag{6-71}$$

$$\overleftarrow{\text{output}}(i)=\text{sigmoid}(\overleftarrow{W_o}[\overleftarrow{h}(i-1),x(i)]+\overleftarrow{b_o}) \tag{6-72}$$

$$\overleftarrow{\tilde{c}}(i)=\tanh(\overleftarrow{W_c}[\overleftarrow{h}(i-1),x(i)]+\overleftarrow{b_c}) \tag{6-73}$$

$$\overleftarrow{c}(i)=\overleftarrow{\text{forget}}(i)*\overleftarrow{c}(i-1)+\overleftarrow{\text{input}}(i)*\overleftarrow{\tilde{c}}(i) \tag{6-74}$$

$$\overleftarrow{h}(i)=\overleftarrow{\text{output}}(i)*\tanh[\overleftarrow{c}(i)] \tag{6-75}$$

其中，$\overleftarrow{\text{forget}}(i)$、$\overleftarrow{\text{input}}(i)$、$\overleftarrow{\text{output}}(i)$和 $\overleftarrow{\tilde{c}}(i)$分别为逆向记忆层遗忘门、输入门、输出门和记忆单元备选量，$\overleftarrow{W_f}$、$\overleftarrow{W_{in}}$、$\overleftarrow{W_o}$、$\overleftarrow{W_c}$和$\overleftarrow{b_f}$、$\overleftarrow{b_{in}}$、$\overleftarrow{b_o}$、$\overleftarrow{b_c}$分别为对应的权重和偏置。

(3) 双向记忆拼接结构。

隐藏层的输出是正向输出量与逆向输出量的拼接，表示为

$$h(i)=\{\vec{h}(i),\overleftarrow{h}(i)\} \tag{6-76}$$

综上所述，通过引入逆向记忆结构，并与原有的正向记忆结构组合，可获得双向记忆改进 LSTM，该结构既考虑了前序数据对后序发展趋势的作用情况，也考查了后序数据对前序信息的潜在影响，从而可适应互感器多维计量误差数据的完整序列

依赖特点，提升了互感器误差波动在线评估的可靠性。

2）深度特征提取改进策略

互感器多维计量误差数据具有特征维度高、映射关系复杂、噪声多等特点，这要求网络模型具有很好的深度特征提取能力。然而，LSTM 记忆单元参数较为复杂，为避免层级间梯度消失现象，一般仅设置两层 LSTM 结构，导致该模型的深度特征提取能力较弱。因此，本节从 LSTM 层前端的网络结构出发，提出深度特征提取改进策略。

考虑到卷积层有很好的空间特征提取能力，且相比 LSTM 的内部参数更少，因此，在时序双向记忆层前引入卷积结构，此时基于深度特征提取改进策略的 LSTM 结构如图 6-30 所示。

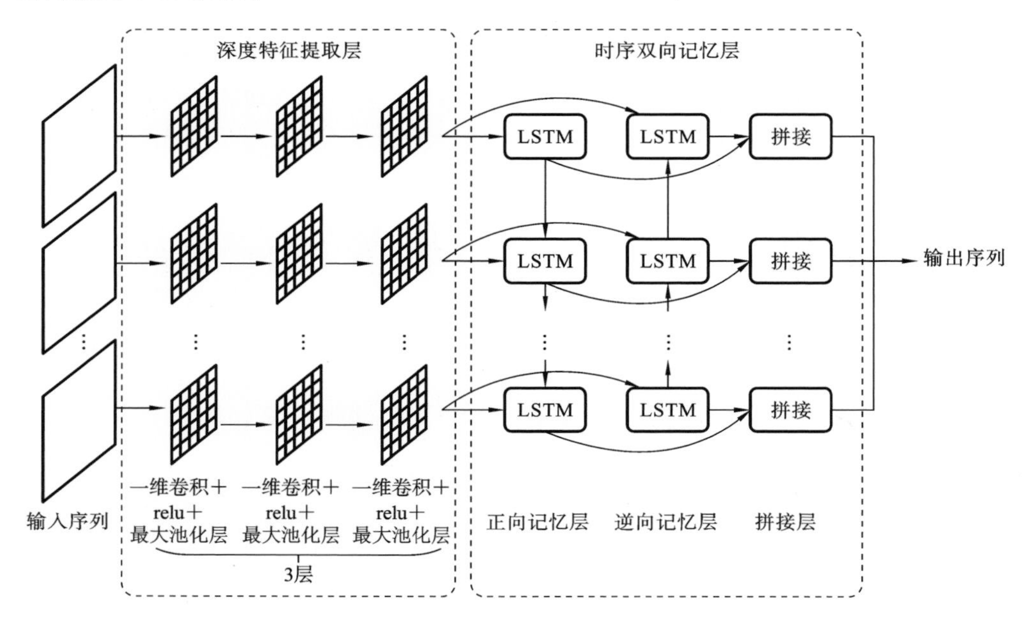

图 6-30　基于深度特征提取改进策略的 LSTM 结构

深度特征提取层包含 3 组一维卷积(Conv1D)、relu 激活函数和最大池化(max-pooling)层。其中，一维卷积用于提升深度特征提取能力，表示为

$$\mathrm{conv}(X)=W_kX+b_k \tag{6-77}$$

relu 激活函数用于引入非线性运算并提升收敛速度，表示为

$$\mathrm{relu}(x)=\max(0,x) \tag{6-78}$$

最大池化层则取矩阵窗口中的最大元素作为池化层输出，用于降低特征维度并减小计算量。

时序双向记忆层包含两组双向记忆改进 LSTM 结构，在图 6-30 中仅以一组双向 LSTM 表示。

综上所述，通过在时序双向记忆层前引入深度特征提取层，基于深度特征提取改进策略的 LSTM 能够更好地处理噪声数据和复杂的映射关系，从而提升互感器（计量）误差波动在线评估的准确性。

3）多任务学习改进策略

互感器计量误差在线评估任务包含了比值误差和相角误差的在线评估任务，且互感器比值误差和相角误差之间存在一定的耦合作用，因此，相比分别建立两者的预测模型，采用多任务预测方式有更好的准确性。

多任务学习（multi-task learning）通常采用参数共享的方式实现，具体包含软参数共享和硬参数共享两种方式。前者建立多个模型，并通过正则项约束模型之间的关系；后者则建立一个多任务共享结构，之后针对不同任务进入分支，在捕获联合特征的基础上实现各自的在线评估功能。

考虑到硬参数共享能够简化在线评估模型，并提升在线评估速度，本节建立了基于硬参数共享的多任务学习网络结构，如图 6-31 所示。

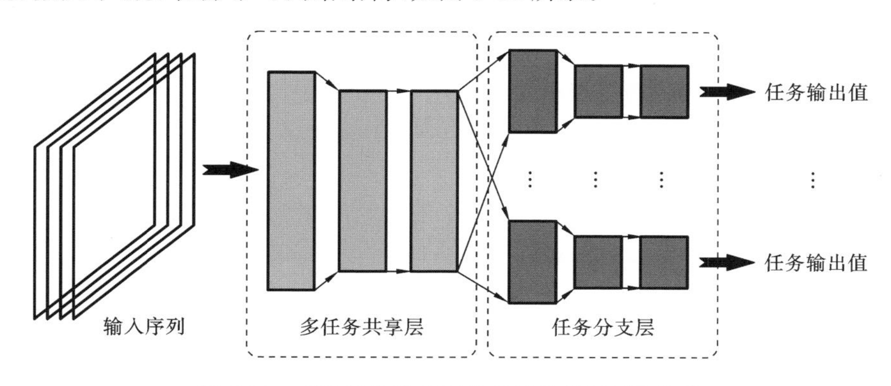

图 6-31　基于硬参数共享的多任务学习网络结构

结合双向记忆改进策略、深度特征提取改进策略和多任务学习改进策略，本节互感器误差波动在线评估模型的完整结构如图 6-32 所示。其中，多任务共享层包含深度特征提取层、双向记忆 LSTM 和一层全连接层，通过共享信息特征，比值误差与相角误差之间的联合特征被充分挖掘；任务分支层则包含两层全连接结构，将比值误差和相角误差的在线评估值从特征空间映射回样本空间，实现两者的并行在线评估。

将该模型应用于互感器误差波动在线评估任务，即可建立基于深度学习的互感器计量误差组合在线评估模型。下文将通过实验验证本文改进算法的有效性。

4. 互感器运行误差在线评估结果分析

为模拟高配置、高精度的需求场景，在机器学习算法的实验环境上，进一步引入

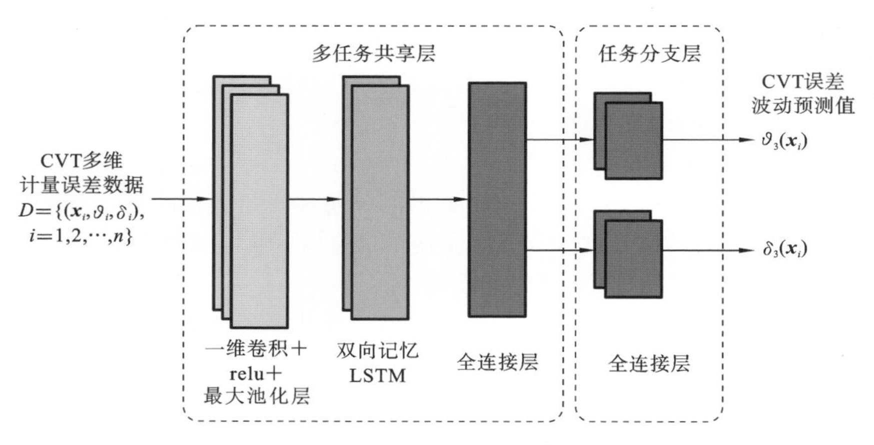

图 6-32　基于改进 LSTM 的互感器误差波动在线评估模型

显卡 NVIDIA GeForce RTX 2080 Ti 和 CUDA 10.0，进行加速计算。

1）模型参数

设置 LSTM 的训练参数，如表 6-9 所示。

表 6-9　LSTM 的训练参数

参数名称	参数说明	参数取值
optimizer	优化器	adam
epoch	迭代次数	20
learning_rate	（初始）学习率	0.001
batch_size	批尺寸	64
time_step	时间步	10
loss	损失函数	MSE
units	隐层神经元数	128
activation	激活函数	relu
dropout	丢弃比例	0.2
random seed	随机数种子	42

2）与主流深度学习组合在线评估算法的对比实验

在互感器比值误差组合在线评估任务中，本文改进算法与主流深度学习组合在线评估算法的性能对比如表 6-10 所示。

表 6-10 互感器比值误差组合在线评估算法的对比实验结果

算 法	MSE	RMSE	MAE	在线评估时长/s
卷积神经网络(CNN)算法	0.0016	0.0400	0.0290	4.7821
深度置信网络(DBN)算法	0.0016	0.0402	0.0294	9.6377
循环神经网络(RNN)算法	0.0013	0.0366	0.0188	5.0638
长短期记忆神经网络(LSTM)算法	0.0013	0.0357	0.0173	5.8873
本文改进算法	0.0002	0.0152	0.0101	3.6344

类似的,在相角误差组合在线评估任务中,算法性能对比结果如表 6-11 所示。

表 6-11 互感器相角误差组合在线评估算法的对比实验结果

算 法	MSE	RMSE	MAE	在线评估时长/s
卷积神经网络算法	1.1146	1.0557	0.8291	4.6794
深度置信网络算法	1.2180	1.1036	0.8105	9.8922
循环神经网络算法	1.0521	1.0257	0.8091	5.2167
长短期记忆神经网络算法	0.9935	0.9967	0.7839	5.3922
本文改进算法	0.3848	0.6203	0.4366	3.6344

由实验结果可知,本文改进算法的误差指标和在线评估时长均小于主流深度学习组合在线评估算法的。具体的,在比值误差在线评估任务中,本文改进算法的 MAE 指标为 CNN 算法的 34.8%,在线评估时长为 DBN 算法的 37.7%;在相角误差在线评估任务中,本文改进算法的 MAE 指标为 CNN 算法的 52.7%,在线评估时长为 DBN 算法的 36.7%。

综上所述,在高配置、高精度的需求场景中,相比主流深度学习组合在线评估算法,本文改进算法更适用于互感器计量误差在线评估任务。

3) 与机器学习组合在线评估改进算法的对比实验

对比机器学习组合在线评估改进算法与本文改进算法,获得性能与使用条件的对比结果如表 6-12 所示。

表 6-12 机器学习组合在线评估改进算法与本文改进算法的对比实验

算 法	在线评估任务	MSE	RMSE	MAE	在线评估时长/s	使用条件
机器学习组合在线评估改进算法	比值误差	0.0003	0.0177	0.0125	9.2597	仅需 CPU
	相角误差	0.5415	0.7358	0.6133	9.2946	
本文改进算法	比值误差	0.0002	0.0152	0.0101	3.6344	需高性能 GPU
	相角误差	0.3848	0.6203	0.4366	3.6344	

可以看出，本文改进算法相比机器学习组合在线评估改进算法具有更高的在线评估准确度，以比值误差在线评估任务为例，MSE误差减小了0.0001；此外，通过引入GPU的加速并行计算方式，本文改进算法获得了更快的在线评估速度，以比值误差在线评估任务为例，在线评估时长缩短了60.8%。因此，对于高精度要求、高配置条件的需求场景，本文改进算法更为适用。

6.4 基于拓扑关系的互感器运行误差在线监测

随着"智慧电网"概念的普及和在线状态监测技术的发展，变电站监测系统逐步整合智能化、现代化的状态检修设备和故障诊断系统。在此背景下，变电站互感器误差在线监测提出了多互感器在线异常识别和误差监测两个任务要求，即先对互感器进行状态评估，再对其误差数值进行监测，最终实现对多互感器的在线校准。

6.4.1 互感器在线监测系统

现阶段，互感器在线监测方式有以下几种：利用互感器的输出电气量进行小波变换，获得多尺度模极大值，然后通过对比多互感器信号的突变时刻，实现对互感器异常突变的故障诊断；将小波和分形理论结合，分析电子式互感器在故障模型下的分形维数，并与正常状态对比，实现对互感器渐变性异常的识别。基于信号处理方法对互感器误差状态进行评估时，需要保证电网一次信号稳定，然而实际电网的一次信号属于时变信号，受自身运行工况和环境影响的波动范围大于0.2%，并不适用于互感器的在线异常识别。

变电站内使用的互感器数量多、间隔远，电磁环境复杂，可以基于拓扑关系确定物理信息相关性，从而建立计量误差参考基准，从而基于多互感器数据实现计量误差状态监测。互感器在线监测流程主要包括三个阶段，即互感器电力数据采集、相关性约束条件建立和计量误差状态监测，如图6-33所示。

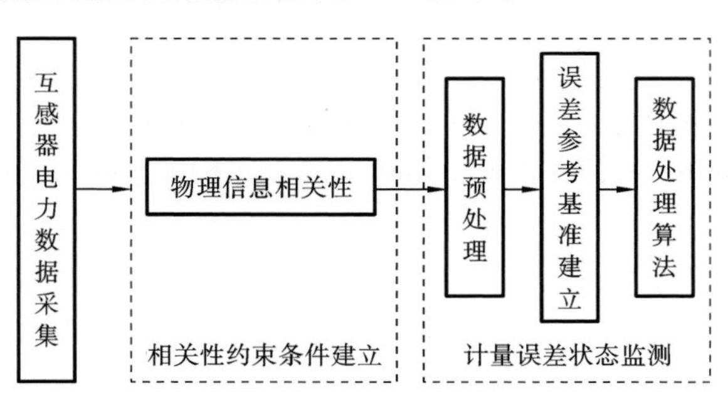

图6-33 互感器在线监测流程图

根据上述流程可以研制互感器（误差）在线监测装置（系统）。变电站已经将互感器计量绕组的模拟信号拉至控制室电能表屏内，互感器误差在线监测装置在变电站控制室内工作，可直接获得电压互感器二次模拟信号进行数据分析。在线监测装置由精密电压转换板、采集板和工控机组成。每一块精密电压转换板可接收 12 路电压信号，最多可配置 5 块转换板。精密电压转换板将电压互感器二次输出的 $100/\sqrt{3}$ V 电压转换为 $2/\sqrt{3}$ V 电压，准确度为 0.02 级。采集板最多可接收 60 路电压互感器，采样结果通过 B 码时钟标记时间。精密电压转换板包含保护单元、信号转换单元；采集板包含信号处理单元和通信单元；工控机对多路信号开展计算分析，并具备显示、存储、简单计算等功能。

数据采集系统将电流/电压传感头的输出信号转换成数字信号以利用光纤传输数据，其数据采集部分主要由 4 个模块组成：逻辑电路模块、信号调理与多路选通模块、模数转换模块、光电转换模块。其中，逻辑电路模块为数据采集系统提供正确的时序信号；信号调理与多路选通模块处理对传感头的输出信号，以提高模数转换的准确度；光电转换模块将电信号转换成光信号，以利用光纤传输信号。数据采集系统的核心是模数转换模块，为保证互感器测试系统有较高的准确度，采用 16 位模数转换器件构成相应的转换电路。

进行模数转换电路设计时需注意：①参考电压源的选取，选取 16 位 A/D 转换器是为了获得准确度高的测量结果，该转换器虽有内置的参考电压源，但温度系数较大，应选取温度系数较小的参考电压源以提高模数转换结果的准确度；②零偏和增益误差的调整，16 位 A/D 转换器通常都设计了相应的零偏和增益调整端子，并给出相应的调整电路，可得到较高准确度的模数转换结果。

6.4.2　基于信息物理相关性的互感器误差在线监测模型

由于在线监测技术中没有标准互感器作为参考，因此，获得采集数据后，需要确定计量误差的标准参量。可依据电力系统信息物理相关性来建立。不同的电力系统网络具有不同的设计需求，因此其电气网络拓扑结构不同。但不失一般性，电网 110 kV 及以上电压等级的输变电系统采用的是三相四线制的运行方式，如图 6-34 所示。根据电网的运行特征，电网一次侧节点的三相电压信号之间满足如下关系式：

$$\dot{U}_A+\dot{U}_B+\dot{U}_C=V\dot{U}F \tag{6-79}$$

式中，$\dot{U}_A$、$\dot{U}_B$、$\dot{U}_C$ 分别为一次节点三相电压信号的状态相量，$V\dot{U}F$ 为节点三相电压信号的不平衡度。

$\dot{U}_A$、$\dot{U}_B$、$\dot{U}_C$ 的实部也应该满足式（6-79），即有

$$U_{At}\cos\theta_{At}+U_{Bt}\cos\theta_{Bt}+U_{Ct}\cos\theta_{Ct}=\mathrm{Re}(V\dot{U}F)_t \tag{6-80}$$

式中，U_{At}、U_{Bt}、U_{Ct} 为 t 时刻一次节点三相电压信号的幅值，$\cos\theta_{At}$、$\cos\theta_{Bt}$、$\cos\theta_{Ct}$ 为其

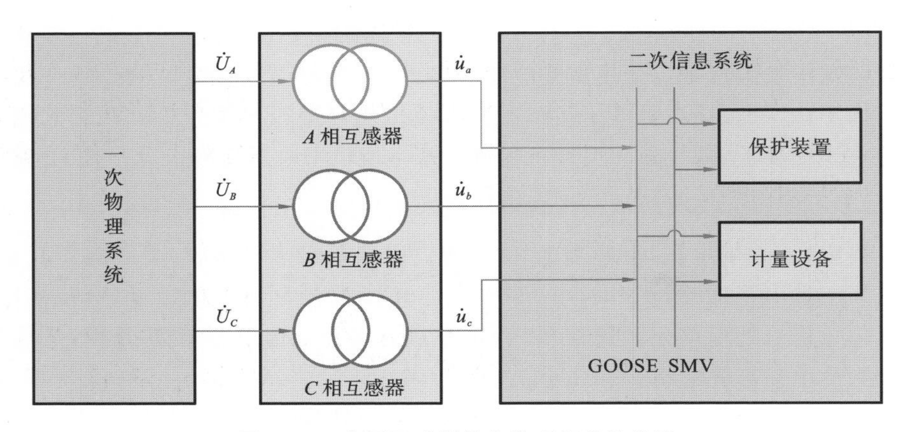

图 6-34　电压互感器信息物理相关性模型

相位角的余弦值，Re $(V\dot{U}F)$ 为 t 时刻电网的三相不平衡度。根据电力系统三相对称运行的电气物理特点，变量关系又可描述为如下的状态方程：

$$\begin{cases}F[\boldsymbol{U}(t+1),\boldsymbol{S}_U(t),\boldsymbol{D}_U(t+1),\boldsymbol{p}_U,\boldsymbol{A}_U]=0\\F[\boldsymbol{\theta}(t+1),\boldsymbol{S}_\theta(t),\boldsymbol{D}_\theta(t+1),\boldsymbol{p}_\theta,\boldsymbol{A}_\theta]=0\end{cases}\tag{6-81}$$

式中，t 为采样时刻，$\boldsymbol{A}$ 为一次网络的物理结构变量，$\boldsymbol{S}$ 为可调变量，$\boldsymbol{D}$ 为电力系统的不可控变量。$\boldsymbol{U}(t+1)=[U_{At},U_{Bt},U_{Ct}]^{\mathrm{T}}$，$\boldsymbol{\theta}(t+1)=[\theta_{At},\theta_{Bt},\theta_{Ct}]^{\mathrm{T}}$。$\boldsymbol{p}_U$、$\boldsymbol{p}_\theta$ 为网络元件参数，对于节点三相信号而言并不涉及网络元件参数，视为 0。$\boldsymbol{A}_U=\boldsymbol{A}_\theta$ 为节点三相对称的物理特性，$\boldsymbol{A}_U$ 为线性矩阵，且在电网运行过程中保持不变。$\boldsymbol{S}_U(t)$、$\boldsymbol{D}_U(t+1)$ 及 $\boldsymbol{S}_\theta(t)$、$\boldsymbol{D}_\theta(t+1)$ 导致了节点三相电压信号的不对称，式(6-81)可简化为

$$\begin{cases}F[\boldsymbol{U}(t+1),\mathrm{Re}f_U(t),\boldsymbol{A}_U]=0\\F[\boldsymbol{\theta}(t+1),\mathrm{Re}f_\theta(t),\boldsymbol{A}_\theta]=0\end{cases}\tag{6-82}$$

此时三相电压互感器的计量绕组输出信号所包含的信息为

$$\begin{cases}u_{at}=kU_{At}+v_{fat}+S_{fax}\\u_{bt}=kU_{Bt}+v_{fbt}+S_{fbx}\\u_{ct}=kU_{Ct}+v_{fct}+S_{fcx}\end{cases}\tag{6-83}$$

$$\begin{cases}\theta_{at}=\theta U_{At}+v_{\theta at}+S_{\theta ax}\\\theta_{bt}=\theta U_{Bt}+v_{\theta bt}+S_{\theta bx}\\\theta_{ct}=\theta U_{Ct}+v_{\theta ct}+S_{\theta cx}\end{cases}\tag{6-84}$$

式中，u_{at}、u_{bt}、u_{ct} 为 t 时刻三相电压互感器计量绕组输出信号的幅值，θ_{at}、θ_{bt}、θ_{ct} 为其初始相位，v 和 S 分别为随机误差和系统误差。

式(6-83)和式(6-84)中的扰动量为电力系统的三相不平衡度和误差信息。正常运行状态下三相电压互感器的误差幅值较小且平稳，可将该值视为一个常量。对于电力系统的三相不平衡度，国家标准 GB/T 15543—2008《电能质量 三相电压不平

衡》有如下规定：电网正常运行时，负序电压不平衡度不超过2%，短时不得超过4%。但是在正常运行状态下，电网的三相不平衡度在一定的时间段内波动很小，标准差不超过0.05%。图6-35所示的为对某220 kV变电站和某110 kV变电站节点三相不平衡度的监测，时间为一周。监测结果显示，220 kV变电站三相不平衡度的标准差为0.0307%，110 kV变电站的为0.0336%。

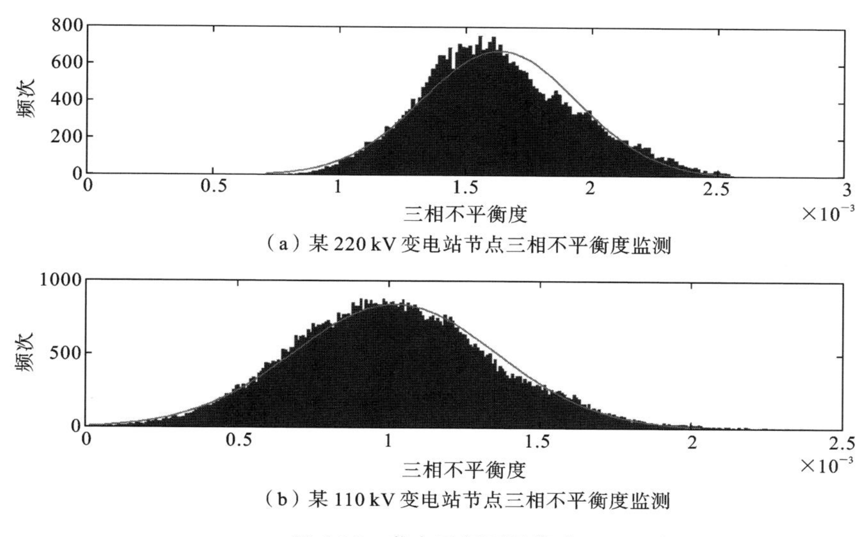

(a) 某220 kV变电站节点三相不平衡度监测

(b) 某110 kV变电站节点三相不平衡度监测

图6-35 节点三相不平衡度

当三相电压互感器正常运行时，二次输出信息之间的线性相关性主要体现在电网的一次物理电压变化上，可将三相电压互感器正常运行时的线性相关性作为评价标准量。通过对三相电压互感器的二次输出信息进行相关性分析，将电力系统的一次电压信号波动与电压互感器的自身异常造成的测量数据偏差相互剥离，则剩余的二次输出信息即为三相电压互感器的误差信息。利用数值分析的方法进行量化，建立统计特征量，根据统计特征量的变化实现三相电压互感器计量性能的趋势评价，则在三相对称运行的约束下，基于信息物理相关性分析的电压互感器误差在线监测模型如图6-36所示。

6.4.3 基于数据驱动的互感器群校准技术

1. 变电站多CVT误差在线监测原理

从某变电站实际CVT拓扑结构出发，分析多CVT计量误差与其二次侧输出信号的联系。一条母线的CVT拓扑结构如图6-37所示，其中共有4组计量绕组(其余为测量和保护绕组)，每组中各包含A相、B相和C相3个CVT，对12个CVT编号，如1组A相记为A_1。

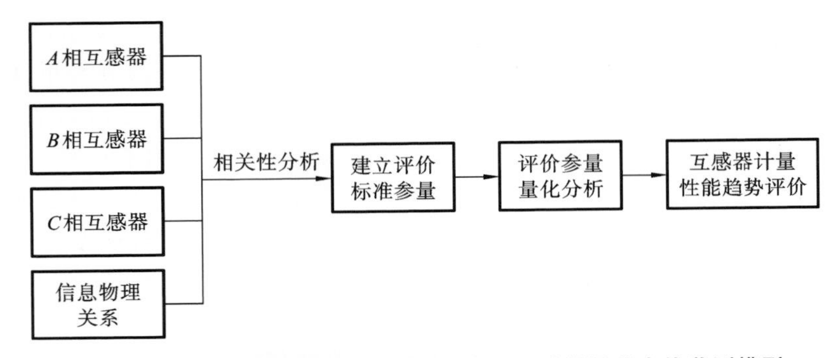

图 6-36 基于信息物理相关性分析的电压互感器误差在线监测模型

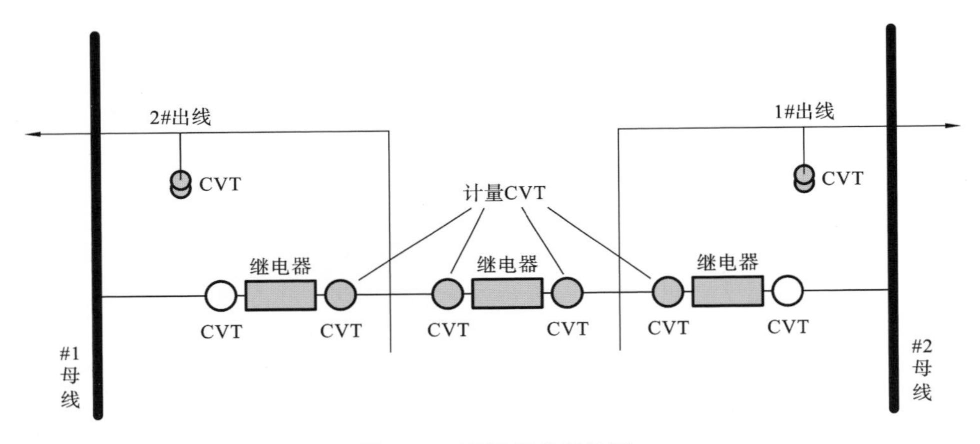

图 6-37 CVT 拓扑结构图

三相 CVT 系统是组成变电站拓扑结构的基础单元，因此本节着重对拓扑结构中的三相 CVT 系统展开研究，其物理网络图如图 6-38 所示。

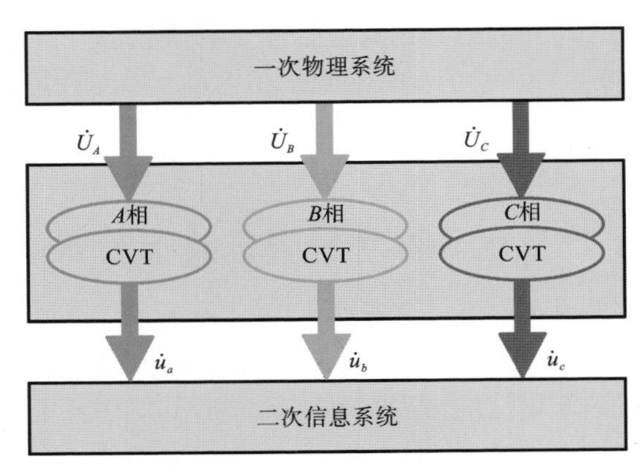

图 6-38 三相 CVT 系统物理网络图

2. 变电站多 CVT 异常识别和定位

本节从多 CVT 二次侧输出相关性出发，研究其异常识别定位模型的实现原理，计算新校准标准量。本节首先阐述主成分分析的基本原理，然后确定校准阈值和异常定位策略。

主成分分析（principal components analysis，PCA）被广泛应用于过程监控、故障识别和数据降维等领域。假设采集到的 CVT 二次侧输出电信号样本为 $X \in \Phi^{n \times m}$，其中，n 为样本个数，m 为同相中 CVT 的个数。经过数据标准化后，原样本矩阵表示为

$$\boldsymbol{X}_{\mathrm{s}} = [x_1, x_2, \cdots, x_m] = \begin{bmatrix} x_{(1)} \\ x_{(2)} \\ \vdots \\ x_{(n)} \end{bmatrix} \tag{6-85}$$

PCA 可通过坐标变换将原数据在新的坐标系中的投影尽可能分开，然后选取原数据变化最大的部分方向作为主元空间，尽可能多地保留原始数据信息，剩余方向则作为残差空间。标准化的二次输出矩阵 $\boldsymbol{X}_{\mathrm{s}}$ 可分解为

$$\boldsymbol{X}_{\mathrm{s}} = \hat{\boldsymbol{X}} + \boldsymbol{E} = t_1 \boldsymbol{v}_1^{\mathrm{T}} + t_2 \boldsymbol{v}_2^{\mathrm{T}} + \cdots + t_k \boldsymbol{v}_k^{\mathrm{T}} + \boldsymbol{E} = \boldsymbol{T}_{\mathrm{k}} \boldsymbol{V}_{\mathrm{k}}^{\mathrm{T}} + \boldsymbol{T}_{\mathrm{e}} \boldsymbol{V}_{\mathrm{e}}^{\mathrm{T}} \tag{6-86}$$

其中，$\hat{\boldsymbol{X}}$ 为主成分子空间，代表了互感器的一次电压信息；$\boldsymbol{E}$ 为残差空间，代表了互感器的计量误差信息；$\boldsymbol{T}_{\mathrm{k}} = (t_1, t_2, \cdots, t_k)$ 和 $\boldsymbol{T}_{\mathrm{e}} = (t_k, t_{k+1}, \cdots, t_m)$ 分别为主成分空间和残差空间的得分矩阵，$\boldsymbol{T} = \boldsymbol{X}_{\mathrm{s}} \boldsymbol{V}$ 且 $k < m$；$\boldsymbol{V}_{\mathrm{k}} = (v_1, v_2, \cdots, v_k)$ 和 $\boldsymbol{V}_{\mathrm{e}} = (v_k, v_{k+1}, \cdots, v_m)$ 分别为主成分空间和残差空间的载荷矩阵。载荷矩阵可以通过对二次输出矩阵 $\boldsymbol{X}_{\mathrm{s}}$ 的协方差阵 $\boldsymbol{S}$ 进行特征分解得到

$$\boldsymbol{S} = \frac{\boldsymbol{X}_{\mathrm{s}}^{\mathrm{T}} \boldsymbol{X}_{\mathrm{s}}}{n-1} = [\boldsymbol{V}_{\mathrm{k}} \boldsymbol{V}_{\mathrm{e}}] \boldsymbol{D} [\boldsymbol{V}_{\mathrm{k}} \boldsymbol{V}_{\mathrm{e}}]^{\mathrm{T}} \tag{6-87}$$

其中，$\boldsymbol{D}$ 为特征值矩阵，其主对角线上的特征值（$\lambda_1, \lambda_2, \cdots, \lambda_m$）递减，特征值越大，则保留的原始一次电压信息越多。采用累计贡献率法选取前 k 个最大的特征值，本文定义累计贡献率达到 85%以上则认为对应组成的载荷空间包含了足够的一次电压信息，表示为

$$\mathrm{cpv}(k) = 100\% \times \frac{\sum_{j=1}^{k} \lambda_j}{\sum_{j=1}^{m} \lambda_j} \geqslant 85\% \tag{6-88}$$

基于以上原理完成对原始二次侧输出信息的剥离，得到的主成分空间为 CVT 一次电压信息，残差空间对应 CVT 计量误差信息。

多个 CVT 正常运行时，其主成分空间和残差空间的 CVT 信息始终满足一定约束，当某个 CVT 发生异常时，其在主成分空间和残差空间的投影必然发生偏移。因

此对不同空间信息进行量化分析，确定正常阈值作为 CVT 的校准阈值，即可实现对 CVT 状态的判断。

Hotelling T2 和 SPE 可分别用于衡量样本在主成分空间和残差空间中的投影大小。考虑到 SPE 的抗干扰能力强等因素，本文选用 SPE 作为 CVT 的校准量。

当多个 CVT 正常运行时，计算显著水平 $\alpha=0.99$ 对应的 SPE 作为校准阈值 $\mathrm{SPE}_{c,\alpha}$，公式为

$$\mathrm{SPE}_{c,\alpha}=\theta_1\left[\frac{C_\alpha\sqrt{2\theta_2 h_0^2}}{\theta_1}+1+\frac{\theta_2 h_0(h_0-1)}{\theta_1^2}\right]^{\frac{1}{h_0}} \tag{6-89}$$

其中，C_α 为置信度 $1-\alpha$ 的标准正态偏差，$\theta_p=\sum_{j=k+1}^{m}\lambda_j^p$，$p=1,2,3$，$h_0=1-\frac{2\theta_1\theta_3}{3\theta_1^2}$。

i 时刻，二次输出数据为 $\boldsymbol{X}_i$，对应的校准量 SPE_i 表示为

$$\mathrm{SPE}_i=\boldsymbol{T}_{ei}\boldsymbol{T}_{ei}^{\mathrm{T}}=\boldsymbol{X}_{(i)}(\boldsymbol{I}-\boldsymbol{V}_k\boldsymbol{V}_k^{\mathrm{T}})\boldsymbol{X}_{(i)}^{\mathrm{T}} \tag{6-90}$$

其中，$\boldsymbol{T}_{ei}$ 表示二次输出数据 X_i 在残差空间的得分矩阵。若 $\mathrm{SPE}_i<\mathrm{SPE}_{c,\alpha}$，则认定 i 时刻的多个 CVT 都正常运行；若 $\mathrm{SPE}_i>\mathrm{SPE}_{c,\alpha}$，则认定 i 时刻的多个 CVT 中有异常运行的情况。对于异常节点的多个互感器，本文采用残差贡献图法定位异常 CVT。

当 CVT 二次侧输出电压的校准量 SPE_i 大于校准阈值 $\mathrm{SPE}_{c,\alpha}$ 时，第 j 个 CVT 的测量数据 x_i^j 对校准量 SPE_i 的贡献率为

$$\mathrm{cont}_j(\mathrm{SPE}_i)=[x_i^j-x_{\mathrm{k}i}^j]^2 \tag{6-91}$$

其中，$x_{\mathrm{k}i}^j$ 为第 j 个 CVT 的测量数据 x_i^j 在主成分空间的投影。当 CVT 测量数据的第 j 维分量出现异常变化时，对应的残差向量在第 j 维发生偏差。该偏差会增大所在维度的贡献率。因此，通过查找最大贡献率所在的维度 j，即可确定第 j 个传感器发生异常。

基于以上原理，对特高压变电站中的同相多 CVT 和同组多 CVT 分别进行主成分分析，然后融合监测结果，以提高 CVT 异常识别定位的准确度。对于某具体 CVT，若同相状态监测和同组状态监测的结果均为正常，则认定该 CVT 的监测结果为正常；若两次状态监测结果中存在异常，则认定监测结果为异常。状态监测过程演示图如图 6-39 所示。

综上所述，主成分分析通过将 CVT 二次侧输出电压信息剥离，并对残差空间的信息进行量化分析得到新校准量，可实现对变电站多互感器的异常识别和定位。

3. 变电站多 CVT 误差分析

上文提出了多 CVT 在线监测机理与异常识别定位方法。在此基础上，本节将针对变电站多 CVT 二次侧输出的误差测量模型进行研究，同时对传统模型的单输出问题和不能对关键信息重点学习的问题进行改进。

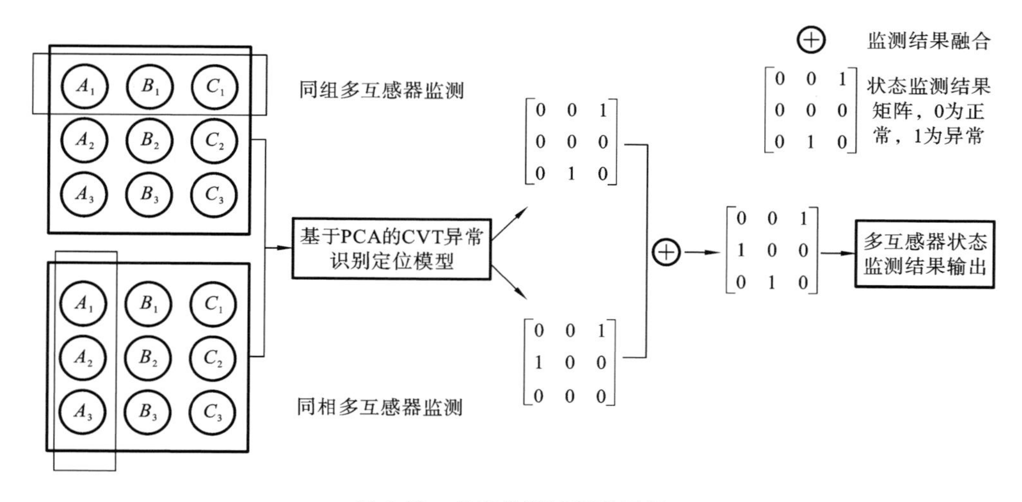

图 6-39 状态监测过程演示图

1）基于 GRU 的 CVT 误差分析

变电站多 CVT 误差在线测量任务对模型的精度和运行速度有较高要求。深度学习算法中，LSTM 算法对时序数据预测的性能突出。在此基础上，考虑 CVT 误差在线测量的时序特点和运算速度要求，本节优选门循环单元（gated recurrent units，GRU）神经网络算法。它在 LSTM 算法的基础上对神经元内部结构进行了简化，在保证测量精度的同时减少了模型的训练时间，可提高 CVT 误差测量的时效性。

GRU 神经网络单元结构包含更新门 $\boldsymbol{z}_t$ 和重置门 $\boldsymbol{r}_t$，其中，$\boldsymbol{z}_t$ 由 LSTM 中的输入门和遗忘门合并而成，$\boldsymbol{r}_t$ 由细胞状态和输出门合并而成。具体单元结构图如图 6-40 所示，$\boldsymbol{z}_t$ 和 $\boldsymbol{r}_t$ 可表示为

$$\boldsymbol{z}_t=\sigma(\boldsymbol{W}_z\boldsymbol{h}_{t-1}+\boldsymbol{U}_z\boldsymbol{x}_t+\boldsymbol{b}_z) \tag{6-92}$$

$$\boldsymbol{r}_t=\sigma(\boldsymbol{W}_r\boldsymbol{h}_{t-1}+\boldsymbol{U}_r\boldsymbol{x}_t+\boldsymbol{b}_r) \tag{6-93}$$

其中，$\boldsymbol{W}$、$\boldsymbol{U}$ 和 $\boldsymbol{b}$ 分别对应各门控单元的循环权重、输入权重和偏置项，σ 为激活函数 sigmoid，$\boldsymbol{x}_t$ 和 $\boldsymbol{h}_t$ 分别对应 t 时刻的输入和输出（状态）信息。

重置门 $\boldsymbol{r}_t$ 控制 $t-1$ 时刻输出状态信息 $\boldsymbol{h}_{t-1}$ 中的有用信息，并与当前时刻输入信息 $\boldsymbol{x}_t$ 重置合并，获得候选隐藏层 $\tilde{\boldsymbol{h}}_t$，表达式为

$$\tilde{\boldsymbol{h}}_t=\tanh(\boldsymbol{U}_h\boldsymbol{x}_t+\boldsymbol{W}_h(\boldsymbol{r}_t*\boldsymbol{h}_{t-1})) \tag{6-94}$$

其中，$*$ 表示矩阵的 Hadamard 乘积。由上式可知，重置门 $\boldsymbol{r}_t$ 控制前期信息的保留量，重置门越小，前期信息被保留得越少。

更新门 $\boldsymbol{z}_t$ 控制 $t-1$ 时刻的输出状态信息 $\boldsymbol{h}_{t-1}$ 被传递到当前状态中的程度，综合候选隐藏层 $\tilde{\boldsymbol{h}}_t$ 信息获得 t 时刻的隐藏层输出信息 $\boldsymbol{h}_t$，表达式为

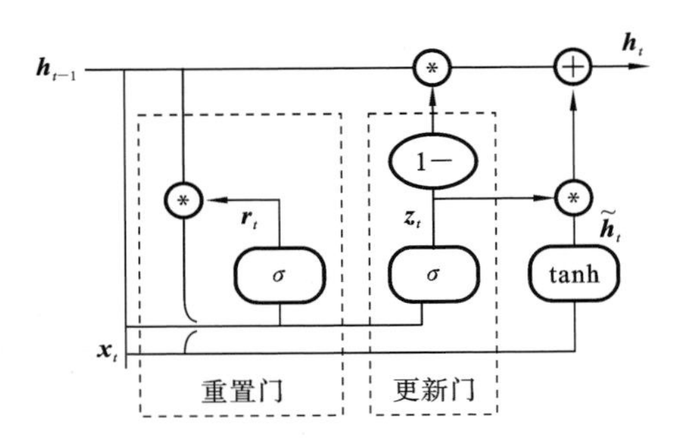

图 6-40 GRU 神经网络单元结构

$$h_t=(1-z_t)*h_{t-1}+z_t*\tilde{h}_t \tag{6-95}$$

其中,当 z_t 趋近于 0 时,输出主要为 h_{t-1};当 z_t 趋近于 1 时,输出主要为 $\tilde{h}_t$。

基于上述训练过程,GRU 可以保留长时序的计量误差信息且信息不随时间的推移而被移除或丢失。因此,基于 GRU 的 CVT 误差测量模型在保证较高测量精度的同时,更好地解决了 LSTM 算法训练效率较低的问题,在 CVT 误差测量过程中具有稳定性更高、测量准确度更高和训练速度更快的特点。

考虑传统的分析模型普遍是单输出模型,而变电站多 CVT 的误差分析任务要求同时输出多 CVT 的角差和比差,此外,传统的 GRU 神经网络提取 CVT 数据内部重要关系的能力较弱,难以对关键信息进行重点学习,因此,下文引入多任务学习(策略)和注意力机制对 GRU 进行改进。

2) 多任务学习

引入多任务学习策略改进传统 GRU 误差分析模型,使其同时输出多 CVT 的角差和比差。此外,多 CVT 比差和角差之间存在一定的耦合作用,引入多任务学习策略可使关联任务共享特征信息,进一步提高误差分析准确度。

多任务学习通常基于软参数共享和硬参数共享两种形式,前者每个任务有各自的特征和模型,后者所有任务共享特征层。为降低过拟合风险,神经网络多采用硬参数共享的形式实现多任务学习。考虑多 CVT 误差分析任务使用同一特征数据且硬参数共享可简化测量模型,本文将硬参数共享应用在 GRU 误差分析模型中,并采用联合优化方式保证网络收敛,即多 CVT 比差和角差的测量任务共享一组特征层,且它们有着各自的输出分支。多 CVT 误差分析网络结构如图 6-41 所示。

综上所述,通过引入多任务学习策略改进 GRU 模型,可以使多任务共享模型,关联任务共享特征信息,从而提高变电站多 CVT 误差分析模型的准确性和运算效率,实现对多 CVT 比差和角差的同时测量。

3) 注意力机制

变电站多 CVT 误差分析模型的训练过程中,输入的 CVT 二次侧信息时间跨度

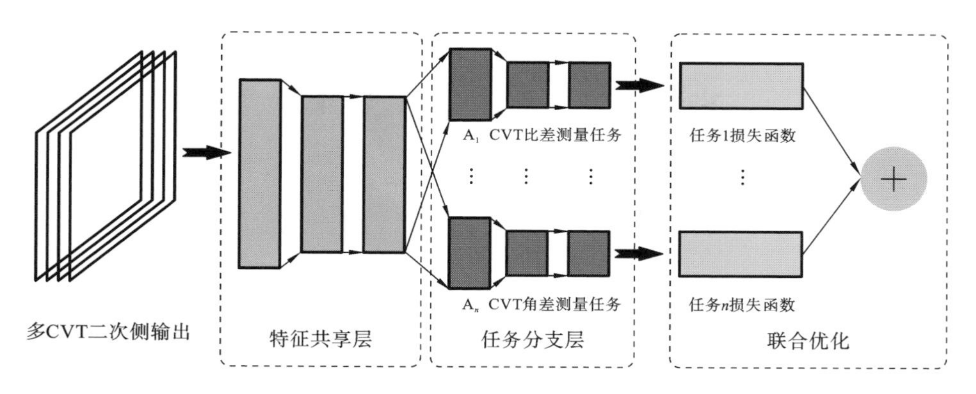

图 6-41　多 CVT 误差分析网络结构

较长，不同时刻的信息对当前误差分析的重要性不同。传统的 GRU 神经网络提取 CVT 数据内部重要关系的能力较弱，难以对关键信息进行重点学习。因此，为使模型对不同时刻信息的重要性进行自适应评估，从而给关键特征分配足够的权重，本节引入注意力机制改进 GRU 网络。

注意力机制(attention mechanism)指当神经网络处理大量序列数据时，将注意力集中在重要信息，忽视次要信息以提高网络性能的机制，其本质是依据重要程度对资源进行再分配。注意力机制的原理图如图 6-42 所示。

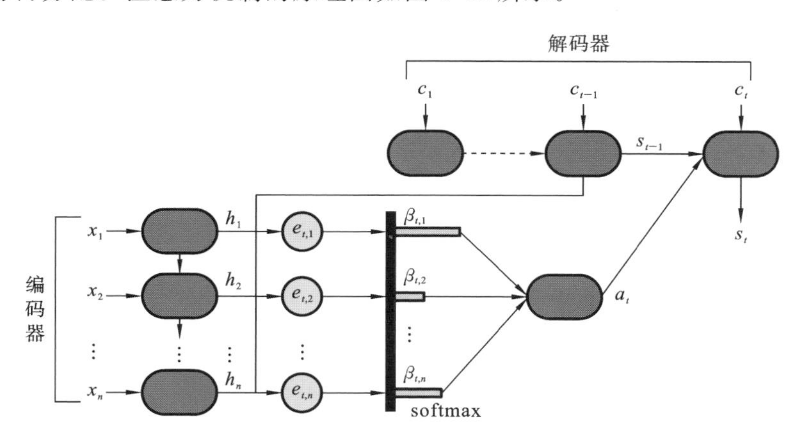

图 6-42　注意力机制的原理图

图 6-42 中，h_i 为编码器输出，$e_{t,i}$ 为 t 时刻第 i 个注意力分数，$\beta_{t,i}$ 为 $e_{t,i}$ 的分布概率，a_t 为 t 时刻注意力向量，s_t 为 t 时刻输出状态。相比传统模型，注意力机制在解码器加入一个输入 a_t，其表达式为

$$a_t = \sum_{i=1}^{n} \beta_{t,i} h_i \tag{6-96}$$

其中，$\beta_{t,i}=\mathrm{softmax}(e_{t,i})=\mathrm{softmax}(\mathrm{concat}(h_i,s_{i-1}))$，concat 为连接函数。$t$ 时刻解码器输出 s_t 为

$$s_t=f(a_t,s_{t-1},c_t) \tag{6-97}$$

其中，f 为解码器连接函数，c_t 为解码器输入。

将注意力机制引入 CVT 误差分析模型，可以对不同时刻 CVT 误差信息的重要性进行自适应评估，给隐藏层中与 CVT 误差相关的关键特征分配足够的权重，实现对 CVT 误差特征的充分挖掘，最终提升模型的测量准确度。CVT 误差分析模型结构图如图 6-43 所示。

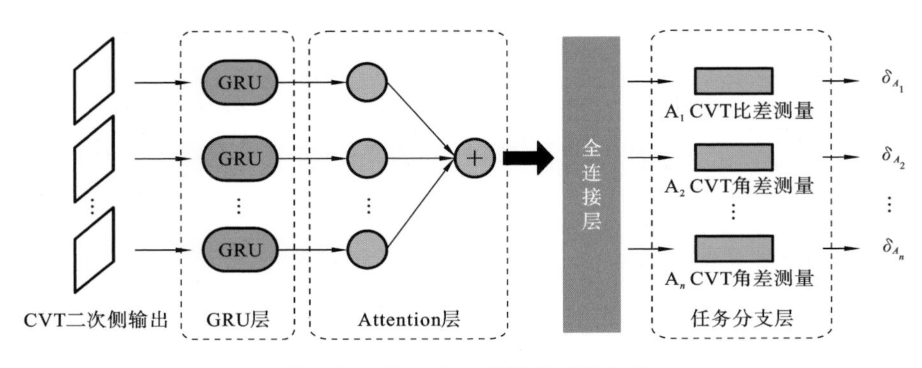

图 6-43 CVT 误差分析模型结构图

综上所述，通过引入多任务学习和注意力机制改进 GRU 网络，可提高 CVT 误差分析模型的准确度。下文将通过实验验证本节基于改进 GRU 的变电站多 CVT 误差分析模型的有效性。

6.4.4 互感器群校准技术验证

下面将考查本章提出的算法对变电站多 CVT 计量误差的在线预测性能。首先进行实验设置，选择合适的模型参数；其次，进行异常识别和定位实验，验证 PCA 算法的有效性；最后，进行误差分析实验，验证本节改进 GRU 算法的有效性，并与主流误差分析算法进行对比。

1. 实验设置

为模拟低配工业现场应用场景，本节实验在 Intel(R) Core(TM) i7-8700K CPU 3.70 GHz 的计算机上进行，并使用 Python 3.6 语言和 Keras 深度学习框架，加入显卡 NVIDIA GeForce RTX 2080Ti 和 CUDA v10.0.130，从而提高深度学习计算速度。误差分析任务的评价指标与第 6.3 节中的保持一致，为 MSE、RMSE 和 MAE。实验设置改进 GRU 测量模型的参数如表 6-13 所示。

表 6-13 改进 GRU 测量模型参数

参数名称	参数说明	参数取值
optimizer	优化器	adam
epoch	迭代次数	50
learning_rate	(初始)学习率	0.001
batch_size	批尺寸	128
loss	损失函数	MSE
units	隐层神经元数	128
activation	激活函数	relu

2. 变电站多 CVT 异常识别和定位实验

为验证基于 PCA 算法的多 CVT 异常识别和定位的有效性，本文采用 PCA 算法分别对同组 CVT 幅值信息和相位信息、同相 CVT 幅值信息和相位信息进行分析。以同组 CVT 幅值信息为例，即对编号为 A_1、B_1 和 C_1 的 CVT 的幅值进行主成分分析，计算三相 CVT 正常状态下的 SPE 作为 $SPE_{c,\alpha}$，结果如图 6-44 所示。取具有异常状态的 2000 个测试样本，分别绘制其幅值波动图和比差波动图如图6-45和图 6-46 所示，并利用 PCA 模型计算测试样本的 SPE 统计量，结果如图 6-47 所示。

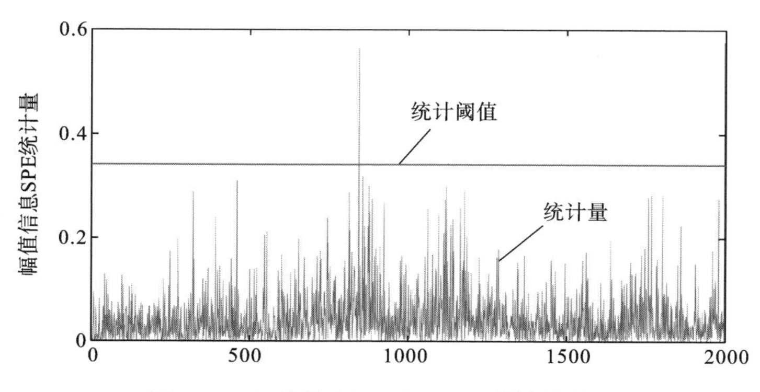

图 6-44 正常状态下三相 CVT 的统计结果

由图 6-46 可知，对于测试样本，在区间[1000，1500]内，C 相 CVT 误差大于 0.2%，处于超差异常状态。由图 6-47 可知，在测试样本点 1000～1500 间，SPE 统计量普遍高于统计阈值$SPE_{c,\alpha}$，因此可以判断该区间的三相 CVT 存在异常，计算 A、B

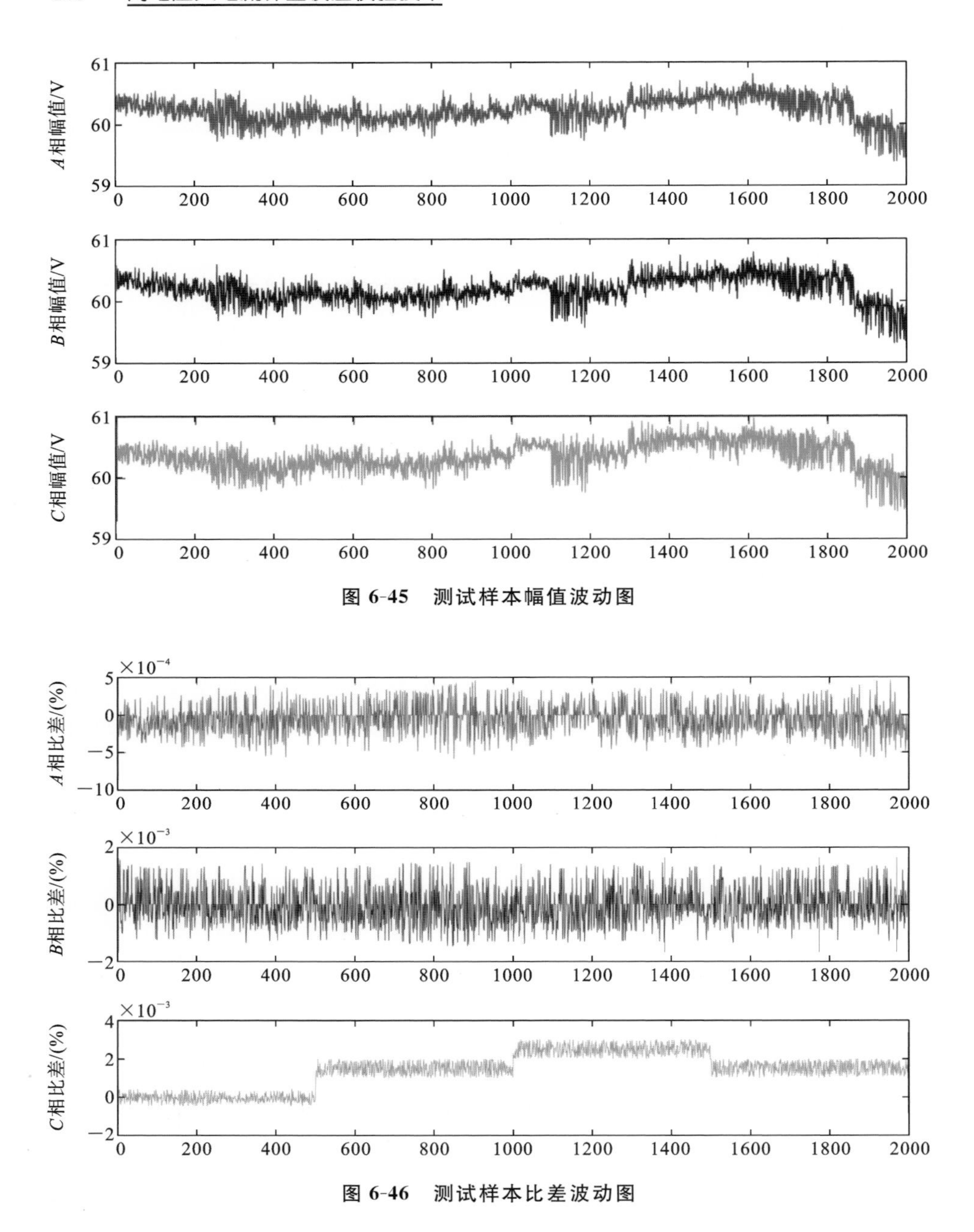

图 6-45 测试样本幅值波动图

图 6-46 测试样本比差波动图

和 C 三相 CVT 对 SPE 统计量的贡献率,可得 C 相的贡献率大于 A 相和 B 相的,因此,认定在此区间内 C 相互感器出现异常。该结果与图 6-46 显示的 C 相 CVT 误差波动情况一致,说明基于 PCA 算法的多 CVT 异常识别和定位模型有效。

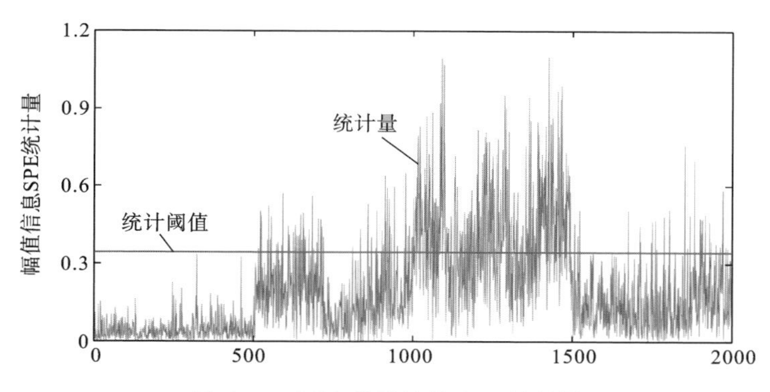

图 6-47　PCA 模型计算 SPE 统计量

3. 变电站多 CVT 误差分析实验

为验证基于改进 GRU 算法的多 CVT 计量误差分析模型的突出优势，将本节改进算法与卷积神经网络(CNN)算法、循环神经网络(RNN)算法和长短期记忆神经网络(LSTM)算法等主流深度学习算法进行对比研究，多 CVT 误差分析对比实验结果如表 6-14 所示。

表 6-14　多 CVT 误差分析对比实验结果

算　法	比差预测			角差预测		
	MSE	RMSE	MAE	MSE	RMSE	MAE
CNN 算法	0.00113	0.0336	0.0292	0.9347	0.9668	0.9219
RNN 算法	0.00091	0.0302	0.0255	0.7522	0.8673	0.8131
LSTM 算法	0.00066	0.0256	0.0213	0.5220	0.7225	0.6609
改进 GRU 算法	0.00016	0.0127	0.0102	0.2696	0.5192	0.4466

为更直观地展示多 CVT 误差分析的对比实验结果，绘制多 CVT 比差和角差分析对比实验结果如图 6-48 所示，其中，比差对比实验结果图使用右侧坐标轴描述的 MSE 值。显然，改进 GRU 算法相比其他算法，在多 CVT 比差分析的任务中，MSE、RMSE 和 MAE 分别最多减小了 85.8%、62.2%和 65.1%，在角差分析的任务中，MSE、RMSE 和 MAE 分别最多减小了 71.2%、46.3%和 51.6%。

综上所述，所提出的基于改进 GRU 的变电站多 CVT 误差分析模型优于其他模型，满足准确度为 0.2 级的 CVT 误差在线监测的要求。本章根据拓扑关系建立信息物理相关性约束条件，提出基于数据驱动算法的互感器群校准方法，可以在不进行停电校准且无标准互感器对比的情况下，实现变电站多互感器的有效在线监测，为电能测量系统的准确计量和运维预警提供可靠数据。

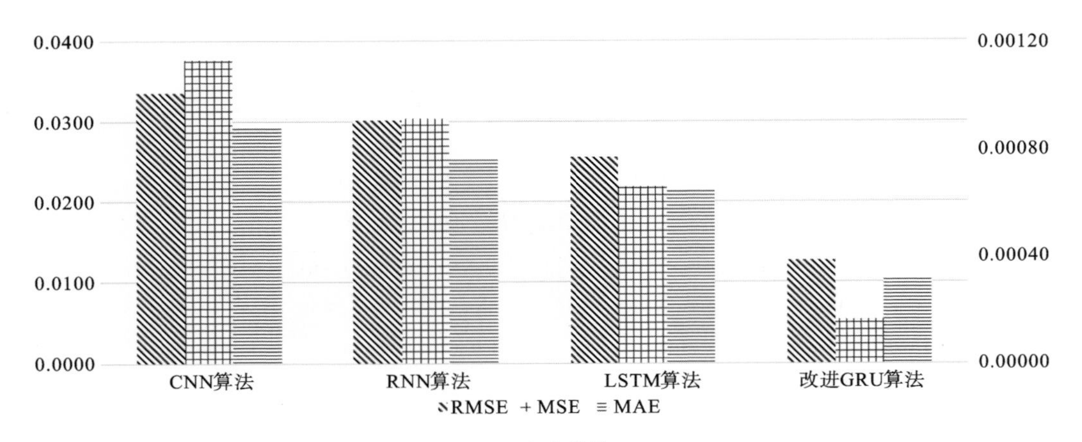

（a）比差

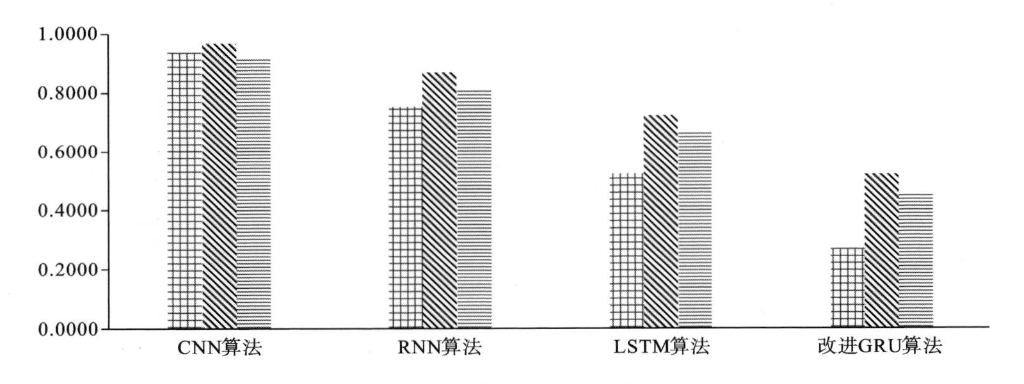

（b）角差

图 6-48　不同算法的多 CVT 比差和角差分析对比实验结果

参 考 文 献

[1] 王晓琪. 电力互感器[M]. 北京:中国电力出版社, 2014.
[2] 王乐仁. 电力互感器检定及应用[M]. 北京:中国计量出版社, 2010.
[3] 肖耀荣,高祖绵. 互感器原理与设计基础[M]. 沈阳:辽宁科学技术出版社, 2003.
[4] 中华人民共和国国家质量监督检验检疫总局. GB/T 20840.5-2013 互感器 第5部分:电容式电压互感器的补充技术要求[S]. 北京: 中国标准出版社,2013.
[5] 中华人民共和国国家经济贸易委员会. DL/T 448-2000 电能计量装置技术管理规程[S]. 北京: 中国电力出版社,2001.
[6] 赵修民,赵屹涛,赵屹榕. 电流互感器与电流比例标准[M]. 北京:中国电力出版社,2014.
[7] 中华人民共和国国家质量监督检验检疫总局. JJG169-2010 互感器校验仪检定规程[S]. 北京:中国计量出版社,2010.
[8] 赵修民,赵屹涛,郝春生. 新型互感器校验仪检定标准的研制[J]. 电测与仪表,2000(8):34-38.
[9] 卢涛. 一种新颖的电子移相器[J]. 电测与仪表,1997(1):45-47.
[10] 刘庆余,高精度互感器校验仪的研制[J]. 电测与仪表,1995(12):69-72.
[11] 张金成. 利用现有设备测试互感器校验仪的误差[J]. 电测与仪表,1998(11):25-29.
[12] P. Mlejnek, P. Kašpar. Drawback of using double core current transformers in static watt-hour meters[J]. Sensor Letters,2009.
[13] 郭天兴. 电容式电压互感器误差的频率特性研究[J]. 电力电容器,1995(1):6-17.
[14] 王德忠. 电容式电压互感器瞬变响应特性的研究[J]. 电力电容器,1994(3):1-15.
[15] 张重远,徐志钮,律方成,等. 电压互感器的高频无源电路模型[J]. 电工技术学报,2012(4):77-82.
[16] 吴茂林,崔翔. 电压互感器宽频特性的建模[J]. 中国电机工程学报,2003.
[17] 贺婷. 互感器宽频等效电路及暂态超越分析[D]. 昆明:昆明理工大学,2010.
[18] 王德忠,王季梅. 电容式电压互感器误差频率特性的研究[J]. 高电压技术,2001.

[19] 丁涛,陈卓娅,张景超.电容式电压互感器误差频率特性的试验研究[J].电测与仪表,2009.
[20] 郜洪亮,李琼林,余晓鹏,等.电容式电压互感器的谐波传递特性研究[J].电网技术,2013.
[21] T. Wakimoto, J. K. Hallstrom, Y. Chekurov, et al. High-accuracy comparison of lightning and switching impulse calibrators[J]. IEEE Transactions on Instrumentation & Measurement, 2007.
[22] 何义，李彦明，张小勇，等. 冲击电压测量系统的国际比对[J]. 高电压技术，2001(5)：54-56.
[23] 容健纲. 高压冲击试验对数字式记录仪的要求[J]. 高电压技术,1992.
[24] 管喜康,张先国.数字波形记录仪的动态特性和直方图试验[J]. 高压电器,1991.
[25] 尹眉,刘娜,钱政.标准雷电波测量用数字记录仪非线性评价方法[J]. 计量、测试与校准,2009,29(6)：36-40.
[26] V. Veeramsetty, K. R. Reddy, M. Santhosh, et al. Short-term electric power load forecasting using random forest and gated recurrent unit[J]. Electrical Engineering, 2022.
[27] H. Wang, C. Yang, H. Tang. Research on the short-term load forecasting using improved GBDT based on light GBM[J]. Process Automation Instrumentation, 2018.
[28] B. Wang, P. Wu, Q. Chen, et al. Prediction and analysis of train passenger load factor of high-speed railway based on light GBM algorithm[J]. Journal of Advanced Transportation, 2021.
[29] F. Zhou, J. Yu, P. Zhao, et al. CVT measurement error correction by double regression-based particle swarm optimization compensation algorithm-science direct[J]. Energy Reports, 2021.
[30] H. J. Sadaei, D. Candid, F. G. Guimaraes, et al. Short-term load forecasting by using a combined method of convolutional neural networks and fuzzy time series[J]. Energy, 2019.
[31] R. Liang, B. Yang, R. Ma, et al. Spatial electric load forecasting for distribution systems using multi-source information and deep belief network-deep neural network[J]. Electric Power Construction, 2018.
[32] M. N. Fekri, H. Patel, K. Grolinger, et al. Deep learning for load forecasting with smart meter data: online adaptive recurrent neural network[J]. Applied Energy, 2021.

[33] T. Su, Y. Shi, J. Yu, et al. Nonlinear compensation algorithm for multidimensional temporal data: A missing value imputation for the power grid applications[J]. Knowledge-Based Systems, 2021.

[34] 项琼,王欢,杜研,等. 电力电压互感器在线群校准技术研究[J]. 电测与仪表,2016.

[35] 李振华,郑严钢,李振兴,等. 基于传递熵和小波神经网络的电子式电压互感器误差预测[J]. 电测与仪表,2021(3).

[36] 杨雪东. 基于小波—分形理论的电子式互感器故障诊断方法研究[D]. 重庆:重庆大学.

[37] 李朝阳,杨健维,王玘,等. 基于主元分析的牵引变电所互感器二次量异常故障在线识别方法[J]. 电力自动化设备,2015(8).

[38] 艾芊. 电能质量讲座第九讲浅谈三相电压不平衡[J]. 电器与能效管理技术,2007(18):58-62.

[39] 郭金玉,刘玉超,李元. 基于概率密度 PCA 的多模态过程故障检测[J]. 计算机应用研究,2019,36(6).

[40] 于深. 基于核主元分析和支持向量机的故障监测与预测研究[D]. 大连:大连理工大学.

[41] J. Chung, C. Gulcehre, K. H. Cho, et al. Empirical evaluation of gated recurrent neural networks on sequence modeling[J]. Eprint Arxiv, 2014.

[42] S. Jung, J. Moon, S. Park, et al. An Attention-Based Multilayer GRU Model for Multistep-Ahead Short-Term Load Forecasting[J]. Sensors, 2021,21(5):1639.

[43] 刘林. 分类器性能评价指标的研究[J]. 中国高新区, 2018,(17):42.